〈猫〉の社会学

猫から見る日本の近世〜現代

遠藤 薫
Kaoru Endo

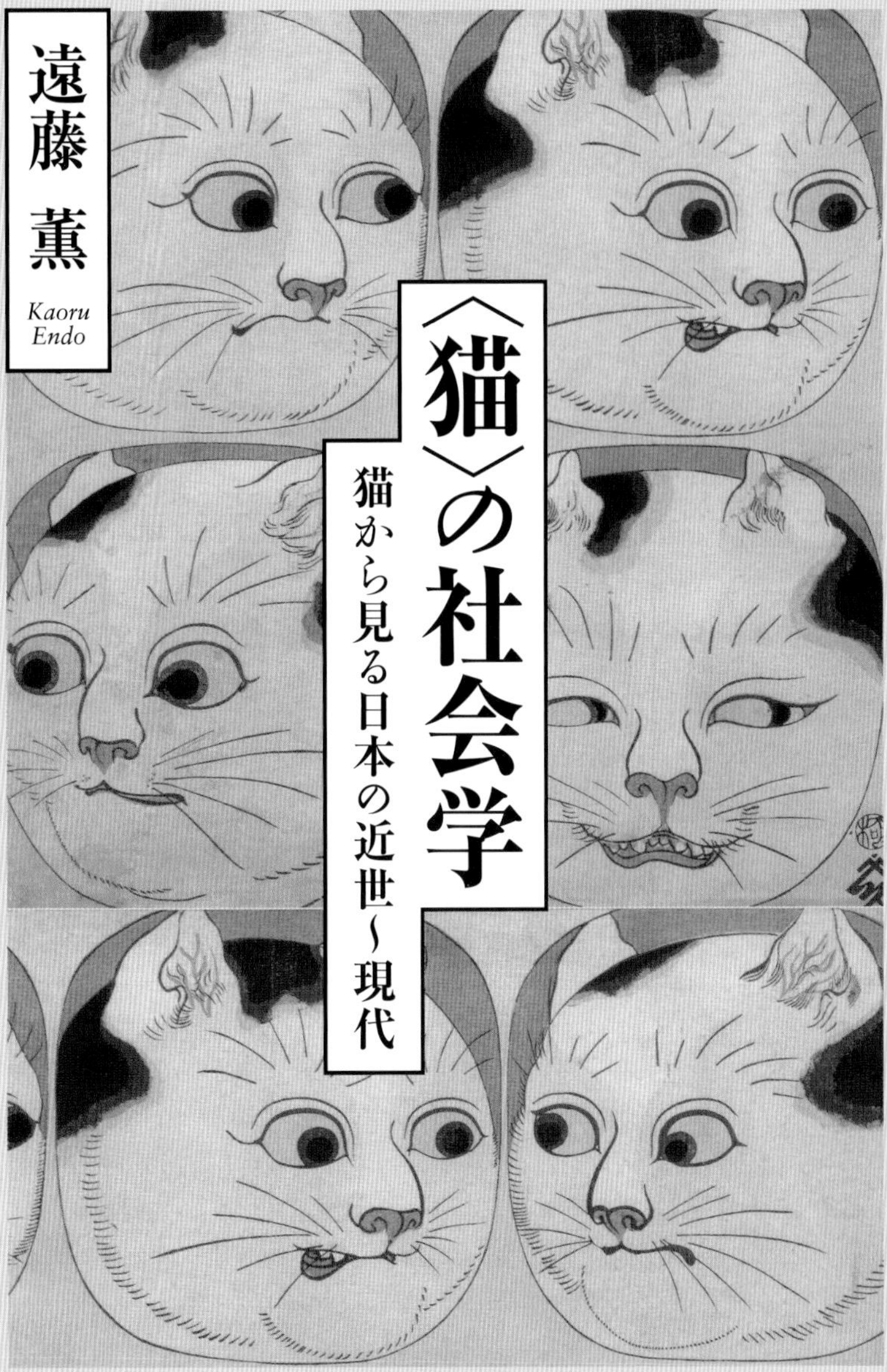

keiso shobo

口絵1　土偶　山梨県御坂町出土　縄文中期（東京国立博物館蔵）

口絵2　源氏物語絵色紙帖　若菜上
詞菊亭季宣（京都国立博物館蔵）

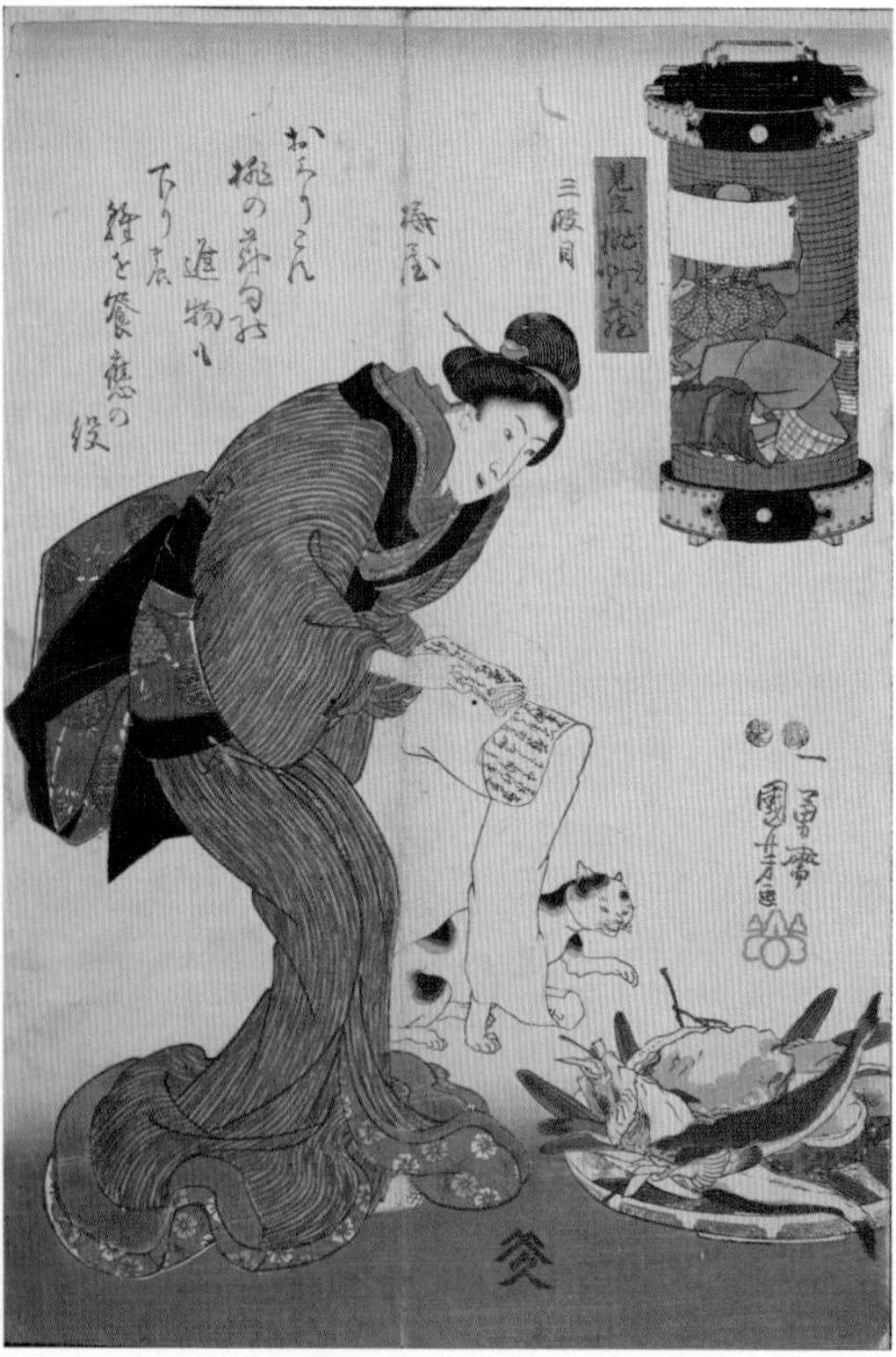

口絵3　歌川国芳　見立挑灯蔵
三段目　1847年頃（筆者蔵）

口絵1・2出典：ColBase (https://colbase.nich.go.jp)

口絵4　喜多川歌麿　青楼六家撰　扇屋　花扇　1801年頃（ボストン美術館蔵）

口絵4出典：Photograph©2023 Museum of Fine Arts, Boston

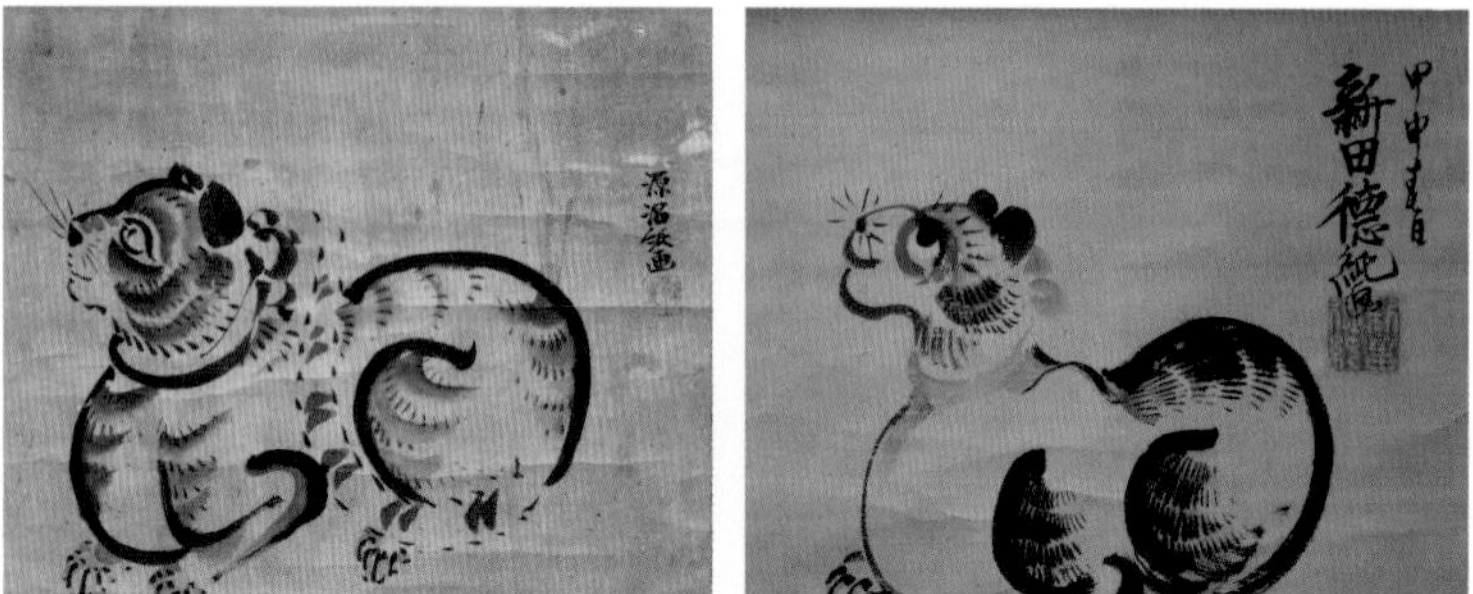

口絵5　新田の猫絵（太田市立新田庄歴史資料館 所蔵・画像提供）

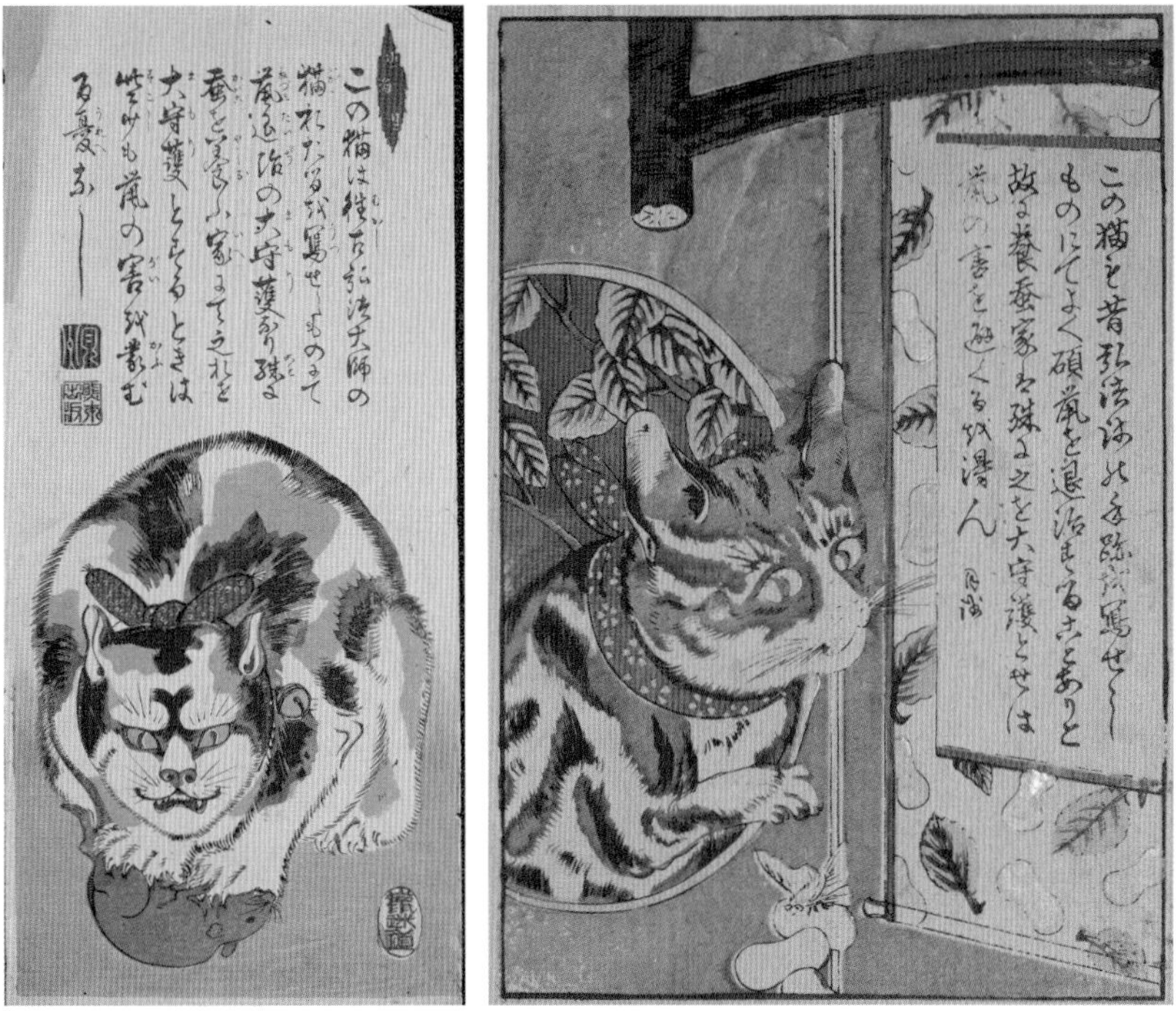

口絵6　民間の猫絵（筆者蔵）

口絵7　梅堂（歌川）国政　怪猫芝居絵
明治時代　（筆者蔵）

口絵8　河鍋暁斎　新富座妖怪引幕　明治13〔1880〕年（早稲田大学演劇博物館蔵　資料番号096

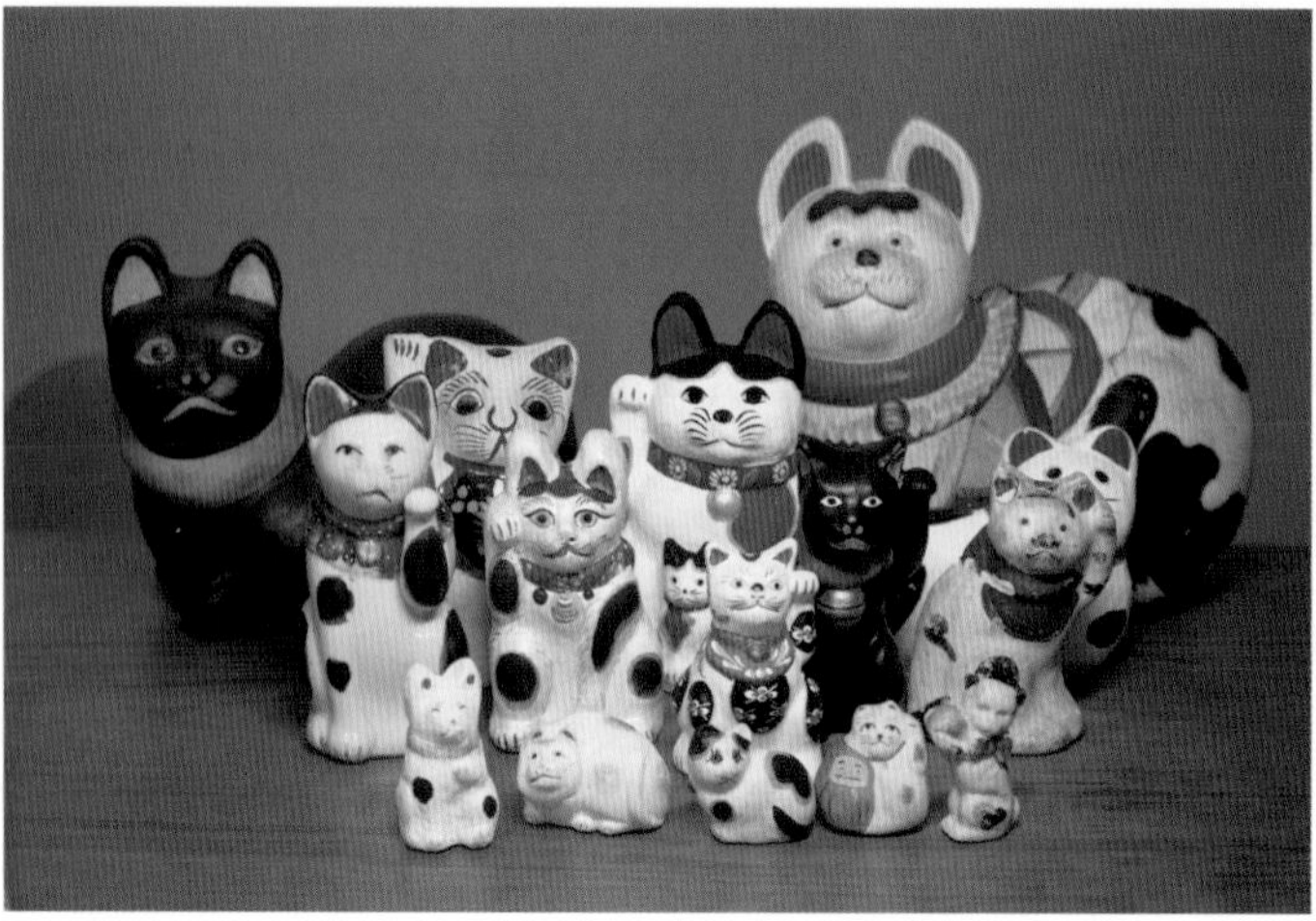

口絵9　さまざまな招き猫（筆者蔵）

口絵11　祀られている初辰猫（筆者撮影）

口絵10　伏見稲荷大社御絵札
（筆者蔵）

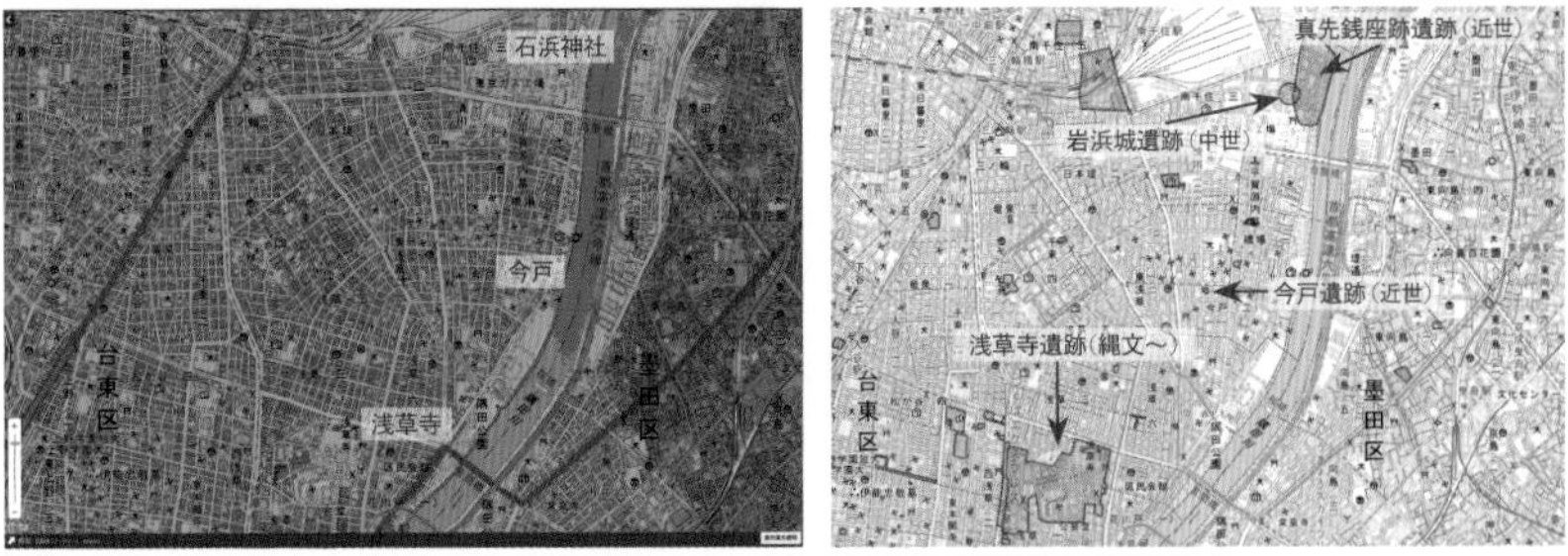

口絵12　浅草寺～石浜神社周辺の遺跡と地形の高低

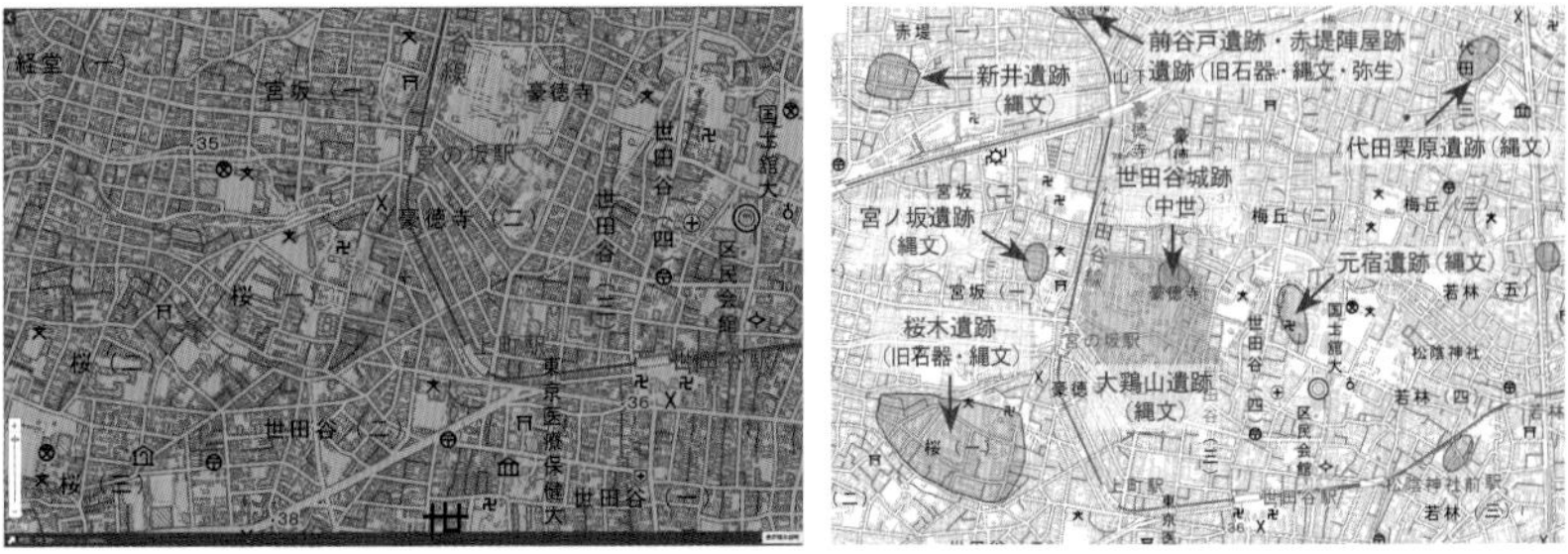

口絵13　豪徳寺周辺の遺跡と地形の高低

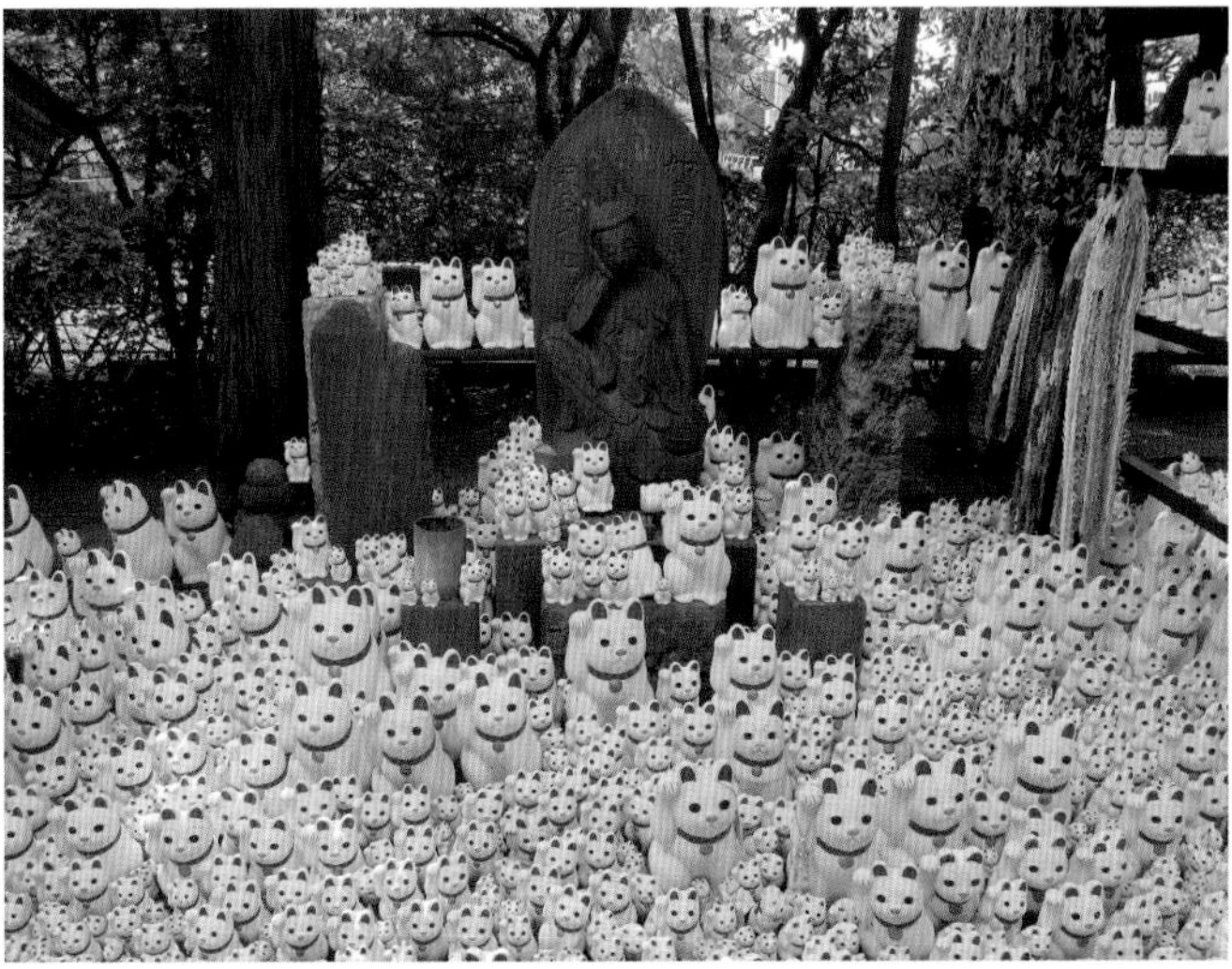

口絵14　豪徳寺の招き猫（筆者撮影）

口絵12・13出典：東京都遺跡地図情報インターネット提供サービス・国土地理院の図に筆者加工

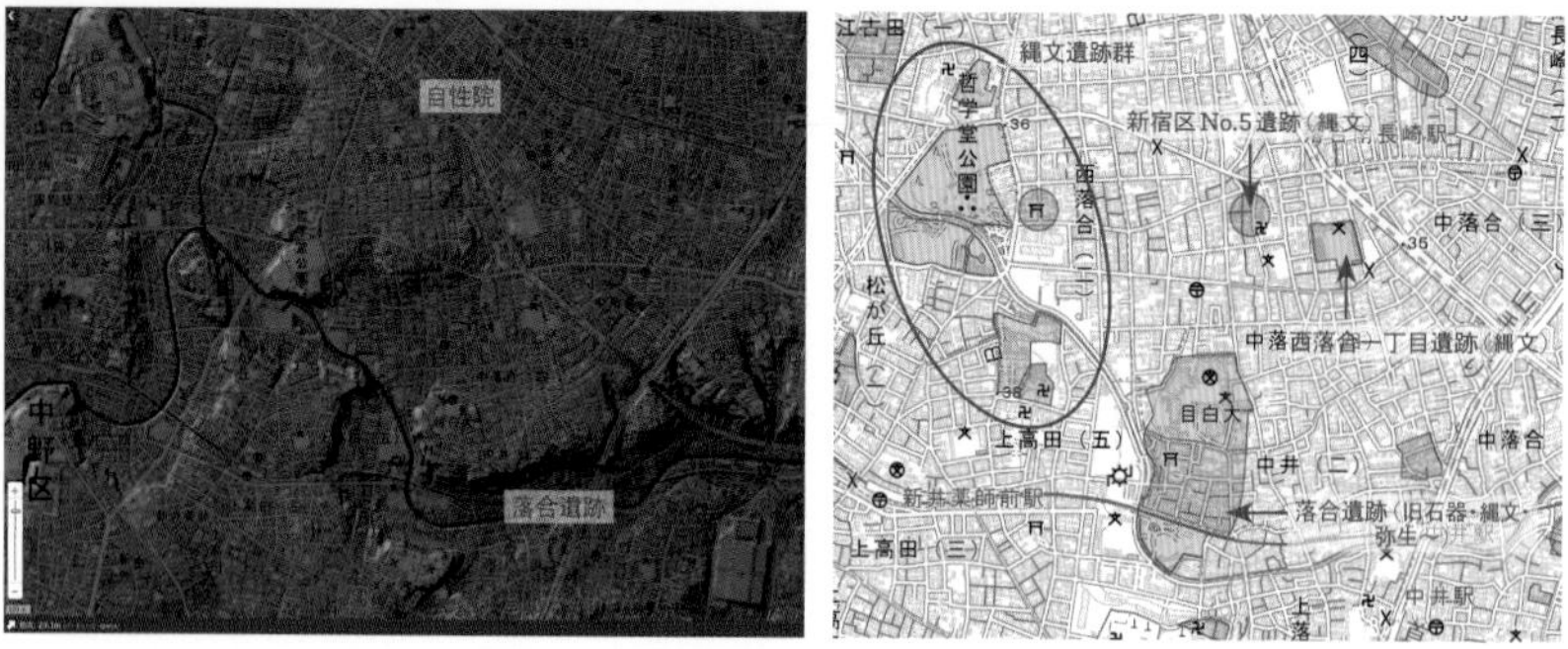

口絵15　自性院周辺の遺跡と地形の高低

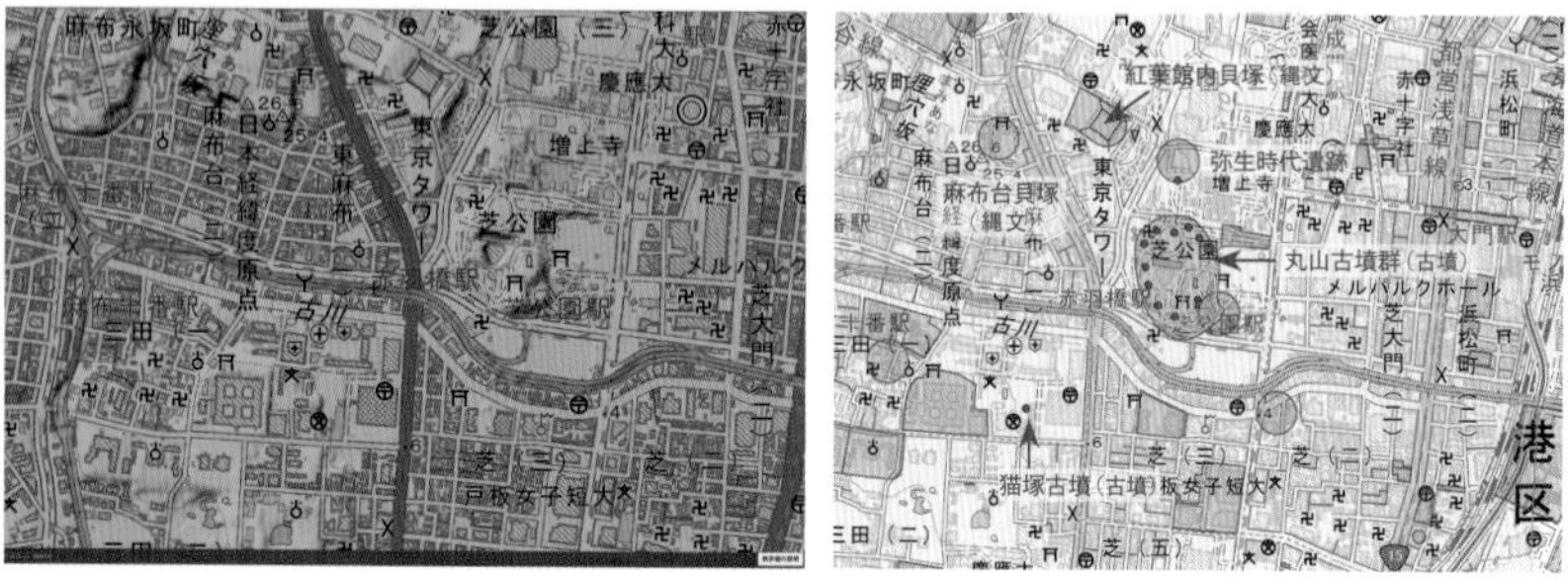

口絵16　猫塚周辺の遺跡と地形の高低

口絵17　旧有馬藩邸の猫塚とオセンチ山（筆者撮影）

口絵15・16出典：東京都遺跡地図情報インターネット提供サービス・国土地理院の図に筆者加工

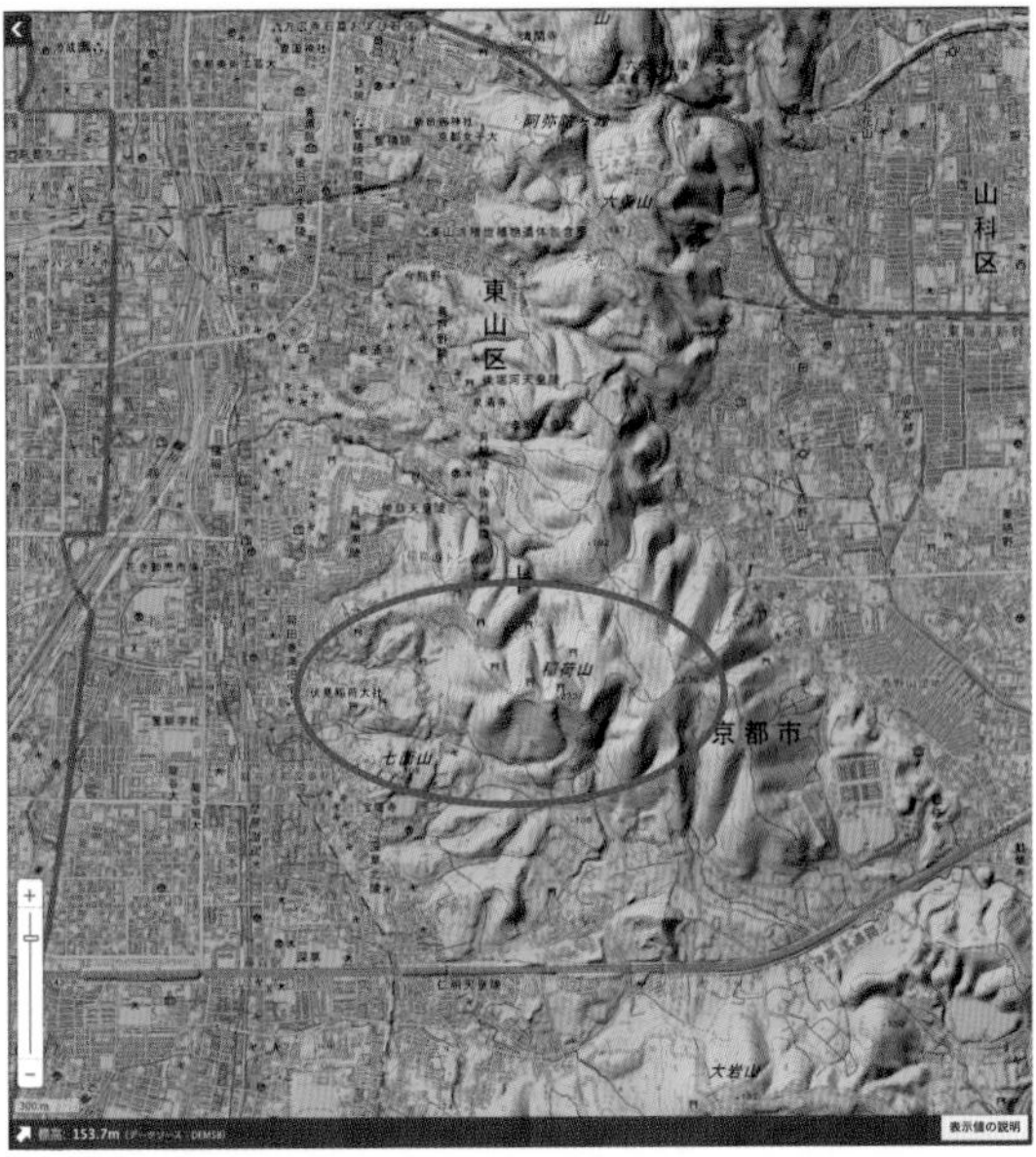

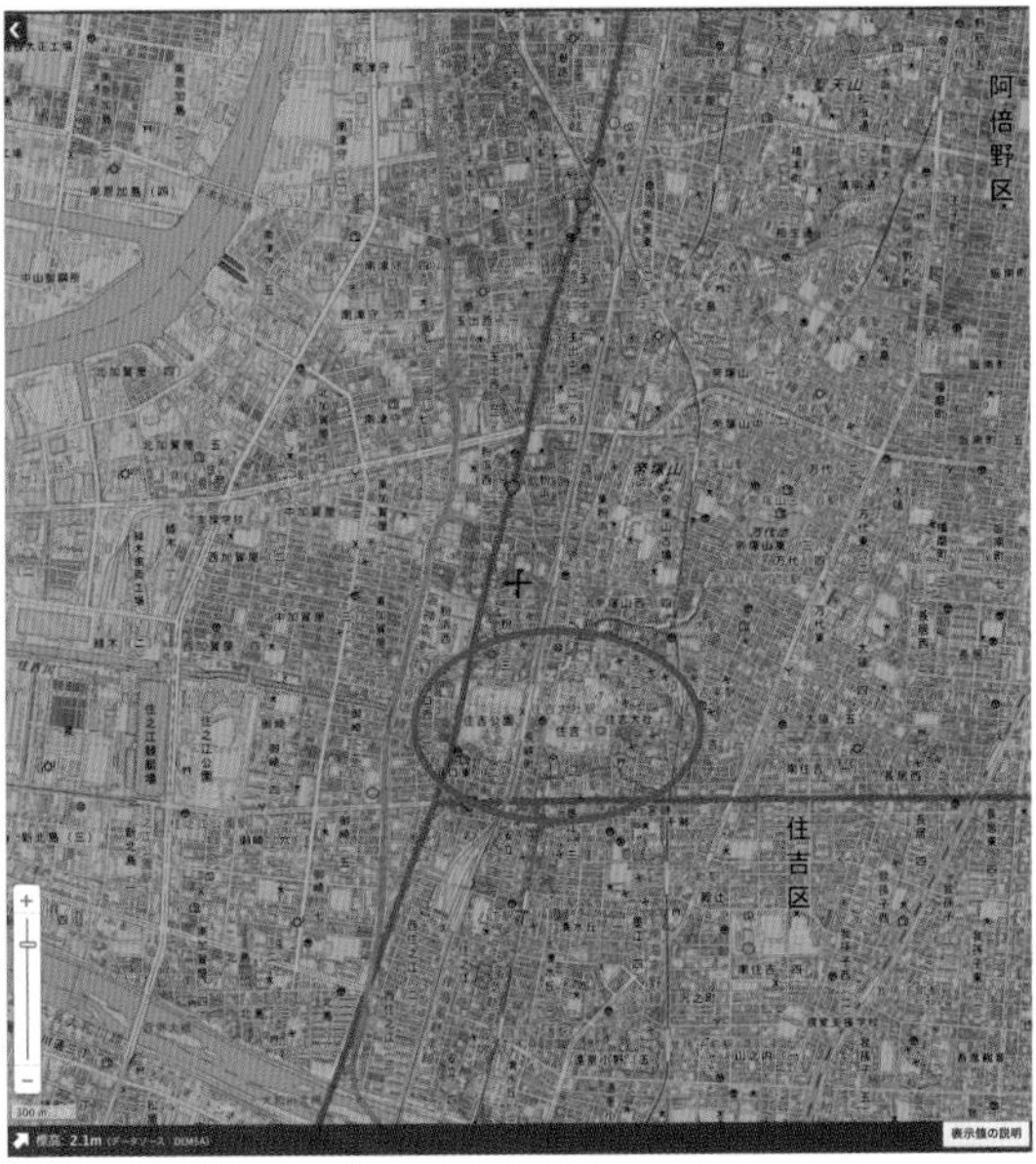

口絵18　伏見稲荷大社（上）と住吉大社（下）
周辺の地形の高低
出典：国土地理院の図に筆者加工

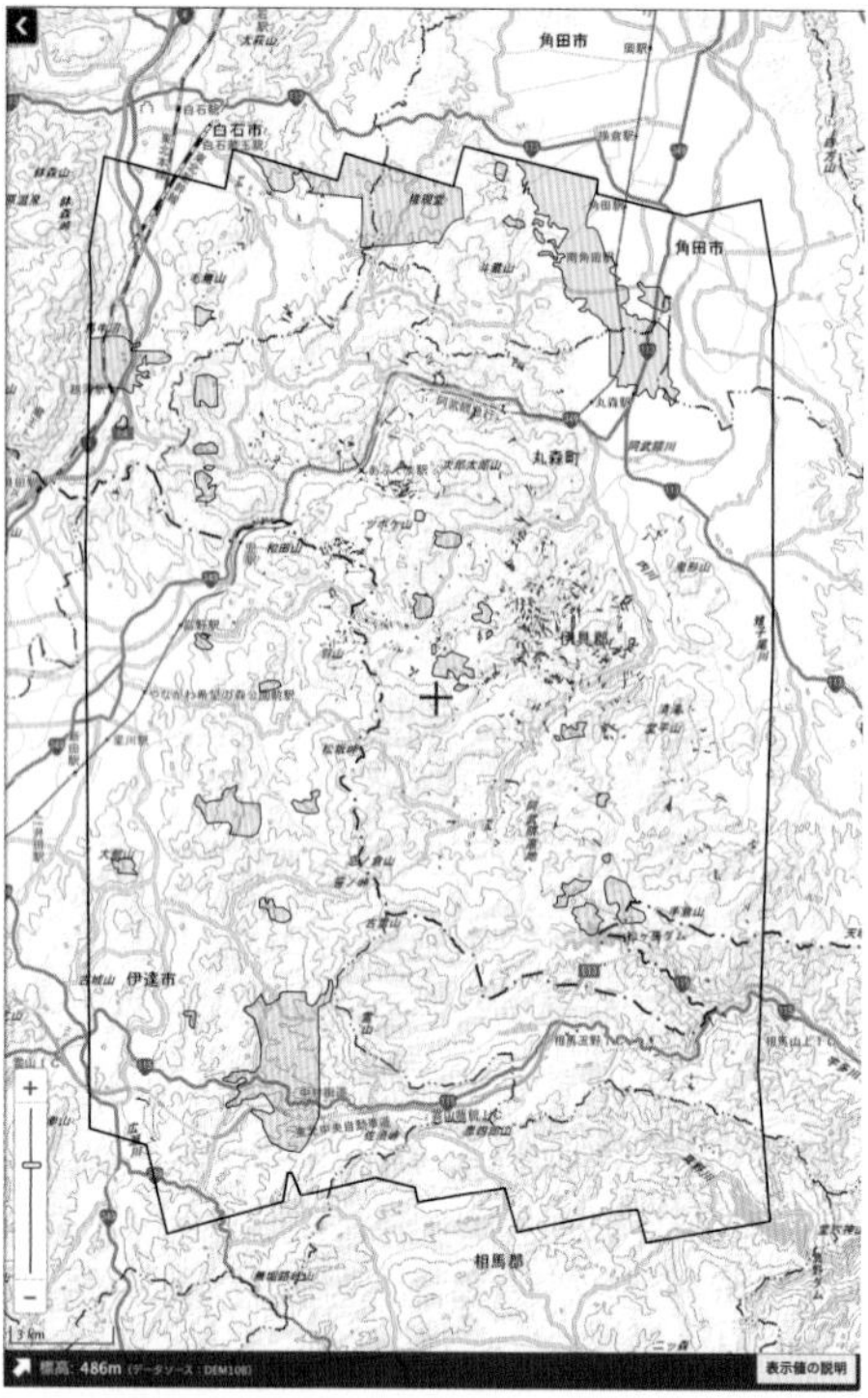

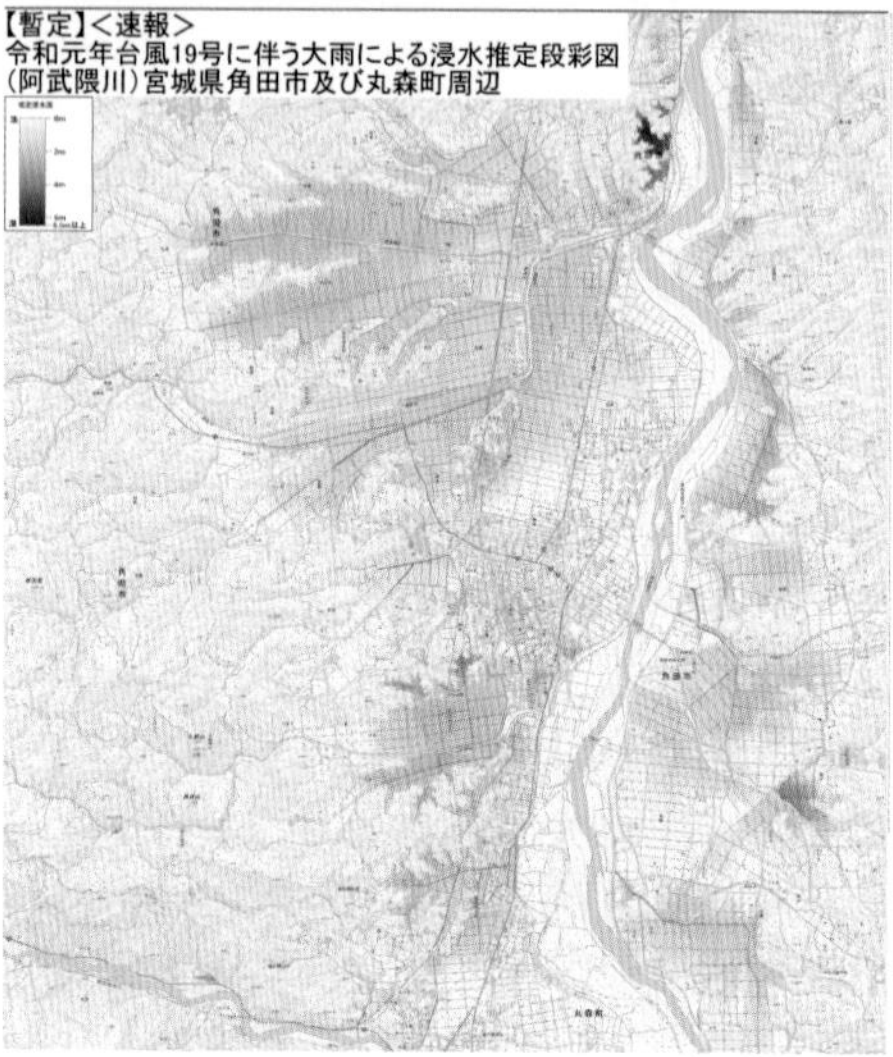

口絵19　国土地理院による令和元年台風19号に関する情報（丸森町付近）

出典：国土地理院ウェブサイトより

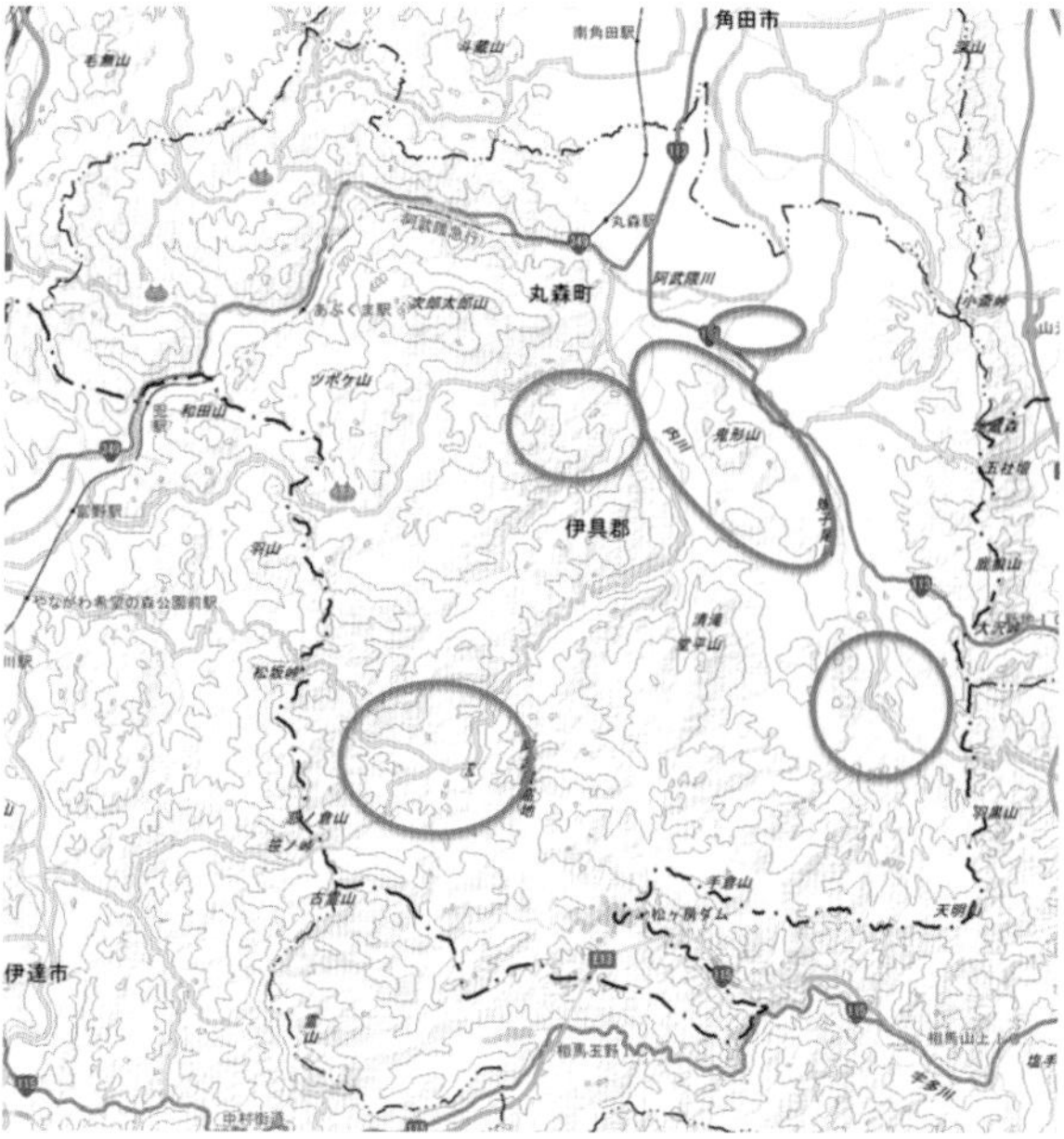

口絵20　丸森町〈猫聖地〉分布

出典：国土地理院地図をベースに筆者作成

口絵21　丸森町の猫碑（筆者撮影）

左：南部神社、右：八海山尊神社

口絵22　南部神社の狛猫（左）と猫のお札（右）（鼠除け　筆者蔵）

口絵23　駒場滝不動尊愛敬院、境内の猫碑、周辺の渓谷（筆者撮影）

口絵24　田代島全景　猫神社　田代島の猫
（2019年8月　筆者撮影）

口絵26　竹久夢二　黒猫を抱く女［やなぎ屋版］1920年　（藤沢市蔵招き猫亭コレクション）画像提供：藤沢市アートスペース

口絵27　河村目呂二「猫百種　4番」（筆者蔵）

〈猫〉の社会学——猫から見る日本の近世～現代

目　次

目次

序

1　〈猫〉は精霊である

〈猫〉は精霊である、と思う。

もののけであるといってもいいかもしれない。

あるいは天使であり、悪魔であるといってもいい。

〈猫〉という存在にたいしてわれわれがそう感じるのは、おそらく〈猫〉が「人間中心の世界」の外部にいるからに違いない。


かつて、ペットといえばイヌだった。『フランダースの犬』のパトラッシュといい、『南極物語』のタロ・ジロといい、忠犬ハチ公といい、強く、たくましく、どこまでも献身的なイヌたちこそが、人間の

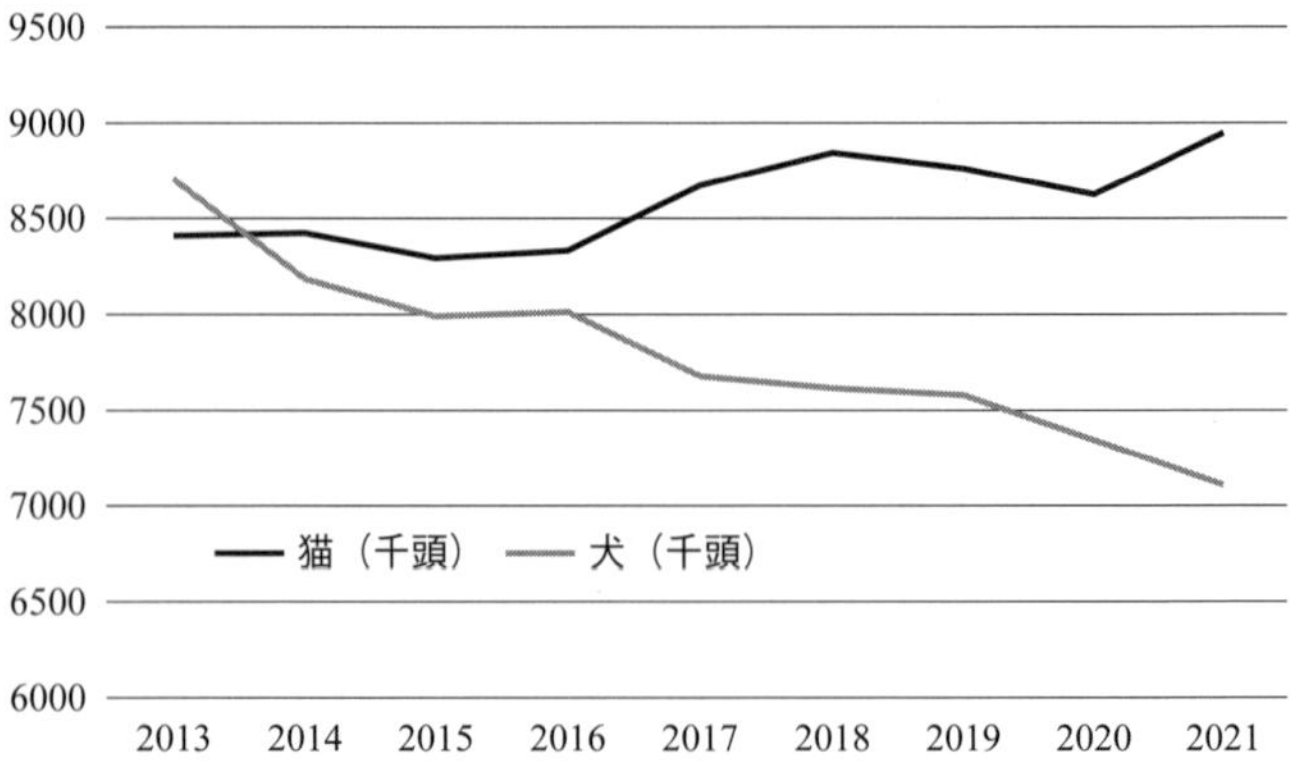

図1　猫の飼育数（推計）の推移（データ出典：一般社団法人ペットフード協会「令和3年全国犬猫飼育実態調査」）

相棒としてふさわしいと思われていたのではないだろうか。ネコ好きが少なかったわけではないけれど、ネコを飼うのはちょっとお洒落な趣味みたいな感じがあった。ところが最近は、空前の猫ブームである。誰も彼もがネコを見るとふにゃふにゃ笑いになる。ネコグッズ、ネコの写真集に、ネコ物語。ネコ関連の展覧会も全国で目白押しである。なぜいま、ヒトはそんなにネコに夢中なのだろう？

一般社団法人ペットフード協会の推計によれば、二〇一四年、猫の飼育数は、調査開始以来はじめて犬の飼育数を上回った（図1）。

自宅で飼うだけでなく、猫カフェ[1]で猫と戯れる楽しみ方もある。また、地域猫[2]との共生の試みや、「猫島」など猫による観光地化（第九章参照）の例も多い。

Googleトレンドでネット上での関心度を見てみても（図2）、二〇一三年ごろから犬を圧倒する伸びである。これには、「白猫プロジェクト」など猫を主要キャラとするゲーム人気などが影響していると推測されるが、それ自体「猫ブー

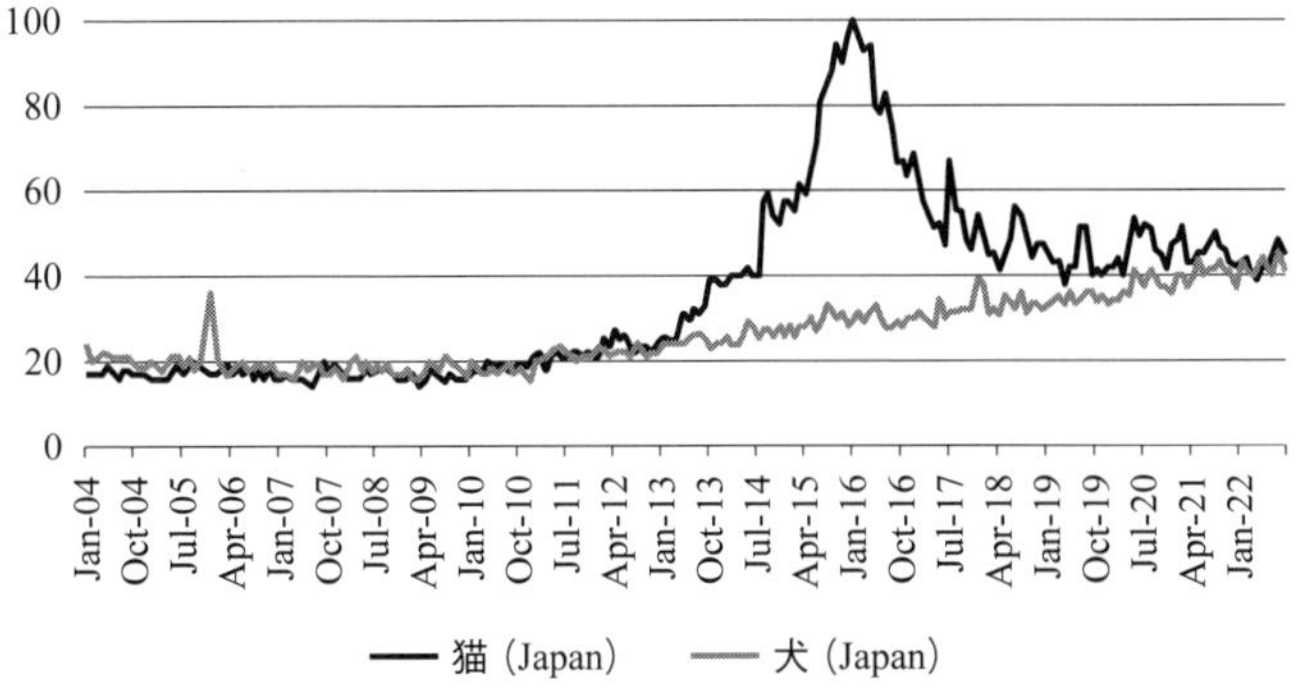

図2　GoogleTrendsによる「猫」と「犬」の関心度比較（日本，2022.10.4時点）
（数値は、特定の地域と期間について、グラフ上の最高値を基準として検索インタレストを相対的に表したもの）

ム」の一部なのだろう。

　では、この頃社会で何が起きただろう。背景となる大きな変化といえば、少子高齢化と人口縮小社会への転換である。一五〜六四歳人口（生産年齢人口）は一九九五年をピークに減少を始め、二〇二〇年時点で一三・九％も減少した。総人口も二〇〇八年をピークとして下り坂に入った（図3）。一方、ひとり暮らしが増加し、二〇二〇年の国勢調査によると、単独世帯が全体の三八・一％を占めている。「単身社会」が到来している。

　こうなると、猟犬や番犬の勇猛さと飼い主への忠誠を誇る大型犬は、暮らしの風景にちょっとそぐわなくなってしまう。毎日散歩に連れて行かなくてはならないのも結構負担だ。だったら、小さい身体で、飼い主のことには頓着せず、勝手気ままに人生を楽しんでいるように見えるネコの方が、生活のコンパニオンとして愛おしい。だから最近は、イヌでも体重一〇キロ以下のかわいい小型犬が人気のようだ。イヌのネコ化といえようか。でもやっぱり、イヌはネコじゃない。

　面白いのは、一般社団法人ペットフード協会の調査である。

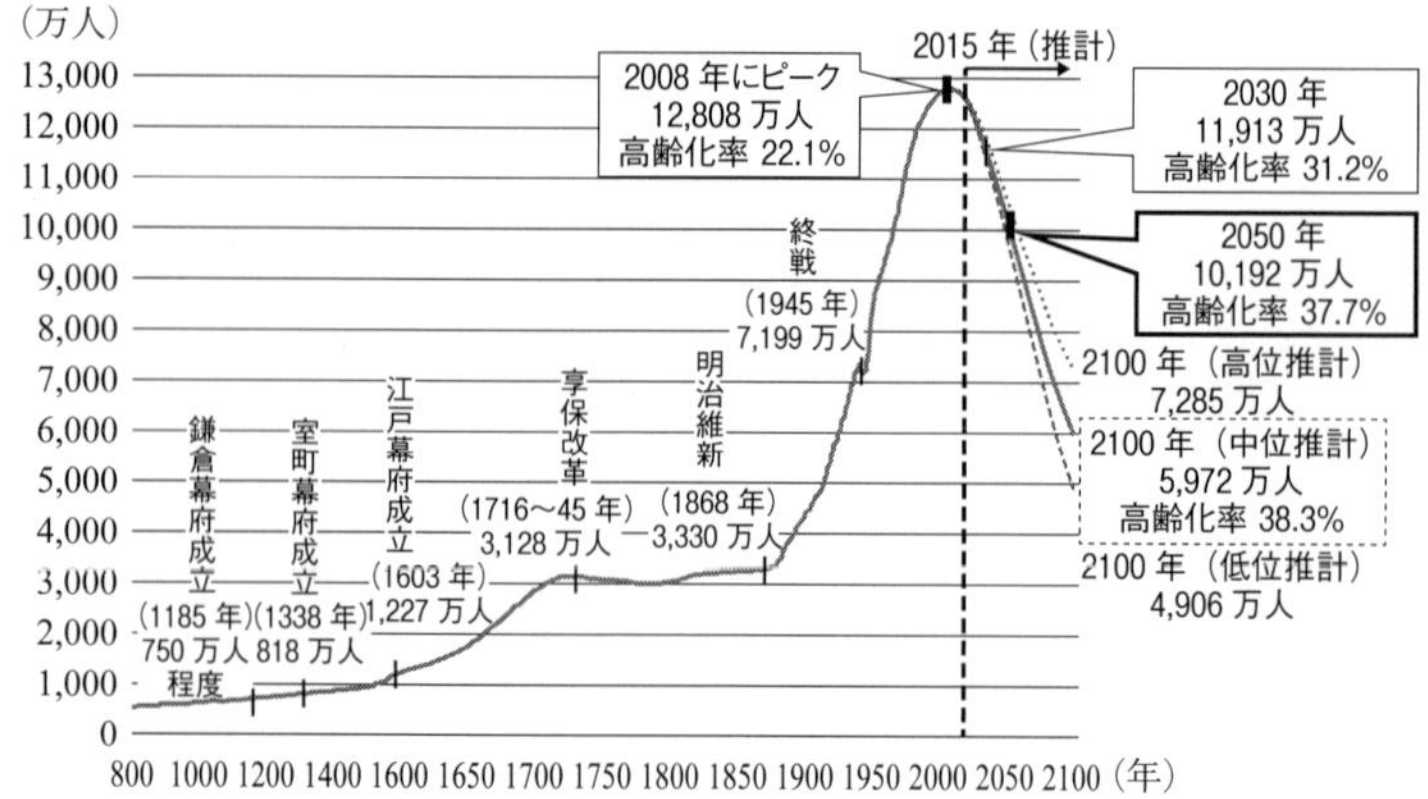

図 3　日本における総人口の長期的推移（データ出典：「国土の長期展望」最終とりまとめ概要　令和 3 年 6 月 15 日国土審議会政策部会長期展望委員会）

「生活に喜びを与えてくれる存在」の一位が、犬飼育者では「家族」であるのに対して、猫飼育者では「ペット」だというのだ。[3] 犬飼育者にとっては「家族あってこそのイヌ」であり、猫飼育者にとっては「まずネコありき」という感覚なのだろうか。まさに「独身者が猫を飼い始めたら結婚願望が冷めた証」なのかもしれない。

翻って動物と人間の関係史をひもといてみると、家畜化した最古の動物はイヌではないかといわれている。人間はイヌを狩猟や攻撃のために役立つ配下と認め、イヌは人間を生存に有利な条件を与えてくれるボスとして認め、自らを家畜化した。ところがネコは、自分の食糧を容易に調達するために人間の集落近くで生活するようになったが、自己家畜化することはなかった。つまり、多くのネコ評論家が指摘しているように、ネコは自分が人間のペットだなどとは思っておらず、気の向くままにヒトを家畜として利用しているのかもしれない。

この、猫と人間の間の対等性が、冒頭に述べたような、猫を「人間世界の外部」に位置づけることになる。猫は、人間社会の価値観から逸脱した存在であり、人間たちのコントロールから独立した存在なのだ。つまり、〈猫〉[4]は精霊なのである。飼育犬は血統書付きのブランド種が多いのに対して、飼育猫のほとんどが雑種であるのもその表れといえよう。

「とは言っても、たかが猫。社会学的に論じるなんて、笑っちゃう」とおっしゃる読者もいるかもしれない。

しかし、他愛もない大衆的流行のように見える現象も、しばしば、大きな社会変動の表象であり、また動因でもある。ましてや、精霊としての〈猫〉は、人間社会の外部から人間の営みを相対化する、人間にとっての媒介となる。

人間の自然環境（人間社会外の世界）に対する干渉を基準として「人新世」という新たな地質年代が提唱されている現在だからこそ、いま〈猫〉に人びとは何かを求めているのではないだろうか。

本書はこのような視座に立って、人間たち（特に日本社会）がいかに〈猫〉というイメージを構成してきたかについて考えていきたい。まさに「猫の手」を借りて、私たちは私たち自身を見つめ直す時なのである。それはわれわれが、これからの世界を考える重要な手がかりとなるだろう。

2　本書の構成

本書の構成を見取り図として表したのが図4である。

まず第一章では、太古から江戸開府に至るまでの、〈猫〉イメージの形成と変遷について考える。近年の研究によって、日本にも縄文期には野生のヤマネコがいたことがわかった。弥生期遺跡からは、イエネコの遺物が発見されている。平安期になると、輸入された唐猫が貴族たちから溺愛された。しかし、猫が今日のように庶民の生活の一部となったのは江戸時代のあるお触れがきっかけだった。

第二章では、〈猫〉が貴顕の邸宅の奥深くから、江戸市井の人びとの日常的な生活の中に入ってきたとき、とくに『源氏物語』女三の宮の恋の物語にインスパイアされたファッション・アイコンとしての〈猫〉イメージが、歌舞伎や遊郭、浮世絵、草子などによってメディア化されていく過程を見ることとする。風説として拡散される江戸の〈猫〉物語は、古くからある「動物の恩返し」のパターンをなぞりつつ、今日までその痕跡を残している。

そうした都市の経済は農村での作物生産に依存していた。なかでも重要な商品作物が養蚕および製糸であった。しかし、蚕の天敵は鼠である。鼠の駆除のために、農村で猫が飼われるようになり、さらには信仰の対象ともなった。いっぽう、養蚕技術の発展により、地方で富裕な農民層が形成された。彼らは進んだ技術や文化の全国的な伝播の媒介となると同時に、〈子ども〉というライフステージを生み出した。〈猫〉は〈子ども〉のともだちとしての役割も担うようになった（第三章）。

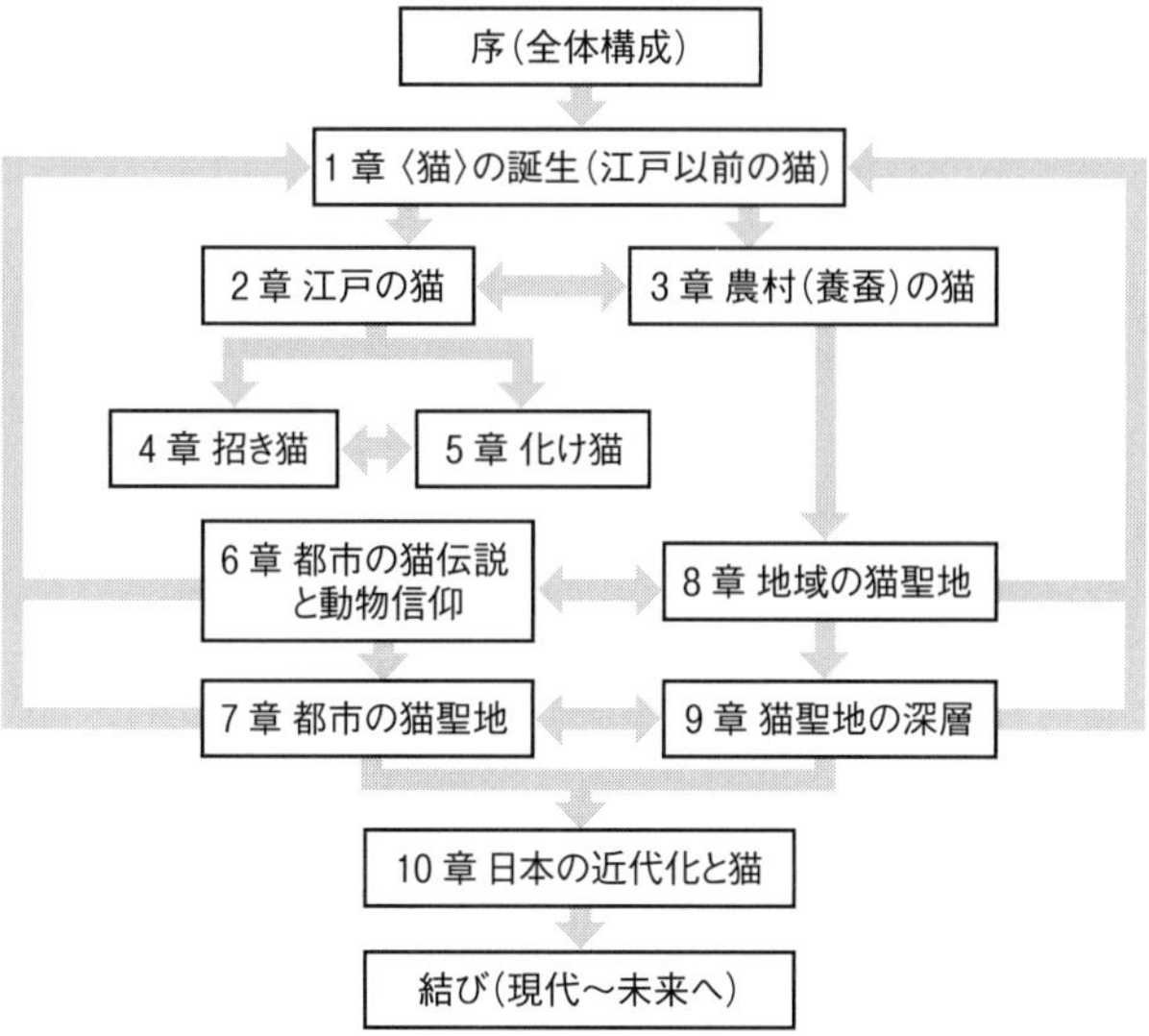

図4　本書の全体構成と各章のつながり

江戸後期、江戸の町ではさまざまな福神の流行が見られる。その一つが、〈招き猫〉であった。〈招き猫〉は花街から生まれたと考えられているが、寺社の起源伝承を〈招き猫〉の由来とする説話も数多く存在する。興味深いことに多様な〈招き猫〉説話を比較すると、それらに共通するパターンが透けて見える（第四章）。

第五章では、〈化け猫〉に焦点をあてる。〈猫〉が、「化けもの」の性格を隠し持っていることは、江戸以前から語られてきた（第一章）。江戸時代にも、第二章でもみたように「化け物草子」が盛んに生まれた。とくに、幕末期になると、お家騒動と絡めてあたかも実話のように語られる「化猫騒動」の物語が、歌舞伎や講談を媒介にして、大流行した。なぜ、〈猫〉は〈招き猫〉と〈化け猫〉の両面でもてはやされたのだろうか。

江戸の町で〈招き猫〉と〈化け猫〉が大流行

したとはいえ、〈猫〉が庶民の伴侶となったのはそんなに古いことではない。江戸の〈猫〉伝説の背後には、もっと古い起源が潜んでいるのではないだろうか？　第六章では、そんな仮説のもとに、〈猫〉伝説の深層を探る。

〈猫〉伝説は、それぞれのストーリーが特定の地名と強く結びついている。第七章では、江戸の〈猫〉伝説に紐づけられる土地——浅草寺・豪徳寺・自性院など——を探訪する。そこから、思いもかけない歴史の古層がうかびあがってくる。

第八章では、〈猫〉伝説と〈猫〉聖遺物の多く残る阿武隈川流域をフィールドワークする。阿武隈川流域は、第三章で取りあげた養蚕業が盛んな地域であり、また、交通の要衝でもあったことから、江戸期から近代初期にかけて栄華を誇った。養蚕業の衰退と度重なる自然災害によっていまはひっそりと静まりかえった地の過去を探りつつ、日本近代の礎としての彼の地と〈猫〉の関係を探る。

しかし、養蚕地域の〈猫〉伝説と〈猫〉聖遺物は、「養蚕」という特定の産業とだけ結びついているのだろうか？　第九章では、都市部や、あるいはそれ以外の〈場〉の〈猫〉伝説と〈猫〉聖遺物と〈猫聖地〉の共通項を探りつつ、なぜ〈猫〉たちがこれほどまでに私たちの心を惹きつけるのかについての私論を試みる。

そして第十章では、再び時代を下り、近代以降のグローバリゼーションのなかで、日本と世界の交流が、〈猫〉の意匠にどのような影響を及ぼしたかを考える。

最後に、結びでは、現代における〈猫〉ブームを、本書で考えてきた流れの中に捉え直し、「ポスト・ヒューマン」とも呼ばれる、ＡＩなど科学技術の発展したこれからの社会との関係を考える。

それぞれの章は互いに関連しており、全体として一つの〈猫〉交響曲を構成している。とはいえ、各章はそれぞれ独立して読むことができる。どうぞ興味をひかれる章から自由に読んでいただければ幸いである。

注

1 『日経トレンディネット』二〇〇八年五月二日（http://trendy.nikkeibp.co.jp/article/column/20080422/1009762/）によれば、「猫カフェの始まりは一九九八年台湾にオープンした「猫花園」。猫と同じ空間でお茶を飲めるというスタイルが台湾国内で話題になり、このお店には日本からの観光客も訪れるようになった。日本ではまず大阪に二〇〇四年「猫の時間」が開店、二〇〇五年には町田の「ねこのみせ」が関東の第一号としてオープンした」。

2 環境省「住宅密集地における犬猫の適正飼養ガイドライン」（平成二二年二月）によれば、「地域の理解と協力を得て、地域住民の認知と合意が得られている、特定の飼い主のいない猫。その地域にあった方法で、飼育管理者を明確にし、飼育する対象の猫を把握するとともに、フードやふん尿の管理、不妊去勢手術の徹底、周辺美化など地域のルールに基づいて適切に飼育管理し、これ以上数を増やさず、一代限りの生を全うさせる猫」を指す。

3 一般社団法人ペットフード協会『令和三年全国犬猫飼育実態調査』による。

4 同注3。

第一章　〈猫〉の誕生

1　はじめに

世界中のネコの祖先はほぼ一種に限られるという。図1のオオヤマネコである。

このオオヤマネコは、約九五〇〇年前にキプロスのあたりで、人間と共生するイエネコへと変貌した。イスラエルの約一万年前の穀物庫の遺跡で、ハツカネズミの骨が見つかっており、彼らは、野生の環境よりも人間たちの生活空間の方が餌にありつきやすいと考えたらしい。人間が定住を始めたのは、一万年前頃の新石器時代で、それは動物たちにとっては、新たな食糧調達が可能になったことを意味した。肉食動物であるネコにとって、穀物庫は大きな意味をもたなかったが、穀物庫に集まる小動物たちは魅力的な食糧だったろう。こうして、猫たちは、人間たちの居住地近くで生きるようになる（今に至るまで、ネコと人間の関係が間接的なのはこのせいといえる）。

イエネコがエジプトに移住したのは、およそ三六〇〇年前といわれる。エジプトで、ネコは神になった（図2参照）。もっとも、エジプトの神は本来はライオンだったといわれる。しかし、猫科つながりで、いつのまにか、ネコが、自分よりずっと大きく、強いライオンに代わって神の座についてしまった。人間たちは、ライオンの強さよりも、ネコの愛らしさを選んだのかもしれない。

イエネコはその後、エジプトや中東から、東西へ旅を始めた。インド、中国、日本へは、およそ二〇〇〇年前にやって来たと考えられている。

図1　オオヤマネコ（Martin Mecnarowski, CC BY-SA 3.0）

図2　エジプトの猫神・バステト女神座像　前610～前595年頃（ベルリン国立博物館群蔵）

2　カワイイ猫前史

2・1　〈魔〉としてのオオヤマネコ――旧石器・縄文時代

日本では、猫は中国大陸から渡来したと考えられており、またその渡来時期は、長い間、奈良・平安以降のことと論ずる人が多かった。もっとも、この通説に異議を唱える研究者もいた。民俗学者の谷川健一は、「「猫」と呼ばれている山梨県黒駒村出土の土偶」（口絵1）について、次のように述べている。

この土偶は、猫の顔と人間の身体をもつ土偶であるようでもある。猫の顔と人の顔とが二重映しになっているようにもみえる。眼はつりあがり、兎唇のように唇は切れている。貴婦人のように肩を露わにし、しなやかな腕をまげて三本指の手を胸においている。猫が人間の主人公であることを主張するかのようなこの土偶には、つよい動物磁気がみなぎっている。猫族の特性を抽出したように無気味な沈黙が、この土偶を支配している。

妖しい牽引力、それを魔と呼ぶならば、縄文中期の人たちは、この土偶にそれを感じたらしいことが、おぼろげに感知されるが、なぜ人間とも猫ともまぎらわしい土偶をつくる必要があったのか。猫族に人間以上のすぐれた能力をみとめ、その魔力を神として崇拝するまでにいたったのか。もちろんその答えはない。

しかし、この土偶のもつ神秘的な魔力を否定することはむずかしい。この「猫」にしろマムシにしろ、山岳地帯に多い夜行性の兇悪な動物たちに、当時の人たちが畏怖の念をいだき、それを造形した心理をよみとることは、けっしてむずかしくない。（谷川　1984：42-43）

この土偶は上野の東京国立博物館でしばしば展示されるので、実物を見ることは難しくない。私も、この土偶を見て、「猫だ！」と感じ、そこから発せられる強いパワーを感じた。谷川はそれを「動物磁気」[1]と表現した。実に魅力的な土偶である。

この縄文土偶が猫を模したものであるならば、縄文期にすでに日本にも猫がいたことになる。実際、この点に関して、群馬県立自然史博物館の長谷川ら（2011）は、「日本各地の縄文時代草創期より晩期までの遺跡よりオオヤマネコの遺物が断片的であるがかなり発掘されている。……縄文時代の遺物の中には顎骨や犬歯に穿孔したものがある。オオヤマネコは明らかに縄文人の狩猟対象動物であった。また、考古学的遺物でない標本についても検討し、日本にオオヤマネコが渡来した時期について考察した。*Lynx*〔オオヤマネコ〕はユーラシア大陸におけるマンモス動物群の一要素として最終氷河期の頃ヘラジカやトナカイなどと共におそらく北海道経由で日本列島に渡来したと考えられる」と述べている。

図3　イリオモテヤマネコの剝製（国立科学博物館 CC BY-SA 3.0）

だとすれば、現代の日本ではイリオモテヤマネコ（図3）とツ

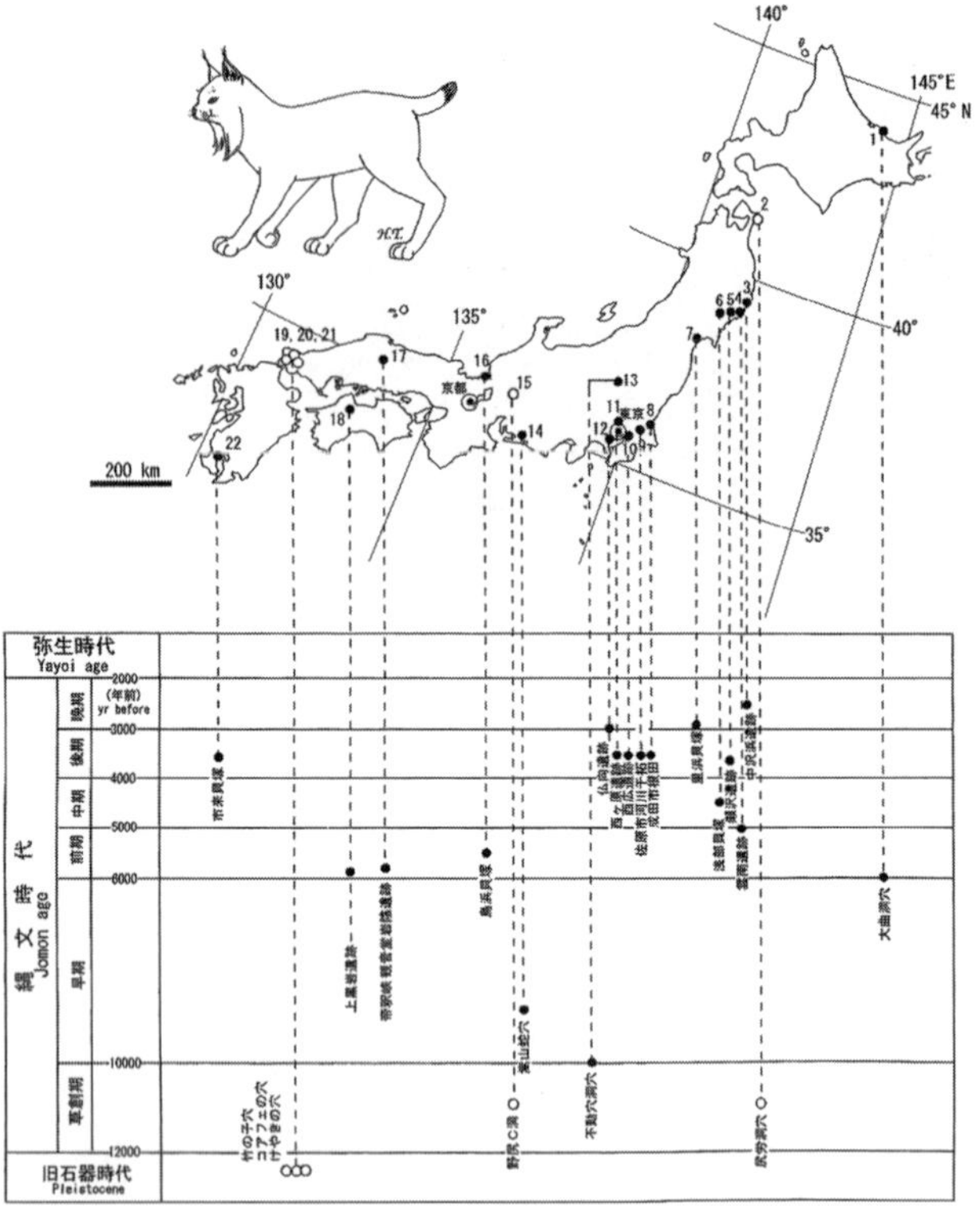

図4　日本産 *Lynx* の時空分布図（長谷川ら 2011：45）

シマヤマネコだけがわずかに残っているにすぎないが、かつての日本でも、オオヤマネコと人間が死闘を繰り返していた時代があった。縄文人たちは、仕留めたヤマネコを食糧とするだけでなく、その骨を美しい装飾品に加工し、またヤマネコのパワーに聖なるものを感じ、口絵1のような土偶を造形したのかもしれない。

長谷川ら（2011）によれば、こうしたオオヤマネコの遺物は各地の縄文遺跡から発見されている。その時空分布を示したのが、図4である。化石骨の時代としては、むしろ東日本で早い時期のものが発見されており、西日本で遅い時期であることが興味深い（第七章、第九章参照）。東京でも北区の西ヶ原貝塚からオオヤマネコの骨化石が見つかっているようである。ちなみに二〇〇六年、福島県郡山市の縄文中期から晩期の遺跡から、まるでハローキティの頭部のような土器が発掘されて話題となった。動物の頭部のみを土偶にする例はないというので、おそらくネコをかたどったものではないと考えられているが、あまりの可愛さに、「ネコ型土製品」と名付けられたという。

2・2　弥生時代のネコ

イエネコが日本に伝えられたのは、従来、八世紀頃と考えられていた。しかし、二〇〇八年、九州大学による発掘調査により、長崎県壱岐市勝本町のカラカミ遺跡で、イエネコと思われる猫の骨が一三点発見された。カラカミ遺跡は弥生時代後期半ば（紀元一～三世紀）と考えられたが、このときの発掘場所は時代特定ができず、またヤマネコの骨である可能性も残った。二〇一一年になって、壱岐市が発掘調査を行い、奈良文化財研究所の分析により弥生後期の遺構から、イエネコの橈骨《とうこつ》（＝前腕の骨）が特定された。これにより、弥生時代から日本でイエネコが飼われていたことが確証された。

この後の時代のネコの痕跡としては、姫路市見野の古墳時代後期（六世紀末～七世紀初頭）の遺跡から猫の足跡が付いている須恵器が出土されたり、神奈川県鎌倉市の千葉地東遺跡などから、一三世紀（鎌倉時代）のイエネコの遺物が発見されたなどの例がある。

3　平安期における猫

3・1　平安芸術に描かれた唐猫——高価な私財としての猫

日本の文学や芸術に、猫は奈良、平安の頃から登場する。

当時の飼い猫は中国から輸入されたとされる。経典や宝物、穀物への鼠の害を防ぐためだけでなく、富貴の象徴であったり、禅語の表象であったり、何よりも愛玩の対象であったりした。

古い時代の猫の表象は必ずしも多くはないが、例えばおよそ九〇〇年前に藤原摂関家により春日大社に奉納されたとされる金地螺鈿抜形太刀には、竹林で雀を狙い、捕らえ、取り逃がす猫の活き活きした姿態が表現されている。「竹、雀、猫」という画題は中国から伝えられた画題と考えられるが、それを超えた猫への愛に満ちた眼差しが感じられる作品である。

猫を描いた最も古い絵は、『信貴山縁起絵巻』[2]（図5）の中に現れる尼公の飼い猫であるという。その他、「石山寺縁起絵巻」[3]（図6）や『鳥獣人物戯画』[4]（図7）などにも猫が描かれている。

ここで注意したいのは、『鳥獣戯画』以外の絵巻に登場する猫たちは、すべて貴顕の飼い猫であり、愛らしい首輪や繋ぎ紐をつけている点である。それらの猫はしばしば、「唐猫」とも呼ばれ、中国から輸入されたそもそもが「愛玩用商品」であったことがうかがわれる。また、現代では、猫に繋ぎ紐をつける習慣はないにもかかわらず、当時は繋ぎ紐がつけられているところには、現代における猫とは異なる社会的位置づけがなされていたと推測される。端的にいえば、猫が飼い主の社会的地位を表す高額の所有物であったということであり、したがって、猫の紛失（逃走）を避けるための繋ぎ紐や、猫の所有者を明示する首輪は必須であったと考えられる。

反面、猫よりも頻繁に描かれる犬は、野犬も多く、飼い犬であってもむしろ首輪や繋ぎ紐がない場合が多い。いつ逆転が起こったのかについては、本章の終わりで考えることにしよう。

3・2　宮廷文学の猫――猫への溺愛

平安時代の文学にも、猫は登場する。

図5　信貴山縁起絵巻 下　部分（『志貴山縁起絵巻（3）』覚猷他著　国立国会図書館デジタルコレクションより）

図6　石山寺縁起 2巻　部分（国立国会図書館デジタルコレクションより）

図7　鳥獣人物戯画　部分　伝鳥羽僧正作

清少納言の『枕草子』[5]にも猫に関する記事がいくつも含まれている。たとえば陽明文庫本第八四段には、「なまめかしきもの」（優艶な美しさのあるもの）として、次のように猫の魅力を描写している。

帽額《もこう》のあざやかなる。簾の外、高欄に、いとをかしげなる猫の、赤き首綱《くびつな》に白き札つきて、碇の緒、組の長きなどつけて引きありくも、をかしうなまめきたり。[6]

現代人も納得の猫イメージである。

また、第六段には、彼女が仕える中宮定子の夫である一条天皇の猫好きに関するこんなエピソードが書かれている。

一条天皇の御猫は、官位をいただき、「命婦のおとど」という名をいただいた。天皇はたいそう可愛いがられて、それは大切にしておられた。あるとき、御猫が縁先で寝ているので、乳母の馬の命婦が呼んだが眠ったまま。馬の命婦は、犬の翁まろを、御猫にけしかけた。御猫は驚きおびえて御簾のなかに走り込んだ。これを見ていた一条天皇は御猫を懐に入れ、翁まろを追放してしまった（遠藤抄訳）。

猫を脅した罪で犬を追放するとは、一条天皇の溺愛ぶりが思いやられる。さすがに、一条天皇の猫好きについては批判もあったようである。藤原実資[7]の日記『小右記』の長保元（九九九）年九月一九日条には、この御猫に関する次のような記述がある。

内裏の御猫が子を産んだ。女院・左大臣・右大臣がその祝宴を催した。猫の乳母として馬の命婦を任命した。同時代の人たちはこんな事態を笑った。奇怪なことだ。動物に人間の乳を飲ませるなんて、聞いたことがない。何ということだ！（遠藤抄訳）

もちろん、「馬の命婦」は実際に自分の乳を飲ませたわけではなく、単なる世話役であるが、言葉尻を捉えて、一条天皇の猫愛を皮肉っている。

一方、菅原孝標女[8]の回想録『更級日記』治安二年五月の項には、乳母を失って悲しむ姉妹と愛らしい猫のファンタジックなエピソードが語られている。

花の散るのを見ると、亡くなった乳母や、同じ頃に亡くなった大納言の姫君を思い出して悲しくなるのだった。そんな五月のある日、夜遅くまで物語を読んでいたら、どこからともなく猫の鳴き声がする。驚いて見ると、たいそう可愛らしい猫がいた。姉が「しっ、内緒よ。なんて可愛いのかしら。私たちで飼いましょうよ」という。人に慣れた様子で、迷い猫だろうけれど、こっそり姉妹で飼うことにした。猫は身分の低い者たちのいる場所には近寄らず、姉妹のそばに寄り添い、汚い食べ物は食べない。（遠藤抄訳）

そんな風に可愛がっていたのだけれど、姉が病気になって、猫を北側の部屋に遠ざけていたら、猫がうるさく鳴く。

病気の姉が「猫を連れてきて」というので、「なぜ？」と尋ねると、「夢の中で、この猫が側に来て、「私は亡くなった大納言の姫の生まれ変わりです。この家の姫が生前の私を懐かしく思い出して下さるので、この家に暮らすことにしました。でもこのところ、北側の部屋にいさせられているので、情けない気持ちでいます」と泣く様子が上品で美しい人のようだったの。目が覚めるとその泣き声が猫の鳴き声だったので、連れてきてもらったのよ」という。

その後はまた姉妹の部屋で大切に猫を飼うことにした。ひとりでいたときに、猫をなでながら、「あなたは大納言の姫君だったのね。大納言にもお知らせしなくちゃね」と呟くと、猫は優しく鳴き、なんだか私の言葉がわかるようだった（遠藤抄訳）。

まるで、アニメのプロローグみたいである。

いずれにせよ、平安期、猫が希少で、大事に扱われていたことがわかる（その一方、迷い猫も珍しくなかったこともうかがわれる。迷い猫のなかには、野猫化するものもいたに違いない）。

3・3　女三の宮の恋と悪戯な猫

数ある平安猫のなかでも、源氏物語に登場する猫は、後世に最大の影響を与えたといえるだろう。まさに清少納言が「なまめかしきもの」と表現したような猫が、『源氏物語』の「若菜上」では、運命の恋の悪戯なキューピッドのような重要な役割を果たす。恋はこんな風に始まる。

猫は、まだよく人にもなつかぬにや、綱いと長く付きたりけるを、物にひきかけまつはれにけるを、逃げむとひこしろふほどに、御簾の側いとあらはに引き開けられたるを、とみにひき直す人もなし。

（若菜上第七段）

〔女三の宮の猫は、まだ人に慣れていないので長い首綱をつけていた。その首綱が引っかかって、女三の宮の居室を庭にいる人びとの目から隠していた御簾が引き上げられてしまった〕

内大臣の息子である柏木は、光源氏の邸宅で行われた蹴鞠《けまり》の催しに参加していたが、飛び出してきた唐猫の仕業で上がった御簾の奥にいる女三の宮（光源氏の若い妻）の姿を垣間見てしまう（第二章図12）。当時の高貴な女性は人前に姿を現すことはほとんどない。その姿を思いもかけず垣間見てしまったことで、柏木の恋が走り出す。きっかけとなったのが、女三の宮の小さな飼い猫である。当時、高貴な人は唐から輸入した猫をお洒落な調度品のように飼っていた。こうした猫を唐猫という。ある日、源氏邸で蹴鞠の会が催された。女三の宮も女官たちとともに、御簾越しに蹴鞠の様子を楽しんでいた。そのとき、彼女の小さな唐猫が、少し大きい唐猫に追われて御簾をくぐって逃げようとした。小さい唐猫には長い綱がつけてあったのだが、それが几帳の裾に絡まって、御簾があがってしまった。奥にいた女三の宮の愛らしい姿が一瞬目に映った。それで柏木は運命の恋に落ちたのである。女性たちはすぐに奥の部屋に入ってしまったが、柏木は残された女三の宮の香がうつった白猫を抱きしめ、胸をこがす。激しい恋の虜となった柏木は、秘かに女三の宮と会うようになり、女三の宮は懐妊する。柏木と女三の宮の関係は光源氏も知ることとなり、柏木は病の床に伏す。女三の宮は無事男児を産むが、出家してしまう。それを知った柏木は絶望し、死去する。

なんとも切なさの沼にはまりそうな展開である（そして『源氏物語』の読者たちはまさにこの恋の沼に時代を超えてはまったのである）。

しかしこの恋のエピソード、考えてみるとさまざまなシンボリズムと伏線が絡み合い、結構ありえない展開であるにもかかわらず、「必然の運命」みたいなものを感じさせるような、作者の企みが潜んでいるように思われる。そこで、そのあたりをひもといてみると……。

まずヒロインの女三の宮はまだ一〇代半ばの少女である。当時は結婚年齢が低かったとはいえ、光源氏はすでに四〇歳前後のオジサンである。しかも、紫の上という深く愛し合っている妻がいるだけでなく、複数の愛人たちとも会っていたりする。全然世界の違う二人が結婚することになったのは、「上からの圧力」以外何ものでもない。女三の宮が青年たちの蹴鞠見物をするのも、彼女の若さが何かを求めていたからともいえる。だから、大きな猫（光源氏あるいは上からの圧力）に追われてがむしゃらに逃げようとする白猫は、女三の宮その人を表しているとも読める。

白猫のひもが几帳に絡まって御簾を明けてしまうのは、女三の宮のひたすらな想いがタブー（禁忌）を破って自分自身の姿を外界に曝《さら》そうとする彼女自身の心ではないか。その姿は、「美しく整えられた紅梅襲の十二単、華奢なからだに髪がかかっている様子、その横顔は言葉にならないほど愛らしいが、夕影ではっきりと見えない」。そんなとき、猫が鳴いて、女三の宮が振り返る。ふと見えた若く美しい顔に、柏木は心を奪われてしまうのである。[9] 女三の宮の姿が露わになっていることに気づいた女房たちが彼女を奥へと隠す。柏木は呆然とその姿を見送るが、白猫も取り残されていることに気づき、猫をぎゅっと抱きしめる。女三の宮の残り香に、柏木は想いを募らせるのだった。もし、白猫が女三の宮の隠された心であるとすれば、一見、受身で何の考えもないように見える幼い少女が、白猫の姿を借りて、奔放な愛に向かって走り出したのだともいえる。

柏木と女三の宮の恋は時が流れても色あせることなく人びとの心を揺り動かし続け、江戸の猫文化にも大きな影響を及ぼしたのだった（第二章へ）。

口絵2は、この場面を絵画化したものである。運命の一瞬である。

4　禅宗と猫

4・1　中国の猫

物語や絵巻に描かれた唐猫たちの多くは愛玩用の飼い猫である。

しかし、そもそも中国で（あるいは世界で）猫が家畜化されたのは、猫が人間の生産活動に有用な役割を果たすからだった。すなわち、猫は小動物を食料とし、これを捕獲する能力に長けていた。一方、人間にとって、収穫した農産物や水産物を食い荒らす鼠の駆除は重要であった。鼠害への対抗策として、古くから猫は家で飼われたのである。たとえば中国北宋の詩人黄山谷（黄庭堅、一〇四五－一一〇五）に、「猫を乞う」（『山谷外集』巻七）という詩がある。

秋来鼠輩《そはい》　猫の死せるを欺《あなど》り
甕を窺い盆を 翻《ひるがえ》し夜眠を攪《みだ》す
聞くならく　狸奴　数子を将《ゐ》ゆと
魚を買い柳に穿《うが》ちて銜蟬《かんせん》を聘《へい》ぜん[10]

「秋が来ると鼠どもは猫が死んだと知って、獲物を狙って隙をうかがうので、私は夜もおちおち眠れない。近所の猫が子を産んだと聞いたので、魚でも買ってもらいに行こう」といったような意味である。

一方、南宋の詩人陸游（一一二五－一二一〇）も、「猫を贈らる」（『剣南詩稿』巻一五『陸瀞集』第一冊）という猫（小狸奴）の詩を書いている（今村 1986：12–16 を参照）。

塩を裹《つつ》みて小狸奴を迎え得たり　尽く山房の万巻の書を護《まも》る
慚愧す、家貧しくして策勲薄く　寒きときに氈《せん》に坐すことなく食に魚なきを

黄山谷は、農産物を狙う鼠を駆除するための猫をうたっているが、陸游は、書物を鼠害から護る猫をうたっている。ただし、いずれの詩からも、単に「役に立つ」というだけでない、猫への愛情が感じられる。猫は確かに、その有用性によって家で飼われるようになったかもしれないが、同時に、その姿形

の美しさ、愛らしさによっても人びとの心を捉えてきた。〈猫〉という存在の二重性である。

4・2　禅画の猫

鎌倉・室町期には、禅僧も猫を飼っていることが多く、禅画にしばしば猫が使われる。また、禅の心を表すためにも猫が描かれた。

例えば、蔵三が描いた「牡丹猫図」（室町時代一六世紀、図8）は、「白い牡丹の花の下、猫がみつめるのは一匹の蝶。墨のぼかしと細かい描線で、猫の柔らかい毛並みが見事に表現されている。大きめの寸法から、もともと禅寺で用いる座屏（衝立）に貼られていた可能性がある」（根津美術館による解説）という美しい絵である。

この「猫」「牡丹」「蝶」という組み合わせ（図9）は、猫を描くときしばしば用いられる。その理由については、中国では、「〈猫と蝶〉を描いた図柄のように、「猫」「蝶」の中国語での発音が、非常な長寿を意味する「耄耋（maodie）」の語と共通であることから、やはり「長寿」を意味するなど、言祝ぎの意味を謎語（一種の語呂合わせ）として楽しむ」ことから、日本でもそれが取り入れられたと今橋（2004：183）は説明している。また、明代の禅僧語録『水月斎指月録』にある「牡丹花下睡猫児」という禅問答の一節によるとの解釈もある（6・1項参照）。

5　怪しい猫

猫は有用であり、愛らしく、哲学的であり、かつ、富貴のシンボルでもあった。〈猫〉は実に多義的な存在なのである。

さらに猫は「怪しい。妖しい」存在でもあった。

図8　牡丹猫図　蔵三筆　室町時代（根津美術館蔵）

図9　花蝶猫図　部分　南啓宇筆　朝鮮時代（東京国立博物館蔵、出典：ColBase（https://colbase.nich.go.jp））

図10　類（『山海経』「南山経」）

図11　讙（『山海経』「西山経」）

図12　天狗（『山海経』「西山経」）

5・1　中国の怪しい猫

中国では「猫鬼」「金花猫」などの猫の妖怪が知られている。

前四世紀～三世紀頃に書き継がれた『山海経』には、さまざまな空想上の奇獣が描かれているが、猫に似たものも多い。たとえば、図10に示したのは、「類」という奇獣で、姿は野猫のようだが人のような頭髪を持ち、雌雄両性で、その肉を食べると嫉妬心がなくなるという効能があるという。図11に示したのは、「讙」という奇獣で、姿は野猫のようだが、一つ目で、三つの尾をもっている。飼うと凶邪の気を避け、食べると黄疸に効能があるという。また図12は、「天狗《てんこう》」といい、狸に似ていて首が白い。災いを防ぐのに役に立つという。不気味な奇獣なのに、人間がそれらを食べたり、使役したりすることが前提のように書かれているのが面白い。人間が一番怖ろしい野獣なのかもしれない。

また、四世紀半ばに干宝という人物が著した志怪小説集（怪異説話集）『捜神記』には、「身分の低い女が斉の恵公の子を産んだが、公に遠慮して野原で産み落とし、捨ててしまった。すると野猫が乳を飲ませ、隼が羽で守った。やがてその子が頃公となった」という説話が収録されている。日本の「葛の葉伝説」との類似性を感じさせる説話である。「葛の葉伝説」

については第四章で考える。

5・2　平安期の妖しい猫

日本でも、平安期の説話集に妖しい猫が現れる。
たとえば、伊賀守橘成季が編纂した説話集である『古今著聞集』には次のような猫の怪異譚が収められている（冒頭の数字は段番号）。

【609】観教[11]という僧侶が、嵯峨の山荘で、どこからともなく来た美しい唐猫を飼っていた。この猫がお手玉を上手にとって遊ぶので、観教は喜んで遊ばせていたが、秘蔵の守り刀をお手玉のようにしてやると、猫はこの刀を咥えて逃げて行ってしまった。人びとが猫を探したが、行方はわからなかった。もしこの猫が魔性で、守り刀を奪って観教に危害を加えようとしたのなら怖ろしいことだ。

【686】崇徳天皇治世の頃、参議で中将であった人の乳母が猫を飼っていた。その猫はとても大きくて、力も強く、引き綱を切ってしまうので、放し飼いにしていた。一〇歳を超えた頃、夜に見ると、背中が光っていた。乳母は日頃からこの猫に「私の前では死なないで」と言い聞かせていた。一七歳になった年、猫はどこへともなく去って行った。

【687】ある高貴な方が、「しろね」という猫を飼っていた。その猫は、鼠やすずめをよく捕るのだけれど、食べようとせず、人の前で放してしまう。不思議な猫だ。

もっとも、これらのエピソードは、怪異というより、現代の猫にも普通に観察される猫の習性のようにも思われる。当時は珍しかった猫のふるまいに人びとが感じたファンタジーであるように読める。

5・3　『徒然草』の猫また

そんな「高貴で美しく不思議な猫」以外の怪しい猫として、鎌倉時代の歌人である藤原定家の日記『明月記』の天福元（一二三三）年八月二日の記事には、「南都〔＝奈良〕に猫跨《ねこまた》という獣が現れて、一夜にして七、八人の死者が出た。この獣を打ち殺すと、眼は猫のようであり、身体は犬のように大きかった」との記述がある。[12]

「猫又」について最も有名なのは、兼好法師『徒然草』（一四世紀前半）に書かれている話だろう。『徒然草』第八九段は、要約すれば次のようなエピソードである。

最近山奥に猫又という怪物が出て人を襲うという噂が流れているが、そのあたりの猫も年齢を重ねれば猫又になって人を襲うという。ある僧が深夜帰宅しようとしたところ、小川のほとりで猫又らしきものに襲われた。恐怖に駆られて大騒ぎした僧は、近くにいた人に助けられたが、よく見れば自分の飼い犬が飼い主を迎えようと抱きついただけだった。

このエピソードも、実際に、妖怪猫がいたわけではなく、風説におびえた僧の勘違いをおもしろおかしく語っているにすぎない。猫又に襲われたと思い込んだ僧の「助けよや、猫また、よやよや」という叫びが印象的だが、怪談ではない。

とはいえ「猫また」の風説はあったわけで、その背景を、当時の現実から推測するならば、

1　平安から鎌倉にかけて、日本国内でも猫が増殖していった
2　その中から、飼い主から逃げたり、あるいは棄てられたりして野良化、野生化するものも増えてきた
3　野生化した猫は、食料を求めて、人を襲うものも現れた
4　これらの野生猫を「猫又」という妖物として虚構化した

という流れではなかったかと考えられる。

すなわち、この小話の背景として、平安期の「希少で高価な唐猫」から、「猫」の一般化、野良化（再自然化）などがこの時期起こったのではないかと考えられる。反対に、この小話でも、犬は「従順な家畜」として描かれていることに注目したい。その後も、猫の怪談に比べて、犬の印象的な怪談は少ないようなイメージがある。[13]

またその一方で、どこかに縄文以来のオオヤマネコの末裔（あるいはその記憶）が生き残っていたの

かもしれないという夢想を楽しんでみたりもするのである。

6　なぜ江戸期に猫は庶民化したか——公共財化した猫

6・1　徳川開府と猫

一六〇三年、徳川家康が征夷大将軍に任じられ、江戸に武家政権を開いた。家康は一六一六年に亡くなるが、翌一六一七年、朝廷から東照大権現の神号と正一位の位階を与えられ、日光東照宮に改葬されたことは周知である。この回廊には、左甚五郎作と伝えられる「眠り猫」の木彫がある（図13）。「眠り猫」の含意については諸説あるが、「牡丹の下で眠っている猫」という構図は、先にも挙げた「牡丹花下睡猫児」の禅語を想起させせずにはおかない。この禅語の解釈として、藤原（2014：71）には『禅林方語』に「牡丹花下睡猫児、心在舞蝶」とでて、通常は「心在舞蝶」を略した欠後語（一種の謎語）として用いられ、「牡丹花の下で眠る猫。猫は豪華な牡丹花を愛でているわけではない。その真意は、花をめざして飛んでくる蝶々にある」という意味であり、「真意は他にあり」といった意味でも用いられる。また、うたた寝と蝶の組合せから、『荘子』の「胡蝶の夢」が連想されることも多かった」と説明されている。ただし、ここには詳述しないが、その他にもさまざまな解釈がある。

また大坂冬の陣で消失し、徳川幕府によって再建された四天王寺太子殿（聖霊院）にも猫の門と呼ばれる猫の彫刻を施した門（図14）がある。図からわかるように、この猫も牡丹の下で眠っている。「眠り猫」の寓意についても諸説あり、「猫も眠るほどの平和」を意味しているとも、「猫は眠っているよう

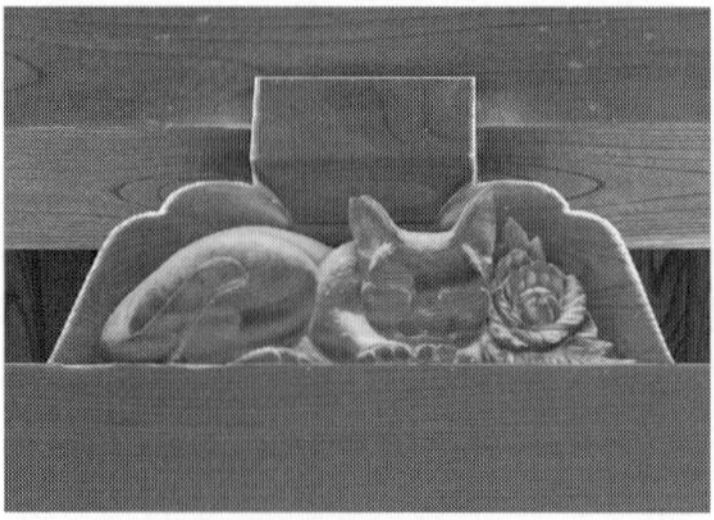

図 14　四天王寺太子殿猫門（筆者撮影）

図 13　日光東照宮奥社唐門　眠り猫（筆者撮影）

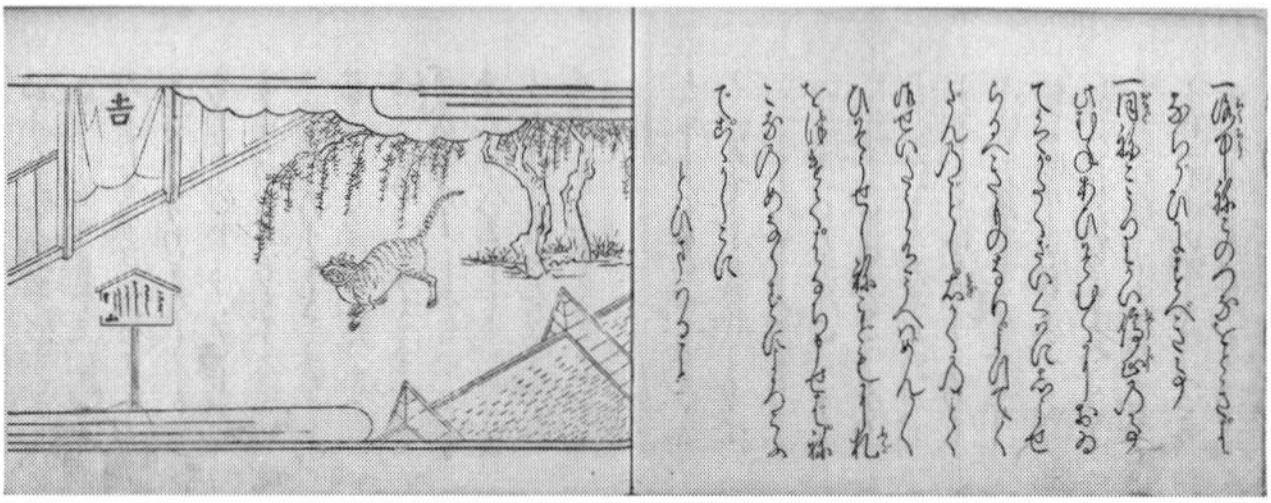

図 15 「ねこのさうし」（『御伽草子』第 16 冊　国立国会図書館デジタルコレクションより）

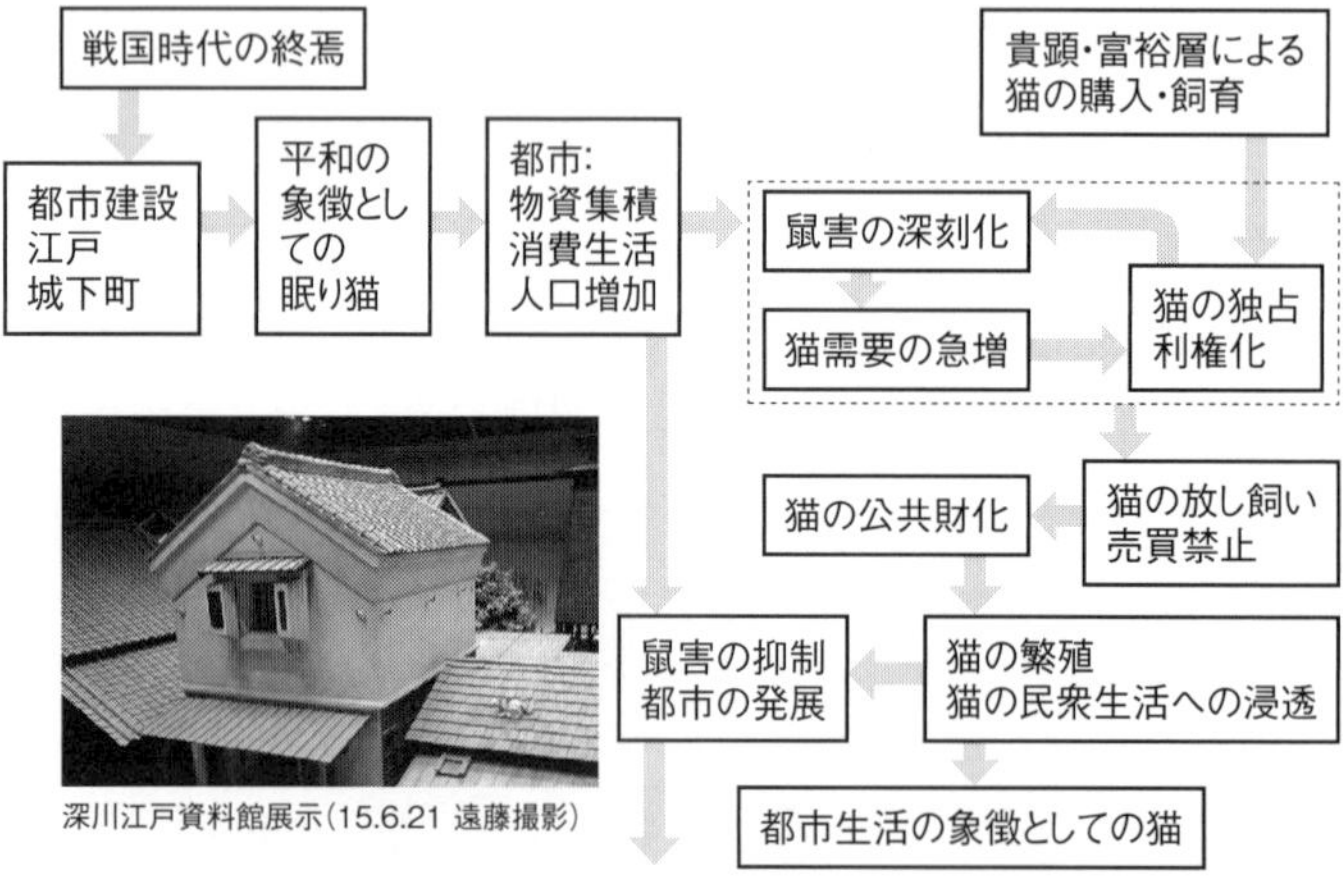

深川江戸資料館展示（15.6.21 遠藤撮影）

図 16　戦国期から江戸期に至る猫の社会的位置づけの変化

に見えるが、わずかな変化でもあれば直ちに目を覚ます緊張感を備えている」と説くものもある。いずれにせよ、戦国期を終えて、平和の時代を祈念する意味がそこには込められているのだろう。

6・2　猫の公共財化

このように、猫は確かに古くから日本社会において人気のある動物であった。とはいえ、猫は希少な外来動物であり、現代のように日常的、大衆的な愛玩動物ではなかった。猫が今日のように大衆的な「カワイイ動物」化したのは、江戸中期以降である。なぜこの時期、猫の「カワイイ動物」化が進んだのか。この問いを、「猫」の特性と社会・技術史的な観点から考えてみたい。

いまも読み継がれている『御伽草子』のなかに、「ねこのさうし」という物語がある（図15）。話は、慶長七年に、京都の町では猫を放し飼いにしなければならない、また、猫を売買してはならない、というお触れがでるところから始まる。市古の注（1958）によれば、これは実際にあったお触れだという。現代人からみると、いささか奇異な触れ書きだが、上田穣（2003）によれば、当時、穀物に害をなす鼠の駆除には猫が最も有用な道具であった。戦国時代が終わると、都市化が進み、多くの人びとが集住するようになると、鼠の害はいっそう深刻になった。ところが希少性の高かった猫は、一部の者たちに独占されており、その売買や貸借が大きな利益に繋がっていた。これを問題視した施政者は、猫を放し飼いにするよう命ずることで、鼠の害をあまねく防ごうとしたのだと解釈している。

いいかえれば、高価な私財であった「猫」（鼠駆除装置）を公共財とすることで、公共空間としての都市全体の秩序を高めようとしたのである。同様の法令は、他の地域でもだされたという。そして実際今日、「猫は首輪や鎖で繋がない」という飼い方は、まったく当たり前のものとなっている。

この結果、猫たちは自由に食糧を調達し、自由に繁殖するようになった。猫は貴顕の愛玩動物ではなく、庶民の日常生活の一部となったのである。

徳川五代将軍綱吉（在任一六八〇－一七〇九）は、一六八五年の「将軍御成の道では犬・猫を繋がずに放しておいて構わない」というお触れをはじめとする「生類憐みの令」を繰り返しだしているが、これも、上記の流れの中で理解する必要があるかもしれない。

本章3・1項の最後に、猫と犬の首輪の問題に言及したが、まさにこの頃、猫たちは首輪と繋ぎ紐から解放されたと考えられる（ただし、一部の愛玩用高級猫は江戸期も美しい首輪をつけている）。

この流れを図化したのが図16である。

そして、時代は徳川体制へと入っていく。

注

1　「動物磁気」とは、本来は、一八世紀にドイツ人医師のフランツ・アントン・メスメルが主張した、すべての生物が持つとされる目に見えない自然の力をさす。ただし、谷川は、この土偶から感じられる「妖しい牽引力」を比喩的に「動物磁気」と呼んでいるようである。

2　平安後期の一二世紀頃成立した、平安時代中期に信貴山で修行して当山の中興の祖とされる命蓮に関する説話を描いた絵巻物。『源氏物語絵巻』、『鳥獣人物戯画』、『伴大納言絵詞』と並ぶ四大絵巻物の一つと言われる。

3　大津の石山寺の創建と、本尊の観世音菩薩の霊験あらたかな功徳の数々を描き表した寺社縁起絵巻。

4 京都・高山寺に伝わる紙本墨画の絵巻。当時の世相を反映して動物や人物を戯画的に描いた。一二世紀〜一三世紀（平安時代末期〜鎌倉時代初期）の間に複数の作者によって書かれたものをまとめたと考えられている。

5 平安時代中期に中宮定子に仕えた女房、清少納言が著したとされる随筆。長保三（一〇〇一）年にはほぼ完成したとされている。

6 現代語訳：白く細い組紐。鮮やかな色の帽額。その御簾の外の高欄に、白い名札のついた赤い首綱の可愛い猫が、重りの紐や長い組紐を引き歩く様子はとても優美だ。

7 平安時代の公卿。九五七－一〇四六。藤原北家嫡流・小野宮流。有職故実に精通し、「賢人右府」と呼ばれた。

8 菅原道真の玄孫（五世孫）である菅原孝標の娘という意味。実名は残っていない。『更級日記』、作者が数え一三歳の一〇二〇年から、一〇五九年までの約四〇年間の思い出が語られている。

9 「紅梅にやあらむ、濃き薄き、すぎすぎに、あまた重なりたるけぢめ、はなやかに、草子のつまのやうに見えて、桜の織物の細長なるべし。御髪のすそまでけざやかに見ゆるは、糸をよりかけたるやうになびきて、裾のふさやかにそがれたる、いとうつくしげにて、七、八寸ばかりぞ余りたまへる。御衣の裾がちに、いと細くささやかにて、姿つき、髪のかかりたまへる側目、言ひ知らずあてにらうたげなり。夕影なれば、さやかならず、奥暗き心地するも、いと飽かず口惜し。鞠に身を投ぐる若君達の、花の散るを惜しみもあへぬけしきどもを見るとて、人びと、あらはをふともえ見つけぬなるべし。猫のいたく鳴けば、見返りたまへる面もち、もてなしなど、いとおいらかにて、若くうつくしの人やと、ふと見えたり。」
〔紅梅の襲だろうか、濃い色と薄い色が次々と変化していくのも華やかで、着物の裾は草紙の小口のようだ。桜の色の厚織物の細長も美しい。〕

10 田中 2014：17による。

11 橘（1986）の校注によれば、「御願寺僧正（九三四－一〇一二）。俗名源信綱。右大弁公忠の子」。

12 ただし、この記事が「猫膀」という怪獣のことを述べているのか、猫膀病というような病気のことを述べているのかについては、諸説がある。また、『徒然草』（一三三〇年頃、兼好法師）にも「猫又」の話が出てくるが、これは怪猫の話ではない。

13 ちなみに、追塩（2019）によると、『古今著聞集』に収録されている猫の説話は三件であるのに対して、犬の説話は一二件である。

第二章　江戸の〈猫〉
――消費社会と〈猫〉のメディア化

1　はじめに――都市における人間と動物の共生

上代から中世まで、「猫」は貴顕や知識人とともにしか記録に残ることは少なかった。しかし、江戸期に入るころから、猫は日常的に一般の人びとと社会空間を共にする存在へと変化した（本書第一章、藤原 2014 など参照）。特に都市部においては、動物の脱野生化が進行した。犬や鳥、金魚など、さまざまな動物が愛玩用に飼育された（むろん、使役用や食用の飼育もあった）。その一方、動物に対する残酷な扱い（肉食、殺戮、見世物芸の仕込みなど）も多く行われていた。これに対して、五代将軍綱吉は、「生類憐みの令」によって動物愛護の政策を打ち出した。『武江年表』の貞享二年乙丑（一六八五）の記事にも、「〔金補〕七月十四日、将軍通行の路上に、犬猫の放し飼ひを許可、何方通行の際も、犬猫を繋ぎ置くことなからしむ〔将軍が通る路上でも、犬や猫の放し飼いを許可する。誰が通るときも、犬や猫を繋がなくてもよい」」とある。

厳密に言えば、「生類憐みの令」については夥しい議論があるが、根岸光男は、「「生類憐み」観念は、仏教の殺生禁断や神道・儒教の穢れの系譜を引きつつ、この期の社会のありように規定されて創出され、その政策は綱吉政権が目ざした「仁政」実現のための社会悪是正策の象徴としての意味をもつものとなった」（根岸 2006：79）としている。

近年、「動物倫理」「動物の解放」といった、「動物愛護」よりもさらに進んだ考え方が提唱され、「ヴィーガニズム」（「人間が動物を搾取することなく生きるべきであるという主義」[1]）に共感する人も増えているようだ。「生類憐みの令」と「ヴィーガニズム」の関係についても今後議論されるべきかもしれない。

本章では、このような今日的な問題も視野に入れながら、江戸の日常生活を彩った〈猫〉のイメージについて考えよう。

2　江戸開府と猫たち

2・1　交通・メディアの発展と大津絵

江戸期に入ると、徳川幕府は、慶長九（一六〇四）年に日本橋を起点として、東海道、日光街道、奥州街道、中山道、甲州街道の五街道を整備し、街道の要所に関所を置いて旅行者の監視を行った。これは当然、幕府の支配力、防衛力を高めることを目的としていたが、同時に、人流、物流を盛んにし、産業発達の基盤ともなった。

またメディアの面では一五世紀にはじまるキリシタン本や嵯峨本などに見られる木版印刷技術の一般化が進む。これに伴って、安価な印刷物が大衆の娯楽商品として受容されるようになった。

その代表的なものとして、「大津絵」がある。大津絵の発生は必ずしも明らかではないが、東海道の大津宿で売られた絵で、人びとは土産物として争って買い求めたという。それ以前の絵画と違って、個々の作者名は特定されることはない。あくまで「大衆向け商品」であることに徹しているのが大津絵の特徴である。

図1　大津絵を売る店（『東海道名所圖會』第1巻　秋里籬嶌編　1797年刊　国立国会図書館デジタルコレクションより）

図1は、街道沿いの大津絵を売る店を描いたものである。安永から文政期に多くの名所図会シリーズで人気を博した秋里籬嶌の『東海道名所図会』に収められている。通りに面して、何枚もの大津絵が展示されているのが見える。

大津絵は、その後、コマーシャル・アートとしての浮世絵へと発展していく。

大津絵は仏画や禅画から派生したともいわれている。そのせいか絵には禅語めいた画題がつけられており、絵も何らかの教訓を表している。例えば、図2は「鬼の念仏」という画題で、鬼が法衣を着て、鉦と撞木を持った姿が描かれている（図1に描かれた店にも展示されているのが見える（丸で囲んだ部分）。それほど代表的な画題である）。「鬼の念仏」とは、「無慈悲な者が

図2　大津絵　鬼の念仏（個人蔵）

図3　大津絵　猫と鼠（大津市歴史博物館蔵）

心にもなく殊勝なようすをすることのたとえ」（『日本国語事典』）である。しかし、大津絵になった「鬼の念仏」は、「これを室内に貼っておくと、子供の夜泣きがなおるという言い伝え」（『日本国語事典』）があり、旅人たちはその目的で買い求めたかもしれない。

猫が登場する大津絵の代表的なものが、図3の「猫と鼠」である。天敵である猫から酒を勧められ、しかも猫は片手に唐辛子を持っているのに、やすやすと大盃に飛びつく鼠の迂闊さを諌める意味があるようだ。もっとも猫も悪辣には見えず、瓢々とした雰囲気で、その姿はユーモラスではあるが、今日的な猫のかわいさとはやや異なる禅画的表現である（猫と鼠が攻守所を変え、鼠に勧められて猫が酒を飲んでいる図柄の大津絵もある）。

2・2　かわいくないけれどかわいい猫たち

江戸期に入って、猫は人気の画題となる。俳人であり、文人画でも知られる与謝蕪村（一七一六－一七八三）の「榊原家の化け猫」（一七五四）（図4）は、まさに「踊る化け猫」を瓢々と描いている。そもそも与謝蕪村は大の妖怪好きだったらしく、『蕪村妖怪絵巻』という絵巻を描いていて、この化け猫はその冒頭を飾っている。詞書きには、ざっくり意訳するとこんな物語が書いてある。

> 榊原殿の古いお屋敷に、毎晩たくさんの猫が現れて、踊っていた。人を困らせることもあったので、榊原殿の家臣の稲葉六郎太夫という人が、鉄砲を持って向かっていった。ところが猫はちっとも驚かず、おなかをたたいて、「さあ打ってみろ」というので、五〇発も打ち込んだが、弾は猫またのおなかではね返り、まったくダメージを与えることができなかった。

図4　榊原家の化け猫　与謝蕪村

化け猫は、「オレの腹の、皮を試してみやれ、にゃんにゃん」とうそぶいている（図4左上）。

怖いというより笑ってしまうような化け猫物語である。蕪村研究家の乾猷平（1928）は、蕪村は『鳥獣戯画』（第一章参照）を意識しながらこの絵をかいたのではないか、と推測している。

猫またも人気の画題だった。図5は、英一蝶の門人である江戸時代中期の画家・佐脇嵩之《さわきすうし》（一七〇七－一七七二）の描く猫またである。美しく装った女性の猫または珍しいのではないか。怖いというより可愛らしい。この図は、佐脇が元文

図5　猫また　佐脇嵩之『百怪図巻』1737年

図7　火車　鳥山石燕『画図百鬼夜行』1776年

図6　猫また　鳥山石燕『画図百鬼夜行』1776年

二（一七三七）年に描いた『百怪図巻《ひゃっかいずかん》』という妖怪を主題とした絵巻物の一部である。

江戸中期の浮世絵師・鳥山石燕は、一七七六年に『画図百鬼夜行』という妖怪図鑑のようなものを出版した。その中にも猫またの図（図6）がある。こちらは悪そうな顔の猫で、尾も二股に分かれている。ただし、手拭いを頭にかぶって踊っているようにも見える。また、火車という妖怪も紹介されている（図7）。火車は、葬式や墓場に現れて死体を奪う妖怪で、年老いた猫がこの妖怪になるともいわれる（第八章表2も参照）。

この図集が当たったので、鳥山はこの後、三冊の妖怪図鑑を出版している。鳥山は美人画で有名な喜多川歌麿や恋川春町を育てたことでも知られる。それも興味深い。

浮世絵師であり狂歌師でもあった窪俊満（一七五七－一八二〇）の狂歌摺物「春雨集」（享和～文化年間）の「称名寺の唐猫」（図8）も禅味と奇怪さを併せ持っている。称名寺は、神奈川県の金沢文庫にある曹洞宗の寺院で、金沢流北条氏の菩提寺である（ちなみに、『徒然草』を書いた兼好法師（第一章参照）は、最近の研究（小川剛生 2017）によると、この金沢流北条氏に仕えて、このあたりに住んでいたこともあるようだ）。この絵で唐猫がもたれているのは禅の書を納めた櫃で、この猫は書を鼠から護る役を担っているのだろう。

絵に付されているのは、

図8　称名寺の唐猫　窪俊満（メトロポリタン美術館蔵）

唐猫も妻や乞ふらん春の夜に　西湖の梅のかをり尋ねて

月の舟に唐猫のせむ春の夜の　霞にこめし雁がねの文

唐猫の目に知る時は　六浦潟金沢文庫　明くるはつはる

という三首の狂歌である。

春は猫が恋を求める季節であること、その猫は中国の西湖から来たこと、猫の目で時刻を知ることなど、唐猫に関する小ネタが読み込まれている。

ここでも、猫は不気味というより愛される存在のようだ。文化人たちが集まって、猫をネタに、狂歌の集いを楽しんでいた様子が目に浮かぶようだ。

そもそも、鎌倉時代、金沢文庫では多量の典籍を守るために、宋から猫を輸入していた。これらは、「金沢猫」とも呼ばれていた。[2] 横浜市金沢区発行の『金沢の民話』によると、次のような民話が伝えられている。

図9　三艘の浦（『江戸名所図会』7巻六　松濤軒斎藤長秋ほか　天保5〔1834〕年　国立国会図書館デジタルコレクションより）

『江戸名所図会』七巻六にも記載されている三艘の浦（図9）は、称名寺の程近くにあり、唐からの船はここに着いた。唐船にのってやって来た唐猫は、金沢の地で子どもを産み、人びとは「カナカナ」と呼んで可愛がった。年老いた唐猫が畑で死ぬと、村人たちは唐猫を手厚く葬り、千光寺に猫塚を建てて供養した。唐猫の死んだ畑は「ねこ畑」と呼ばれ、今も六浦荘団地の裏山に名前が残っている（遠藤による要約）。

大津絵のような禅画的猫の表現は、江戸後期の禅僧仙厓義梵（一七五〇－一八三七）による猫絵にも受け継がれている（図10）。仙厓は、美濃の農民の子として生まれたが、一一歳で得度し、一九歳のとき武蔵国東輝庵の月船禅慧（一七〇二－一七八一）

図10　ねこのこひ　仙崖義梵　1800年（九州大学文学部蔵旧中山森彦コレクション）

のもとで修行した。月船が亡くなると行脚の旅に出、三九歳より博多の聖福寺に入った。四〇代後半から絵を描くようになる。戯れ絵のような洒脱な絵柄は当時から人気があり、画をもとめてくる人が後を絶たなかったという。猫の絵を好んで描いた。「竜虎図」などでも、猫と区別のつかないような虎を描き、まさに禅的なユーモアを感じさせる。

最後に挙げるのは、葛飾北斎（一七六〇－一八四九）による肉筆画の「美人愛猫図」（図11）（享和～文化年間）である。美しい女性が大事そうに猫を抱いている（おそらく「女三の宮」

図11　美人愛猫図　部分　葛飾北斎（シカゴウェストンコレクション蔵）

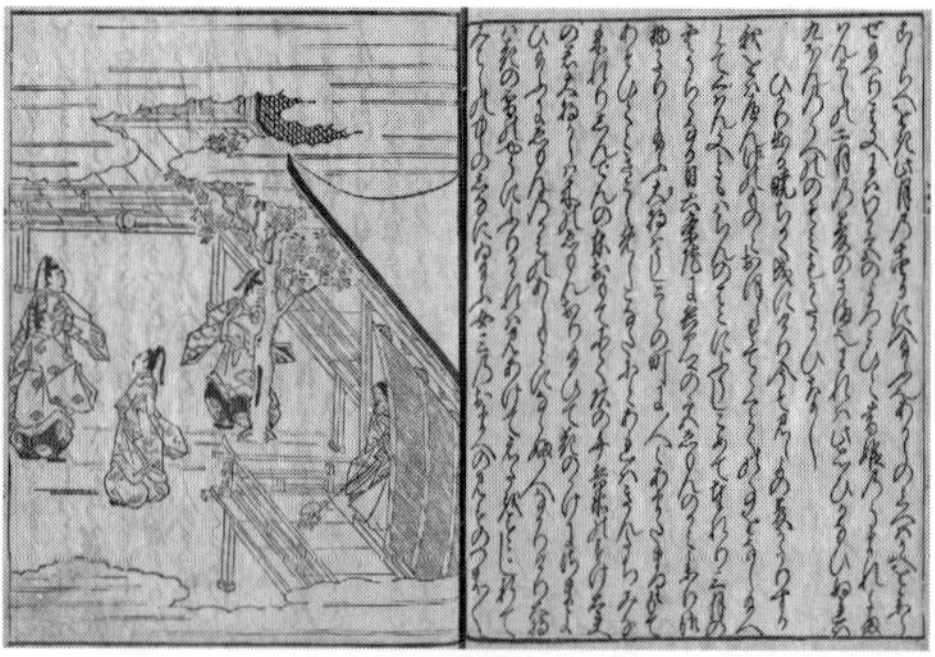

図 12　若菜上（『おさな源氏』4 巻　野々口立圃著　寛文 12〔1672〕年　国立国会図書館デジタルコレクションより）

をイメージさせる）のだが、その猫は、老いてもなお獰猛さを失わない、まさに妖怪的な表情で、美人の腕から何かを狙っているように見える。それは、猫自身もコントロールできないどこへとも知れぬ跳躍への意思なのかもしれない。

3　メディア化する〈猫〉

3・1　ファッションとしての〈猫〉

そんななか、猫は庶民のファッションや文化の中にも多く登場するようになる。

そこでしばしば参照されたのが、第一章で述べた源氏物語である。『源氏物語』は長い時を超えて愛読されてきたが、江戸期には江戸の時代に合わせた様式で、描かれるようになる。とくに女三の宮のエピソードは好まれたようである（例えば、図12・図13）。

その甘美でどこか危険なイメージは、猫を連れた美女の図としても多く描かれるようになる。

また藤井享子（2010）は、女三の宮の物語をイメージさせる図柄が、当時小袖の文様としても愛好されていたことを指摘している（図14〜16）。

図 13　吾妻源氏若菜之巻　豊国（『時世源氏十二ヶ月外源氏』安政元〔1854〕年　国立国会図書館デジタルコレクションより）

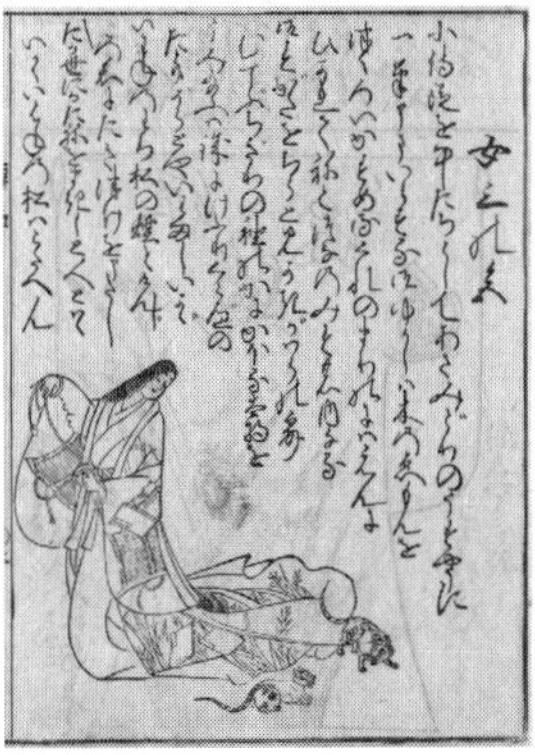

図 16　『源氏ひながた』2　加藤吉定ほか　貞享 4〔1687〕年（国立国会図書館デジタルコレクションより）

図 15　西川岡之助　鳥居清信　元禄 13〔1700〕年（『風流四方屛風』上　大正 11 年　国立国会図書館デジタルコレクションより）

図 14　末広お国歌舞伎出来島大助　鳥居清倍（東京国立博物館蔵）

3・2　水木辰之助と〈猫〉

この頃、水木辰之助（一六七三－一七四五）という歌舞伎役者が大人気であった。彼は、大坂の立役の名優大和屋甚兵衛の甥として生まれた。図17に示した山東京伝の『近世奇跡考』（一八〇四）によれば、「元禄四年京四條より始て江戸に下り、市村竹之丞座顔見世に、四季御所桜と云四番つづきの狂言を興業す、これを辰之助が土産狂言と云、辰之助はる姫の役、第二番に槍おどりの所作、第三番目にから猫の所作をせしに、江戸中こぞりて賞美し、此狂言を見ざるを恥とせしよし、猫の所作の意趣ははる姫の役にて、懲ひ慕ふ男わが實の兄なること知れて夫婦となりがたきを悲む折節、兄弟の猫の綴するを見て羨み、遂に我身猫となりて胡蝶に狂ふ狂言也」という（図17）。これは、元禄元年に都萬太座で興行した「今源氏六十帖」を改題したものとされる（藤井 1921 : 305）が、元の源氏物語とは大きく異なるものの、身を引き裂かれるような切ない恋のイメージを受け継いでいるといえる。

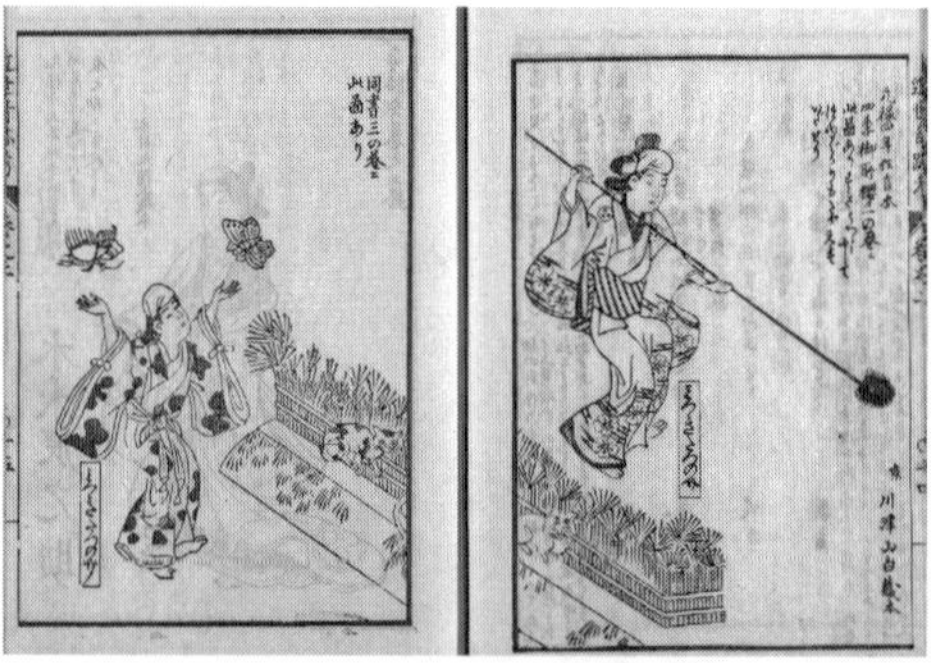

図 17 『近世奇跡考』 山東京伝作　喜多武清画（国立国会図書館デジタルコレクションより）

3・3　江戸期に流行した「女三の宮」の猫

このような流れの中で、浮世絵も浮世絵に描かれる猫も、「女三の宮」のイメージを下敷きにしつつ、日常的な愛らしさの表現が多くなる。

図18は鳥居派の創始者で、役者絵や美人画を得意とした鳥居清信（一六六四－一七二九）の作品「女三の宮」である。橋口五葉によれば、この絵は、女三の宮に扮した当時の人気女形・上村吉彌であろうという（橋口 1917-8：19）。

鳥居清信の影響も受けた浮世絵師の奥村政信（一六八六－一七六四）にも「猫に鞠」という作品がある。猫に鞠を与えたら猫は夢中になって走り出すのは予想がつく。やはりここでも「女三の宮」の物語を連想させる図柄といえよう。

図18　女三の宮　鳥居清信　元禄10〔1567〕年頃（『浮世風俗やまと錦絵』江戸初期時代　1918年　国立国会図書館デジタルコレクションより）

3・4　鈴木春信から喜多川歌麿へ

美しい女たちと猫の姿態を描く浮世絵が増え、その描き方も、リアリティに満ちたものへと変化した。

江戸中期、錦絵（多色刷りの浮世絵）の発展に貢献した浮世絵師のひとりが、鈴木春信（一七二五？－一七七〇）[3]である。この時代、西洋の学術・文化を研究する「蘭学」が広まった。その中心人物のひとりである平賀源内は、春信の所有する長屋に住んでおり、春信の錦絵技法の完成に大いに貢献したという（萬象亭〔桂川甫粲〕1908-9：485、藤澤 2017：26）。鎖国下の日

図19　女三の宮　鈴木春信　1767-8年

図20　子どもと猫と鼠　鈴木春信　1768-9年

本で独自に発展したと思われがちな浮世絵だが、実際にはグローバルな科学・文化運動の波の中にいたことに注意しなければならない。（遠藤 2008, 2016a, 2016b など）

さて、その春信は猫をよく描いた。図19は、春信の「女三の宮」である。美しい女性が、赤い紐で繋がれた猫を見やっている。源氏物語を下敷きに、その猫は、女性の隠された恋心を表現しているのだろうか。図20は、若い女性とその弟たちだろうか。小さい少年が猫を抱え、大きい少年が鼠を懐に入れている。江戸期、猫も鼠も、愛玩用に飼われていて、鼠に飛びかかろうとする猫を、抑え込んでいるようだ（この図については、第三章も参照）。

同時期、浮世絵を大きく発展させた浮世絵師として、喜多川歌麿がいる。口絵4は、その歌麿が描いた扇屋の花扇という遊女を描いたものである。抱いている猫が大変印象的で、その後の猫浮世絵の先駆ともいえるのではないか。この絵については、第十章でも触れる。また図21も歌麿による猫浮世絵である。こちらは、猫と遊ぶ子どもとその母親という、口絵4とは異なる趣の画題であ

図 21　団扇をもった女　喜多川歌麿（大英美術館蔵）

る。ここからは、猫が一般家庭でも普通に愛玩される存在になったこと、また子どもという存在が家庭の核に位置づけられるようになったこと（第三章も参照）が示唆される。また右上の小さな図には熊ととっくみあいをする金太郎と山姥が描かれており、平和な時代の猫と遊ぶ子どもと若く美しい母親に対比されているのも面白い。

4　メディア産業の発展と猫ブーム――浮世絵の展開

4・1　〈猫〉と遊女

上代において、「愛らしい」猫は、貴顕とくに高貴な女性たちの愛玩動物であった。それが、江戸期になると、「猫」は「遊女」の別称ともされた。小野武雄（1983：74）は、次のように書いている。[4]

◎猫（金猫・銀猫・山猫）

これは岡場所における卑娼の異称で、客と同寝するのが商売であったので、寝子（ねこ）だという処から来た名である。

松が鮓　一分がぺろり猫が食ひ　本所名物松が鮓

金の猫　一時一分目が変り　揚代一切一分也

金と銀の猫……本所一つ目弁天前の金猫銀猫の事。私娼。一切（ひときり）一分の価であった。売淫の値段は、普通には、金猫は一分、銀猫は二朱であったという。

江戸期の遊女は、花魁と呼ばれるような高級遊女から悲惨な生活を強いられた下層のものまでさまざまであった。江戸が大都市化するにつれ、こうした女性たちも増えていき、高級遊女の一部は現在の芸能人のような人気を集め、そのファッションの表徴が「愛らしい猫」でもあった。

例えば、馬場文耕[5]の『江戸著聞集（近世江都著聞集）』の巻之五「三浦遊女薄雲が伝」には、次のような記述がある。

晋其角句に、

京町の猫通ひけり揚屋町

此句は、春の句にて、猫通ふとは申也、（猫「サカル、コガル丶」）おだ巻の初春の季に入て部すなり。京町の猫とは、遊女を猫に見立たる姿也といふ。斯《かく》有ると聞へけれども、今其角流の俳諧にては、人を畜類鳥類にくらぶるは正風にあらず、とて致さず、此句は、元禄の比、太夫、格子の京町三浦の傾城、揚屋入の時は、禿に猫を抱させて、思ひ〳〵に首玉を付て、猫を寵愛しけり、すべての遊女、猫をもて遊び、道中に持たせ、揚屋へ通ふを、風雅に云かなへたりし心なるべし。[6]

馬場は、其角の発句「京町の猫通ひけり揚屋町」[7]が、「猫＝遊女」という比喩によるものではなく、当時、遊女たちが愛らしく仕立てた猫をアクセサリーのように連れ歩いた様子をうたったものだと指摘しているのである。

当時のファッションリーダーであった高級遊女が、江戸の〈猫〉ブームの立役者であったことがうかがわれる。

4・2　薄雲太夫の物語とその展開

しかしこの「三浦遊女薄雲が伝」のエピソードには続きがある。以下に紹介しよう。

　その頃高級遊女たちが禿に猫を抱かせて、揚屋まで練り歩いたきっかけとなったのは、三浦市郎左右衛門の店にいた薄雲という遊女だった。遊女の中でも最上位に位置づけられる有名な遊女だった。高尾、薄雲という名前は、代々受け継がれる名前で、ここで言っているのは元禄七、八年から一二、三年まで薄雲を名乗っていた三代薄雲のことである。この（三代）薄雲太夫は三毛の子猫をたいそう可愛がり、寝間や厠もともにするほどだった。あまりの溺愛ぶりに周囲の者たちは薄雲が猫に憑かれたのではないかと怪しみ、猫を遠ざけるよう薄雲を説得した。薄雲も怖くなり、猫を放逐することにした。しかし、猫は悲しげに泣き叫び、薄雲のそばを離れない。親方はもはや猫を殺すしかないと、脇差しで猫の首を切り落とした。すると猫の首は空を飛び、見えなくなった。あたりを探すと、猫の首は厠の下に潜んでいた大蛇を喰い殺していた。人びとは、猫が日頃の恩に感じて、薄雲を狙う蛇を殺したのだろうと言い合った。薄雲は猫の死を悲しみ、その亡骸を道哲（西方寺）へ葬り、猫塚とした。このことがあってから、遊女たちの多くが猫を飼い、禿にもたせて歩くのがならわしになったのである。

馬場文耕「三浦抱女古薄雲が傳」『江戸著聞集巻之五』（遠藤抄訳）

これは遊女と猫の愛情物語でもあり、「猫の恩返し」的物語としても読める。この物語は、多くの江戸期の文筆家たちに言及され、よく知られた物語であったようである。「実話」と考えられており、[8] 実際西方寺には遊女の墓と猫の像も現存している（図22）。ただし、説話とのずれもある。西方寺は当時浅草聖天町にあったが、明治二四年に巣鴨の現在地に移転した。ここに現存するのは、薄雲ではなく高尾というこれも有名な花魁の墓である。猫塚は現在はなく、招き猫のような像がその前に座っている。また吉原の無名の遊女たちを葬った碑が高尾の墓の側に残されている（第四章図4も参照）。

図22　西方寺の遊女の墓と猫像（筆者撮影）

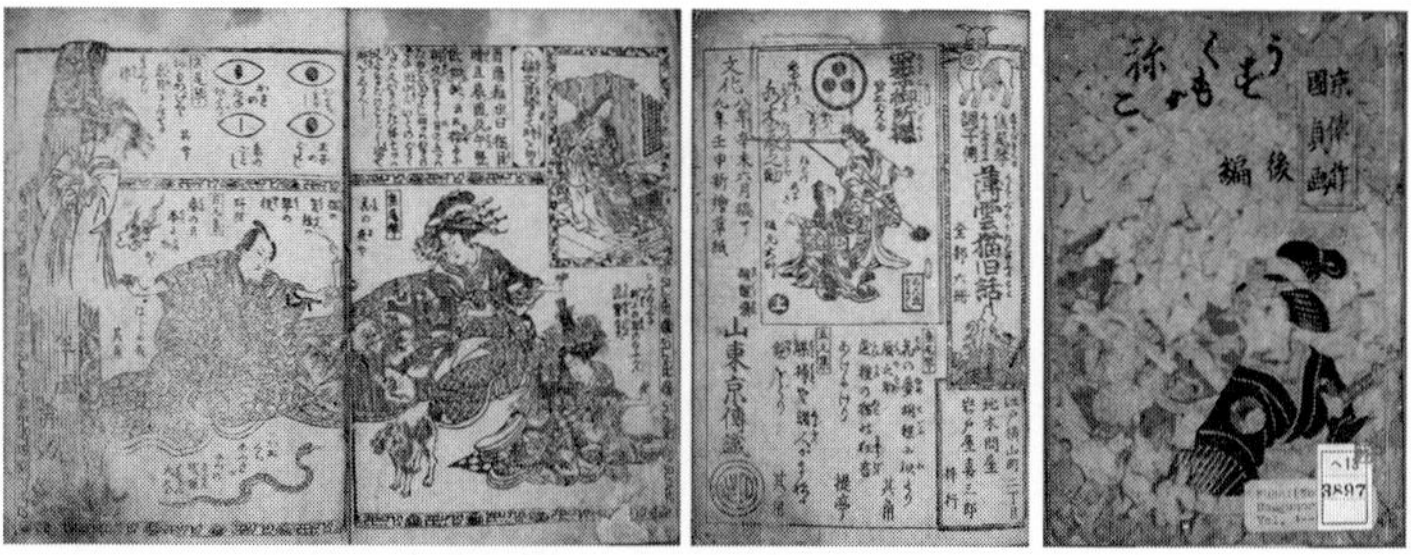

図23　『薄雲猫旧話』　山東京伝作（早稲田大学図書館蔵）

4・3　山東京伝を中心とした〈猫ブーム〉

この逸話を下敷きに、江戸時代後期人気戯作者である山東京伝（一七六一－一八一六）は、『薄雲猫旧話《うすぐもがねこのふること》』（山東京伝作[9]、歌川国貞画[10]）という作品（文化八－九〔一八一一－一二〕年）を書いている（図23）。扉には、先に述べた水木辰之助の「四季御所桜」の姿絵が載っており、また、次ページ以降も、源氏物語、猫の目で時間を計る方法、西行法師の猫エピソードなどが紹介されている。この当時の読本では、それまでに知られてきたさまざまな知識伝説エピソードなどを人びとのイメージとして喚起しつつ、それらを再編集して新たな物語を創造していく、“Cut and Mix”の手法が使われていたといえよう。

京伝はこのほか、猫と柏木、女三の宮のモチーフを用いた「吾嬬森栄楠」（安永八〔一七七九〕年市村座顔見世狂言、桜田治助作）にも関わり、黄表紙『京伝憂世之酔醒』（寛政二〔一七九〇〕年刊）でもこのモチーフを使っている（棚橋 2014）。

山東京伝は『忠臣蔵前世幕無』（寛政六〔一七九四〕年）という黄表紙も残している（図24）。これは『仮名手本忠臣蔵』のパロディで、塩冶判官（浅野内匠頭）の前世は鳶職人で、井戸替えのときに取った鮒を持ち帰ろうとして、高師直（吉良上野介）の前世の猫に額を引っかかれ、

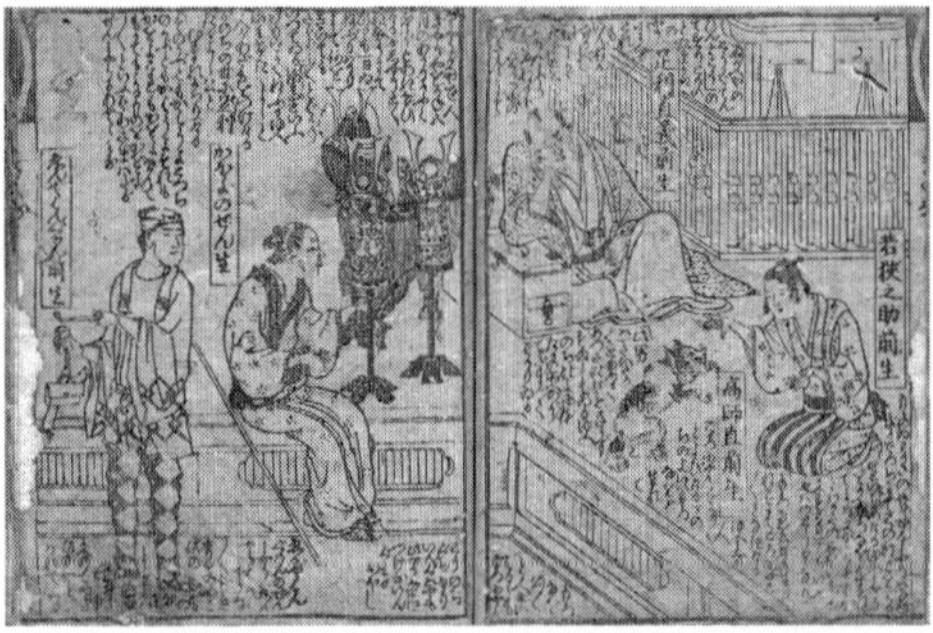

図 24 『忠臣蔵世界の幕なし（忠臣蔵前世幕無）』 山東京伝作 寛政 6〔1794〕序（国立国会図書館デジタルコレクションより）

その報いで、忠臣蔵では、判官が師直に「井の中の鮒」と罵られて師直の額を切りつけることになる、といった抱腹絶倒の趣向で物語が展開する。

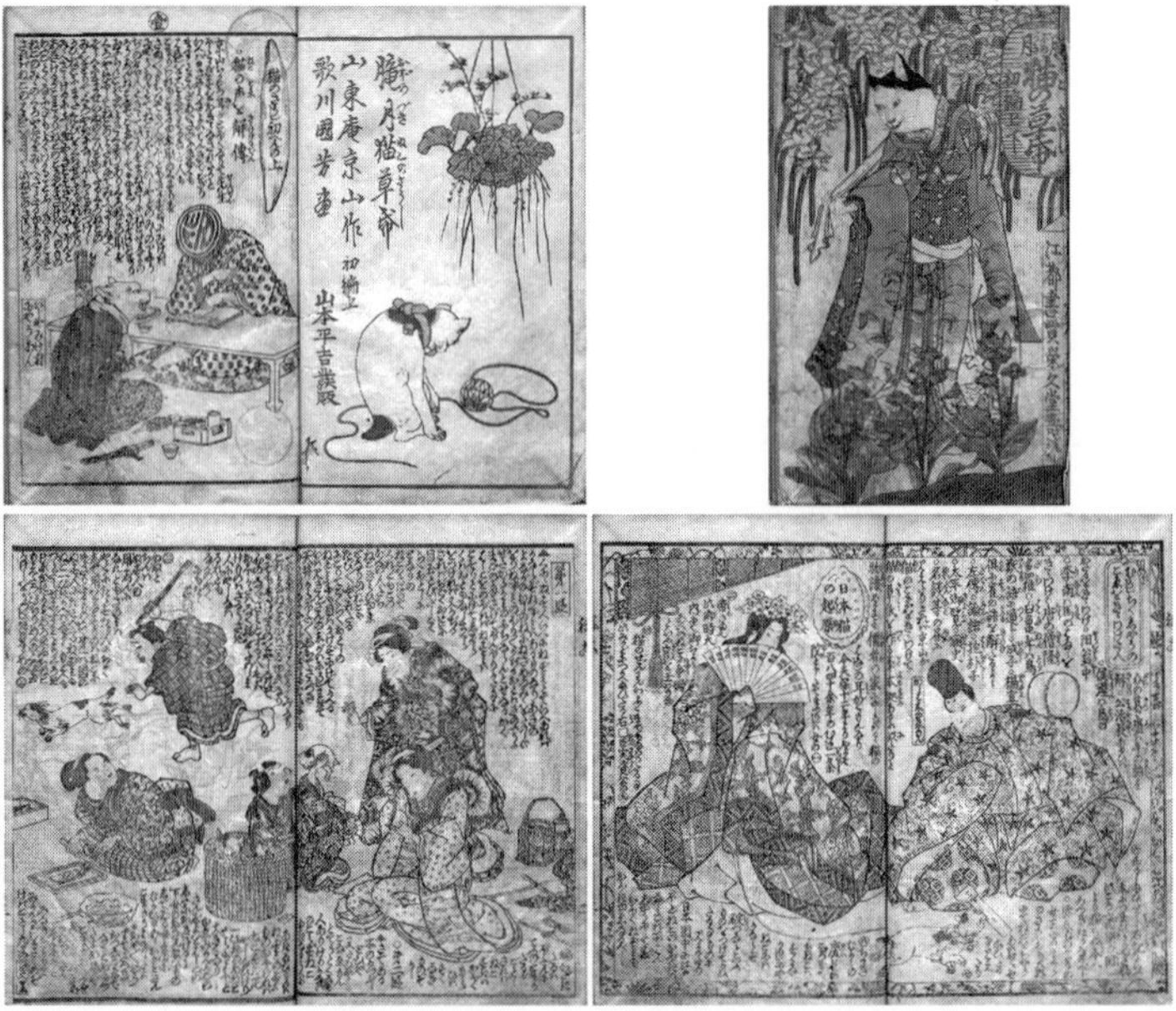

図 25 『朧月猫草紙』初編より 山東京山作・歌川国芳画（国立国会図書館デジタルコレクションより）

4・4　『朧月猫草紙』と国芳

京伝の弟であり、同じく戯作者として活躍した山東京山（一七六九－一八五八）も、猫を主人公とした『朧月猫草紙』（山本平吉出版、天保一三－弘化三（一八四二－一八四六）年）（図25）という読本を出している。この作品は、猫の日本への渡来から書き起こし、江戸期の猫の現実を見せつつ、山東京山が猫の言葉を解するようになったという設定で、猫たちの波瀾万丈の感情生活が描き出されている。また、冒頭には、日本における猫の位置づけの変遷についても書かれている。山東京伝の『薄雲猫旧話』でもそうであったが、彼らの「猫もの」（猫関連作品）は、物語とともに「猫知識」共有を広め、猫ブームを拡散する効果を持ったともいえるかもしれない。

図26　古代江戸絵集　三浦屋薄雲　豊国（国立国会図書館デジタルコレクションより）

図27　古今比売鑑　薄雲　月岡芳年

　この『朧月猫草紙』の絵を描いているのは、歌川国芳（一七九八－一八六一）である。国芳は、大の猫好きであり、江戸後期の猫ブームを起こしたとされるほど、多くの猫絵を残した。五章図3もその一つである。（五章図3については、第五章3節を参照）。こうしてみれば、山東京伝や京山、三世豊国、国芳ら当時の人気戯作者／絵師らによって構成された、江戸後期の文化サロンが、江戸の猫ブームを〈文化〉として構成し、盛り上げていったといえるかも知れない。

また、薄雲の物語絵は、豊国や月岡芳年（一八三九－一八九二、国芳の弟子）によって幕末、明治にも描きつづけられている（図26・27）。彼らにとって象徴的な意味をになった物語だったのだろう。

5 〈猫〉への想いと猫塚

5・1 回向院の恩返し猫

時代が下るにつれて、猫は高級愛玩動物というより、日常的に生活空間を共にする存在へと変わっていった。庶民の家の魚をくわえて逃げたり、小動物を殺したりする、野性的性質を残したまま、人間たちと共生するようになったのである。

例えば、口絵3に示した国芳の「見立挑灯蔵　三段目」などは、「忠臣蔵三段目」の、密書を読まれてしまう場面に見立てて、庶民の女性が手紙を読みふけっている間に、どら猫が魚を狙っているという、まるでサザエさんのような市井の生活の一場面がユーモラスに描かれている。

猫が普通の人々と生活を共にするようになると、花魁など特別な人たちだけでなく一般庶民が「猫に恩返し」される話も伝えられるようになる。

例えば、『藤岡屋日記』第三巻（一八四六－一八五〇）には「猫報恩の事」と題する次のような話がある。

文化十三年丙子年の三月頃の事だという。深川の時田喜三郎という富家の飼い猫に関する話。この家に毎日出入りする近所の肴売りの利兵衛は猫好きで、肴を売りに行く毎に、肴を少しずつこの猫に与えていた。そのうち利兵衛は、からだの具合が悪くて肴売りにも歩けず、もともと貧乏暮しなので朝夕にも困る有様だと、近所のこと故、時田の家のあたりでも噂がひろまった。するとある或夜のこと、肴屋へ一匹の猫が入って来た。見れば時田の猫である。よく来たなァと、有合せのなまぐさ物を食べさせると、猫はくわえていた壱両小判をそっと置いて行った。利兵衛は不思議に思ったが、差迫った入用が多いので、その金を取りあえず遣って一息ついた。

一方、時田家では金壱両が紛失したので家内の者を吟味し、召使らも迷惑させられたのであった。そんな折からまた、よそから金子十三両が入金した。紙に包んでおいたその金を、猫がくわえて駆け出したので、皆で追掛けると、紙包みのために紙だけくわえて、金は道に落としてしまった。憎い奴だ、この間の一両もこいつのしわざだ、泥棒猫めと、皆で寄ってたかって猫を敲き殺してしまったというのである。

さて肴売りの方は、先の一両のお蔭で商売の元手も出来、病気も全快したので、久々に商いに出た。まずいつものように猫に肴をくれてやろうと思って時田をたずねると、あの猫めは金を盗んだ泥棒猫だから打殺したと、先日来のいきさつを話され、肴屋も、さては猫があの一両の金をくわえて来たばかりか、後の金も持って来ようとして殺されたのだとさとり、ふびんの事をしたと思い、主人の喜三郎に向かい、猫が一両くわえて来てくれたものに相違ないと、しみじみ物語った。喜三郎も感心し、回向院の水子墓の脇に、小さい猫の墓を立ててやった。その墓には、正面に値善畜男と彫り付け、脇に時田喜三郎猫と記された（巻三）（鈴木 1991=2003：115–6）

この話もよく知られていたようで、『宮川舎漫筆』（一八六二）巻之四にも同じ話が掲載されている。また脚色されて六代目三遊亭圓生の演じた落語「猫定」ともなっている。両国回向院には、現在もこの「猫塚」が存在し、「鼠小僧次郎吉」[12]の隣で、多くの参拝客を集めている（図28）。「猫」と「鼠」がなかよく並んでいるのが微笑ましい。ちなみに、回向院には江

図 28　回向院の猫塚と鼠小僧の墓（筆者撮影）

石村近江史跡碑　　愛猫塚　　境内の猫

図 29　大信寺の猫塚（港区三田 4 丁目）　筆者撮影

戸の猫ブームの仕掛人の一人でもある山東京伝（本章4節）の墓もある。

5・2　三味線の流行と猫塚

別の意味の猫塚もある。三田魚藍坂の大信寺は、別名三味線寺とも呼ばれている（図29）。三味線は、戦国時代に琉球の三線が伝来し、改変されたものとされる。三線はニシキヘビの皮を用いるが、三味線では猫や犬など小動物の皮が用いられた。江戸で三味線製作を始めたのは、京から来た二代目石村近江（?–一六三六）とされる。石村近江が大信寺に葬られ、その後代々の石村近江の墓所とされたため、三味線寺と呼ばれるようになったという。大信寺には猫塚もある。三味線製作のために猫の皮を用いたからかもしれないが、「愛猫塚」と彫られているので、単にペットの死を悼んだものであるのかもしれない。

その他にも東京（そして日本全国）には、数多くの猫塚が存在している。おそらくかつてはもっと多くの猫塚が建てられていたのだろう。江戸期の人びとの感情生活にとって、〈猫〉が大きな位置を占めていたことをうかがわせるものである（第七章、第八章参照）。

6　遊女たちと猫たちのもう一つの顔

新たに発展する都市では、男性と女性の比率が、男性に大きく偏りがちである。そのために、擬似恋愛の対象としての「遊女」たちへの需要が高まり、遊女たちの数も増えていく。図30に吉原遊女の人数

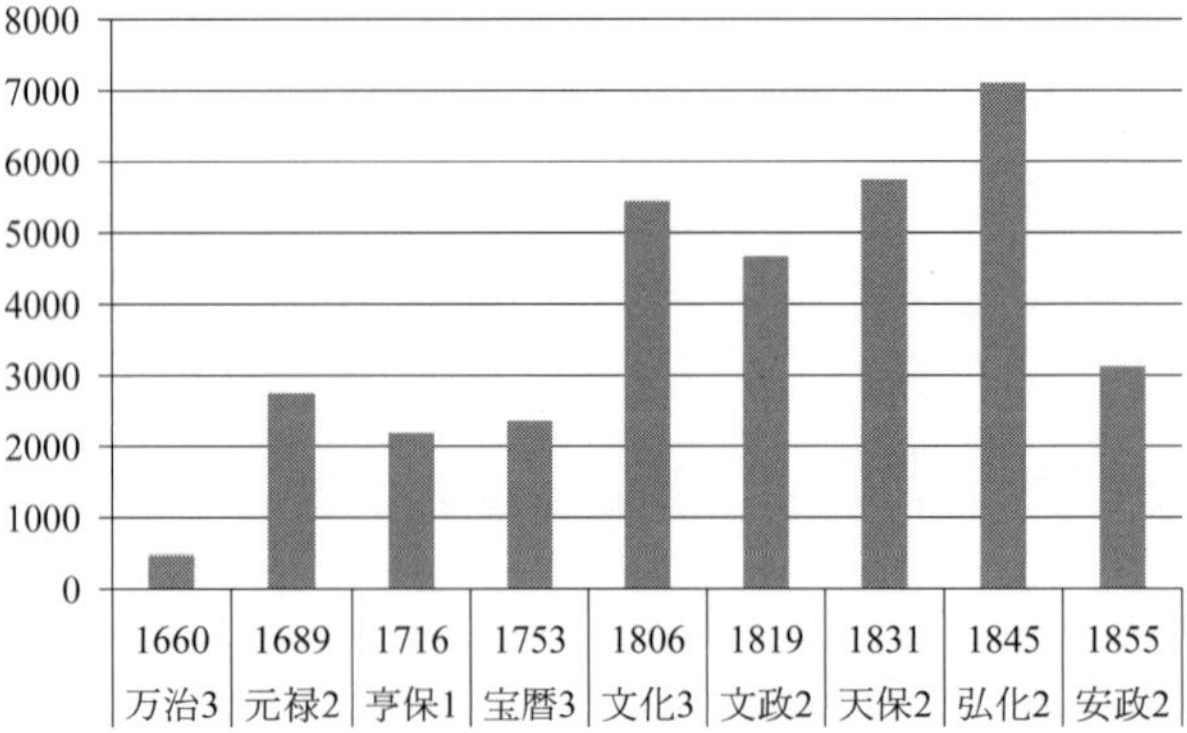

図 30　吉原遊女の人数推移（データ出典：江戸東京博物館『図表でみる江戸・東京の世界』1998 年 p. 78 より作図）

推移を示したが、明治直前まで大きく増えていくことがわかる。

一方、先にも述べたように一口に遊女といっても、そのあり方はさまざまである。遊女の中には、花魁のように格の高いものから、安い出費で遊ぶことのできる茶屋女などもいる。『武江年表』寛保三年癸亥（一七四三）四月閏の記事に「宮寺の地に、山猫となつけし茶屋女、所々に多かりし」ともある。

江戸後期の戯作者である内新好は、『一目《ひとめ》土堤《つつみ》』(1788) という洒落本の序文を、次のような猫づくしで書き始めている。「土手側の寝子を猫と呼ぶ、猫に小判のたとえもあながち嘘ではない。金猫といえば目貫〔刀の目立つ装飾部〕、銀猫といえば香炉のことかと思うが、そうではない。……猫の女郎に客の帯、猫じゃらしとはありがた山猫……化物伊勢屋は南駅〔品川〕の、猫の臑《かいな》を神田の台」（筆者抄訳）。ここからわかるように、品川女郎のなかに猫が化けた者がいたという風説が当時あったらしい。

こうした下層の遊女たちは、先に紹介した『武江年表』での「山猫」という呼び方からもわかるように、猫をファッション・アイコンとした高級遊女たちとは異なる相貌を持ち、〈猫〉のイメージも「愛らしさ」から「怪しさ」へと変化する。

そのような背景をふまえて、草子のなかの女たちはしばしば化け猫にも変身する。たとえば、鳥居清長も、『化物一代記』（図31）。『化物七段目』などの化け猫の草双紙も出版している。猫という存在には、「愛らしさ」と「怪しさ」の二面性が不可避なのだろう。

図31　『化物世櫃鉢木』（『化物一代記』）　鳥居清長　江戸時代（国立国会図書館デジタルコレクションより）

7　おわりに

本章では、江戸開府以降、猫という動物が、裕福な階級や遊女たちはもちろん、一般庶民の間にも広く親しまれる存在になっていったことを見てきた。人びとの猫への愛情は、浮世絵や草双紙などによっても表現されている。

猫愛の表現は、「猫塚」という形でも表された。一方、猫塚は、農村では養蚕にかかわる信仰の現れでもあった。江戸と農村部の、〈猫〉の違いと共通点、そして相互の交流については、第三章で考えることにしよう。

注

1 ヴィーガニズムの定義（英国ヴィーガン協会レスリー・クロス 1951）http://www.all-creatures.org/articles/veganism-defined.html

2 『世界大百科事典第二版』（平凡社）「ネコ（猫）」の項。

3 必ずしもはっきりしていない。

4 諸説ある。第四章6節も参照のこと。

5 馬場文耕は、享保三（一七一八）年に生まれ、宝暦八（一七五八）年に没した、江戸時代中期の講釈師。金森騒動についての講談、著述により、処刑された。

6 馬場文耕（塚本哲三編集）『窓のすさみ・武野俗談・江戸著聞集』有朋堂、一九二七年。

7 宝井其角は、寛文元（一六六一）年に生まれ、宝永四（一七〇七）年に没した、江戸時代前期の俳諧師。芭蕉門下。

8 喜多村湾庭は「嬉遊笑覧」で、「この草子妄談多く取に足らず、これもいかが知らざれど、人みないへる事也」（巻一二上）と書いている。

9 江戸時代後期に人気を誇った浮世絵師、戯作者。寛政の改革により手鎖の処罰を受けた。回向院に墓がある。浅草寺に「机塚」。

10 一七八六－一八六五。後の三代歌川豊国。英一蝶に私淑。文政一二（一八二九）年刊行の柳亭種彦作「偐紫田舎源氏」の挿絵は「源氏絵」ブームを巻き起こし、歌舞伎にも影響したといわれている。

11 江戸後期の盗賊で、大名屋敷ばかりを狙い、盗んだものは貧しい人びとに施したとされ、「義賊」ともてはやされた。

第三章　養蚕神としての〈猫〉
——農村部の発展と〈子ども〉の誕生

1　在村技術の発展——養蚕神としての猫

1・1　猫の絵を売る者たち

江戸の町に、「猫絵売り」なるものが現れた。『武江年表』の「明和年間記事」中の明和二（一七六五）年の記事に、「曳尾庵云ふ、明和安永の頃、鼠除《よけ》猫の絵かゝんとて市中を歩行きしは、常州の者にて名を雲友といふ（又、蜀山人の「一話一言」に、天明寛政の頃、白仙と云へるもの、年六十にちかき坊主也。出羽の秋田に猫の宮あり。願ひの事ありて猫と虎とを画きて、社に一枚づゝ奉納すといふ。自ら猫かきと称して、猫と虎とを画きて筆を持ちて都下をうかれ歩き、猫書かふ〳〵と云ひし也。呼び入れて画かしむれば、僅かの価を取りて画く。その猫は鼠避けしといふ云云とあり。いづれか先なる未詳）」とある。鼠よけの効能があると称する猫の絵を売り歩く僧侶らしきものがいたという風説である（詳細は省くが、宝暦一三（一七六三）

年、『風流猫画之物語』という草子も出版されている）。

その後猫絵売りは増えて、日常的な存在になったのだろうか。勝川春扇画『傾城客問答』（文政三〔一八二〇〕年刊）にも「猫絵売り」の姿が描かれている（図1）。猫絵売りは、「ねづみよけ　ねこの絵　売ろう」と呼ばわっているようである。その近くには「半田稲荷」の効能を宣伝するものも描かれている。[1] 似たような位置づけであったのだろうか。

実は、猫絵で一世を風靡した国芳にも、「鼠よけの猫」という絵がある（図2）。暗闇で鼠が見たら本物の猫と間違えて逃げるかもしれない、リアルな猫である。あるいは、国芳の猫絵の流行には、こうした「猫絵売り」たちの存在も関係していたのかもしれない。

図1　猫絵売り『傾城客問答』（早稲田大学図書館蔵）

図2　鼠よけの猫　歌川国芳（東京国立博物館蔵、出典：ColBase（https://colbase.nich.go.jp）

1・2　新田の猫絵

「猫絵売り」について、藤原（2014）は「新田猫」との関係を示唆している。「新田の猫絵」（口絵5）とは、岩松藩の歴代藩主が、地域の養蚕業者たちに、鼠よけの効能があるとして、猫の絵を描き与えたものである。

1・3　民間の猫絵

先に紹介した民間の猫絵師たちが描いたと思われる猫絵も残っている。例えば、口絵6に挙げたようなものである。「猫がいなくてもこの絵を貼っておけば鼠は退散する」と説明がついている。現代風のかわいい猫ではなく、鼠だけでなく、人間も震え上がってしまいそうな迫力のある表情である。

1・4　逼鼠蚕猫

鼠よけとしての猫絵の起源を中国に求める説もある。例えば、野村（2011）は、中国湖南地方に、「蚕猫」という極彩色の虎のような猫の絵を描く絵師たちがおり、この絵を除鼠、駆鼠の願いを込めて購入する人びとがいたと報告している（p. 78）。

中国のWikipediaともいわれる「百度」で検索してみると、「蚕猫」として図3に示す猫絵が掲載されている（https://baike.baidu.com/item/蚕神）。説明文には、「毎年、蚕[2]月の前になると、蚕室の掃除と鼠の穴を塞いだ後、最初にすることは「蚕猫を招くこと」である。養蚕農家は、寺の縁日に授与される猫は神様に感化されて霊感が強く、鼠を駆除するだけでなく、多くの悪い気を払うと信じているそうである。蚕猫は粘土で造られて奥まったところに置かれ、紙で印刷された蚕猫は壁や蚕棚の下に糊で貼られる。江蘇省南部では、養蚕農家が鼠よけや害虫よけのために「蚕猫」を蚕室に貼っていた」とある。日本とほぼ同じ風習が中国にもあることがわかる。

ちなみに、百度のこの項には、「日本神話の蚕神」という項目もある。「蚕神」に「おしらさま」と読

図3　逼鼠蚕猫

みが振られており、「東北地方に今も残る信仰である。あるところでは蚕神と呼ばれたり、蚕仏と呼ばれたりしている。盲目の巫女が、桑の木片を布で包んだものを神の形に見立てて祭りを司る。一般的な伝承では、蚕の神として扱われている。かつては一族の守護神、農業の守護神として利用されていたのかもしれない」と説明されている。民間伝承の伝播を考える上で興味深い記述である。

2　生糸生産の発展

農村部で鼠よけの猫が重視されるようになった背景には、江戸幕府による養蚕業奨励の動きがある。佐々木潤之介（1983）、奥村正二（1973）などによれば、江戸期以前、日本では生糸の大部分を輸入に頼っていた。しかし、生糸輸入は、日本から金・銀が大量に流出する事態を招いた。幕府は、一六〇四年に糸割符制、一六四八年には生糸の輸入高制限を行うなど、生糸貿易を制限するとともに、生糸の国内生産を奨励した。この流れの中で、京の西陣は原料糸を唐糸から和糸へ変えることになった。

養蚕業振興は、各藩や地域社会にとっても望ましいことであった。米の以外の商品作物生産は、課税されない財をもたらすからである。また、江戸だけでなく、各地に形成された城下町は、都市的消費を促し、商品作物の需要を高めた。江戸後期になると、養蚕技術は高度なレベルに達し、明治以降、日本の主力輸出産業に成長した（第九章、第十章参照）。

2・1　蚕神

養蚕農家では、蚕神を祀るのが常であった。福島県相馬郡新地町の町史には、次のような記載がある

十数年前まで山沿いの農家を中心に蚕を飼育し、それらの家では養蚕の守り神として蚕神を祀っていた。沢口ではトウバロ〔引用者注：新地町には駒ヶ嶺塔場という地名がある〕の「蚕」という石塔を蚕神として信仰している。春蚕を掃く前に、石塔が覆われている屋根に繭一〇個ぐらいつるしたものを掛けて豊作を祈り、ほかに村氏神の諏訪神社の境内にある蚕神の石塔にも参詣した。……駒ヶ嶺の大槻神社は養蚕農家から尊崇されており、旧三月二十五日の春祭りには「オネコサマを借りる」と称して幣束をいただき、各家の蚕室に飾る。ネズミは養蚕の外敵であり、この幣束を置くとネズミの害を防除できるという（新地町史編纂委員会（編）1993：284–5）

蚕神自体と「オネコサマ」の関係は微妙である。蚕神については、「（埼玉）県内に普通見られる蚕神像は女神で、桑の枝をもったものである」（日向野ほか 1973：243）との研究があり、実際に、養蚕錦絵などにも、壁に女神が祀られている様子が描かれている。「オネコサマ」は蚕神の神使という位置づけ

なのか、あるいはもっと具体的に、鼠を獲ってくれる「猫」を入手できない養蚕家たちのための代用品（御幣など）だったのだろうか。『関東の民間信仰』には、本章1・2項に挙げた「新田の猫絵」についても次のように書かれている。

「八方にらみの猫」（万次郎の猫、新田の猫）という猫絵が、利根川をはさんだ埼玉・群馬両県の養蚕家、蚕種家に愛用された。時代は幕末から明治にかけてであったが、現在はほとんど姿を消している。養蚕期に蚕、繭を鼡の害から守るため猫を飼育した例は多い。蚕書の中にも、養蚕用具の一つに「猫」を取り上げたものもある。この万次郎の猫は上州新田郡世良田の徳川の新田公が描いたもので、蚕室の鼡除けとして群馬・埼玉両県の養蚕家に珍重された。現在埼玉県にはこの絵は五点程しか存在しないが、その消失した理由としては、幕末から明治にかけて蚕種の輸出の際、日本の蚕種製造家が蚕種の鼡除けにこの絵を添付して輸出したためで、フランス、イタリーではその理由がわからず、日本人は動物愛護家であるという評判を得たというエピソードがある。（日向野ほか 1973：244–5）

2・2　養蚕技術の研究

養蚕技術の発展を媒介したのが、在村の知識人たちの書いた「農書」（農業生産技術のテキスト）であったと杉（2001）は指摘している。印刷技術の発展とともに、表1に示すように多くの農書が出版され、全国に普及した。農書が日本全体の農業技術の向上に大きく貢献したのである。

表1　主な養蚕農書

1702（元禄 15）年	日本初の養蚕書『蚕飼養法記』（野本道玄、津軽藩）
1712（正徳 2）年	『蚕養育手鑑』（馬場重久、上野、養蚕家・医師）
1757（宝暦 7）年	『新選養蚕秘書』（塚田与右衛門、塩尻、養蚕家）
1794（寛政 6）年	『養蚕須知』（吉田友直、渋川）
1803（享和 3）年	『養蚕秘録』（上垣守国、但馬国）
1813（文化 10）年	『養蚕絹篩』（成田重兵衛、近江国）
1847（弘化 4）年	『養蚕教弘録』（清水金左衛門、塩尻）
1849（嘉永 2）年	『蚕当計秘訣』（中村善右衛門、福島）

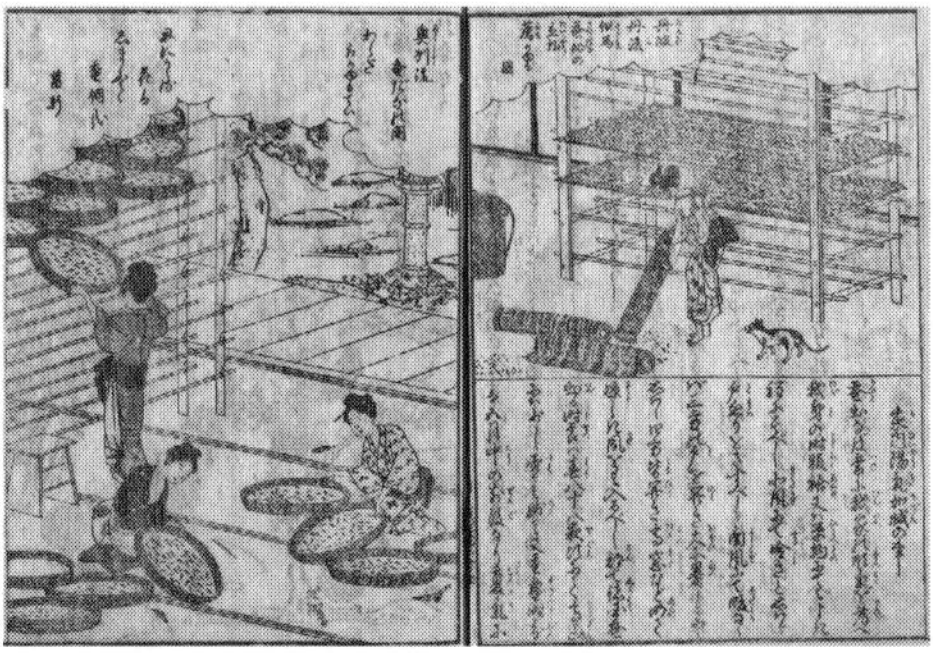

図4　『養蚕秘録』中　上垣守国作・西村中和・速水春暁斎画　享和3〔1803〕年（国立国会図書館デジタルコレクションより）

養蚕農書は、いうまでもなく、養蚕技術を詳細に論じ、説明したものであるが、図4に示すように、その内容は、大きなイラストレーションによってわかりやすく書かれたものであった。また、イラストに登場するのは、美しい女たち、時に子どもたちである。実際に養蚕の作業に携わったのが女たちであることを示している（遠藤 **2017** 参照）。そしてその中には、しばしば猫が描かれた。鼠よけの猫が養蚕現場に不可欠な存在であったことを示す（伊藤 **2006**）一方で、養蚕書に描かれるのは、「新田猫」より、ずっと日常的で、「カワイイ」猫の姿態である。この時期、猫には、鼠駆除も期待されていたのだろうが、同時に、家族の一員のような扱いも受けるようになっていたと推測される。

3 「子どもの誕生」と猫

3・1 養蚕地域における階層分化とその文化的意味

養蚕業や商品作物の発展は、地域社会を経済的に活性化させ、杉のいう「在村文化」を培った（杉 2001）。その結果、地域では階層の分化がすすんだ。図5の例で見れば、持高の少ない農家と多い農家に二極分化している。ただし、このデータの収集者によれば、階層の上昇と下降は同時に起こっており、上昇した農家には養蚕を契機としたものが多いという。

養蚕を一つの契機とする、農村部における中間層の登場は、農村部に、都市部と比肩するような在村文化を生み出した。江戸期には、「旅する文化人」たちが非常に多いが、彼らは、在村の素封家たちの接待を受け、都市の文化を伝えるとともに、在村文化を各地に広める役割も担った。たとえば、「俳聖」とも呼ばれ

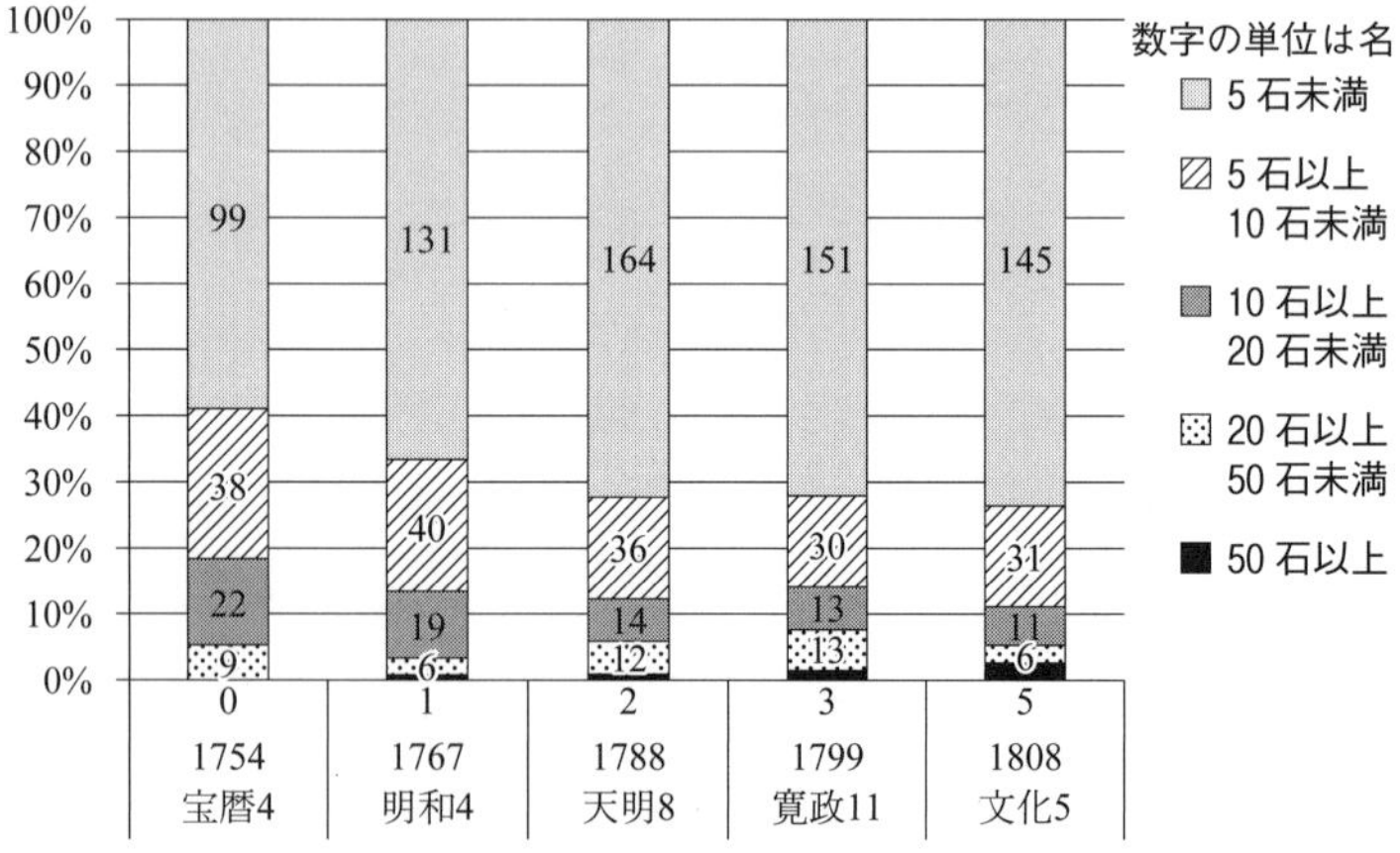

図5　伏黒村農民の持高の歴史的変遷（高橋幸八郎・古島敏雄編『養蚕業の發達と地主制——福島県伊達郡伏黒村実態調査報告』東京大学社会科学研究所研究報告第10集、御茶の水書房、1958年、124頁19表のデータを元に、筆者加工・作図）

る松尾芭蕉（一六四四‐一六九四）も、しばしば、長い旅に出て、各地で俳句を詠み、それらを句集としてまとめるとともに、各地に門人をつくった。

3・2　「家族の変化」と「子どもの誕生」

在村中間層が養蚕など商品作物の栽培で豊かになることで、彼らの家族のかたちに変化が起こった。新しい家族ではそれ以前の社会における「小さな大人としての子ども」ではなく、「家族の愛を集め、大事に育てられる子ども」が登場した。

図6　聖ニコラ祭　ヤン・ステーン　17世紀（『〈子供〉の誕生』アリエス〔1960〕口絵に掲載）

このような動向は、日本だけではなく、西欧でも起こった。こうした子どもたちの姿を、歴史家のフィリップ・アリエスは、一七〜一八世紀の西欧社会について指摘した。アリエス『子供の誕生』の口絵（図6）には、ヤン・ステーンの描く『聖ニコラ祭』（クリスマス）で、子どもが家族の中心になっている様子が表現されている。同時代の絵画でも、子どもを中心とした家族を表現したものが多いが、そこに猫がいるものも多い（図7・図8）。

日本でも同様の変化が起こっていたと考えら

図 8　石鹸で洗濯する女　シャルダン　18 世紀

図 7　室内の農民家族　ル・ナン兄弟　17 世紀

図 10　遊ぶ子どもたち　鮮斎永濯　1881 年

図 9　雛祭り　『温古年中行事』　鮮斎永濯　1889 年

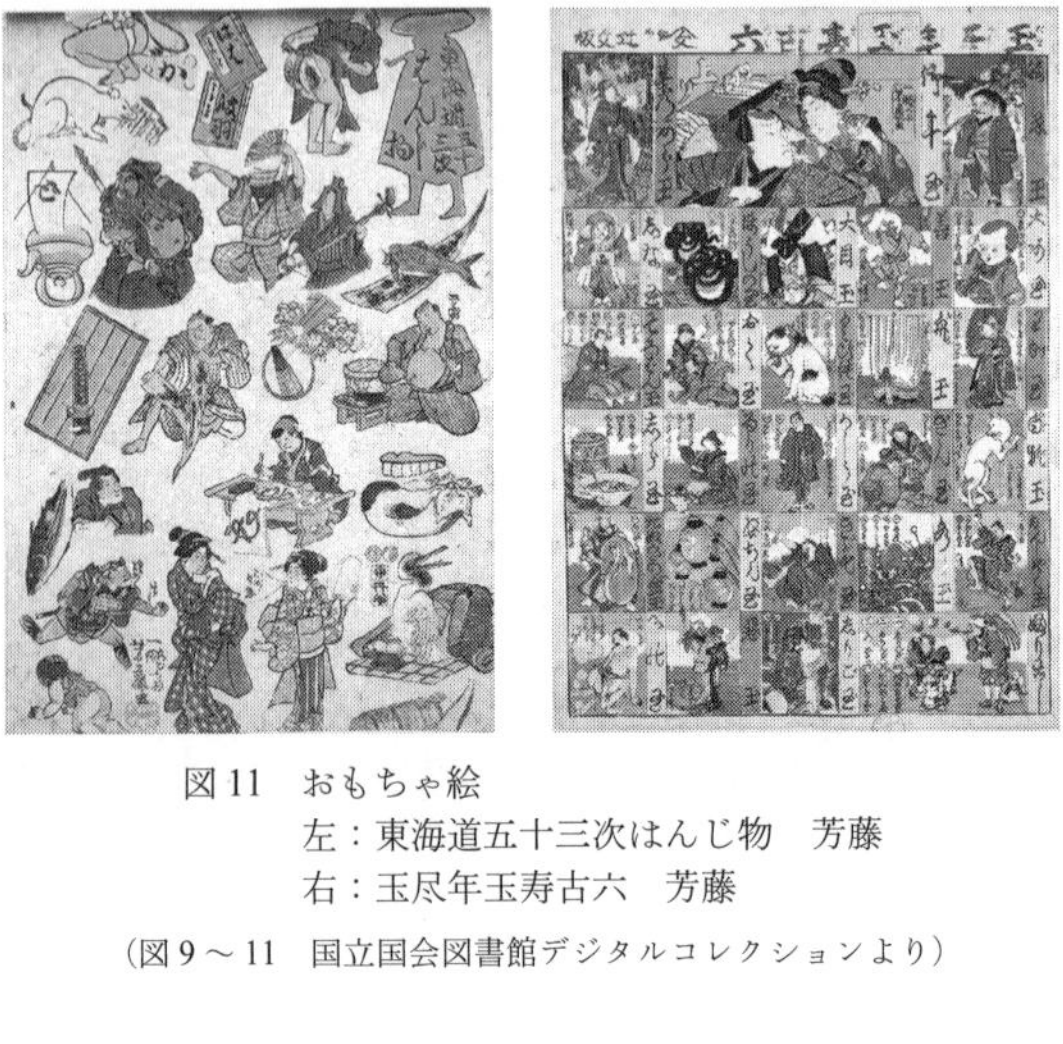

図 11　おもちゃ絵
左：東海道五十三次はんじ物　芳藤
右：玉尽年玉寿古六　芳藤

（図 9 ～ 11　国立国会図書館デジタルコレクションより）

図12　供養絵額の女児と猫　1845年（柳玄寺）

図13　供養絵額の男児と猫（西来寺）

れる。

たとえば、雛祭りや、七五三といった行事が、江戸期には一般の家庭でも定着してくる（図9）。

図10は、遊ぶ子どもたちを描いているが、男女ともに碁など、知的な遊戯を楽しんでいるようである。また、図11に見られるように、子ども向けのさまざまな玩具や遊びもつくられ、その中にも猫が姿を見せている。

3・3　供養絵額に描かれた「幸福な子どもたち」

彼らの姿は、東北地方を中心に残る「供養絵額」にも見ることができる。供養絵額とは、死者の供養のために檀那寺に奉納される絵額である。柳田國男（1928=1989：130）は、「ひとりで茶を飲んでいる処もあり、三人五人と一家団欒の態を描いた画も多い。後者は海嘯で死んだ人たちだといったが、そうでなくとも一度に溜めておいて額にする例もあるという。立派にさえ描いてやれば、よく似ているといって悦ぶものだそうである」と記している。愛する死者が本来ならば楽しむことのできたであろう「幸福な生」の有様を描いて死者の後世を願ったのであろう。

死んだ子どもの供養絵額には、図12・図13に見られるように、猫と戯れ、玩具（土人形など）で遊ぶ、美しい着物姿の子どもたちが描かれている。そ

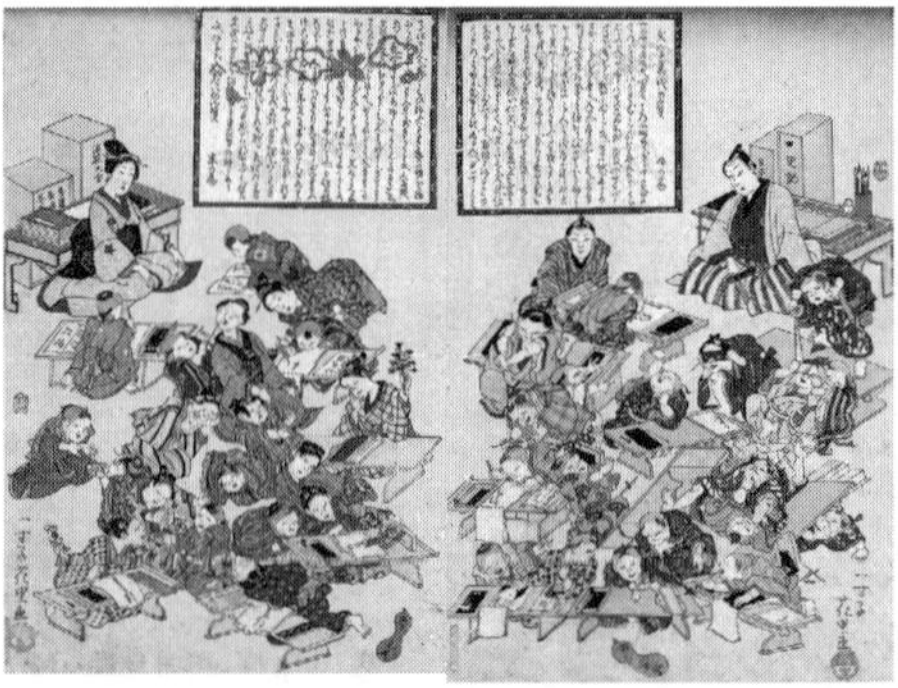

図 15　文学万代の宝（始の巻・末の巻）　一寸子花里　弘化年間〔1844-1848〕頃（東京都立図書館蔵）

図 14　孫子手習ひ初め　『江戸府内絵本風俗往来』　菊池貴一郎（国立国会図書館デジタルコレクションより）

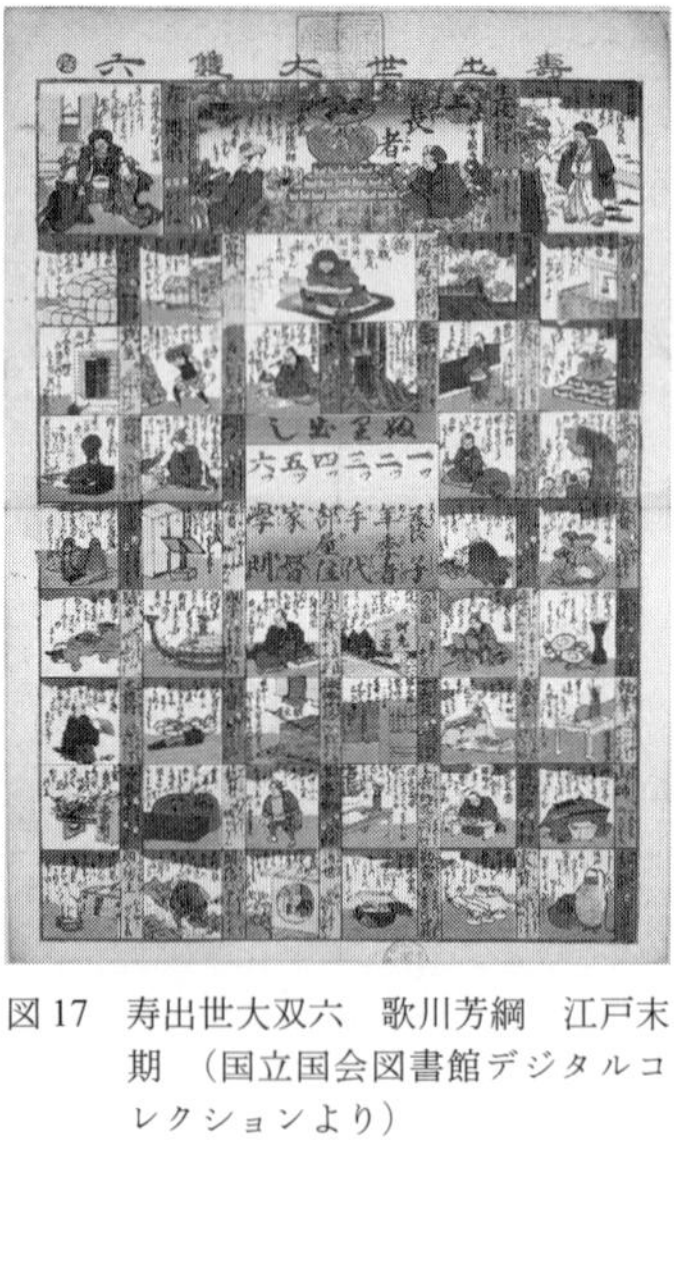

図 17　寿出世大双六　歌川芳綱　江戸末期　（国立国会図書館デジタルコレクションより）

図 16　五常「智」　鈴木春信　1767 年（ボストン美術館蔵）

ここには、期せずして、養蚕（織物）産業や窯業の発展が、豊かな階層の「愛される子ども」たちを創出し、猫が「カワイイ猫」へと変貌する情景が立ち現れている。

4　子どもの教育

4・1　江戸の寺子屋

江戸期、市中では多くの子どもたちが、「寺子屋」による教育を受けた。江戸末期の江戸の情景を描いた菊池貴一郎[3]の『江戸府内絵本風俗往来』には、子どもたちが寺子屋に入学するときの様子を描いた画がある（図14）。その説明には「江戸の児童男女共武家町家とも六七歳より文字かくことを習ふに當時幼童筆學の師なるもの市中町毎になき所なく此師孫子を預りて仕立ける預り置時間は毎日朝より午後までとす弟子の多きは百人餘少なきは五十人に下らず師たる人質素にして而て懇切な、よく孫子を教育」（中編二）すると書かれている。身分や性別にかかわらず、学ぶことが奨励されたようである。

実際、図15は、当時の寺子屋の様子を描いたものだが、男女ともに学び、行儀の悪さも同レベルで、指導者も男女いる。また図16は、鈴木春信の美人画だが、手習いをする少女たちの姿が描かれており、女子が学ぶことも、女子が教えることも奨励されることだった。タイトルは、儒教で最も重要な徳とされる「五常（仁、義、礼、智、信）」のうちの「智」（道理、知識）を意味している。そして、「出世双六」（図17）といったおもちゃ絵を子どもに与えることによって、学問が出世の役に立つと、学問をすすめる風潮もあった。

4・2　農村の寺子屋

農村部においても、養蚕など商品作物の生産などを媒介として、先にも述べたような中間層が形成され、中間層では、読み書き算盤はもとより幅広い文化的素養を子どもに与えることが重要と考えられた。利根啓三郎（1973：231）は、「農村における寺子屋は、歴史的に進展していく農業の生産構造、これにともない変転していく生活構造に対応し、よりよく生きようとする農民の生活的顧慮にこたえるもので」あったと述べている。

たとえば、渋沢栄一の『論語と算盤』（1927）にも、その雰囲気はよく表現されている。渋沢もまた、富裕な養蚕農家の子弟であり、長じて、繊維産業などを契機として日本の近代産業国家化に貢献したのであった（第十章参照）。

5　おわりに

〈猫〉文化は、都市では消費経済やメディア産業と強く結びついて発展していった。これに対して農村部では、養蚕技術やその産業化と関連した「養蚕神」としての神道が観察されて。本章ではそのような農村部での人と〈猫〉との関わりについて考えた。

養蚕技術の発展は、農村経済にも大きな影響を及ぼした。裕福な中間層が形成され、子どもたちが、「小さな大人」ではなく「特別な年代」として尊重される存在となり、〈猫〉はその友人ともなった。

このような社会変化の中で、〈猫〉はまた新たなキャラクターを獲得する。〈招き猫〉である。次の第四章では、〈招き猫〉の誕生とその意味について考える。

注

1　半田稲荷の由緒書きによれば、「創建は和銅とも永久年間ともいわれる。子供の疱瘡、麻疹、安産祈願の参詣が多く、江戸中期願人坊主という者「葛西金町半田の稲荷疱瘡も軽い麻疹も軽い……」と節面白く全国を謡い踊り歩いたといわれ、歌舞伎舞踊で演ぜられている」(http://www.tokyo-jinjacho.or.jp/katsushika/5386/)。

2　蚕が卵から孵り、養蚕が始まることから、陰暦三月を「蚕月」と呼ぶ。

3　一八四九－一九二五。蘆乃葉散人の別名もある。四代目歌川広重。

第四章　招き猫の流行

1　はじめに

第二章で見たように、江戸では、浮世絵や絵双紙などを介して、「猫」は人気のファッション・アイコンとなった。江戸末期、「猫」キャラクターは、さらに別のかたちでも江戸の人気を集めることになった。「招き猫」である。

「招き猫」は、江戸後期、都市部を中心につくられはじめたとされる。後でも述べるが、当時江戸では、「招き猫」は一時的な流行で、すぐに廃れると考えられていたようだ。

しかし、「招き猫」はさまざまに形を変えつつ、図1・図2にも見られるように、今日でも店頭の飾り物として、あるいは、愛らしいマスコットとして、さまざまなかたちで商品化されている。

なぜ、「招き猫」は流行し、長い時を経ても、その人気が持続し続けるのだろうか。

図２　軽井沢の蕎麦店の招き猫

図１　都内のインテリアショップのディスプレイ

（図１・２　筆者撮影）

本章ではその理由について考えてみよう。

2　「招き猫」の誕生

2・1　「招き猫」と江戸期における福神の流行

「招き猫」がいつ誕生したのか、はっきりとはしていない。「招き猫」についての言及は一六世紀頃にはじまり、江戸末期に広く流行するようになったと考えられている。

招き猫と同様、一六世紀頃に文献に現れ始め、江戸末期に大衆にもてはやされるようになった「福神」（幸福を授ける神）は多い。それらはいずれも出自が明確でなく、神仏習合的な様相を備えており、また「神」（信仰の対象）というより「縁起物」というべき位置に置かれている。

代表的な福神として、図３に描かれているような、七福神が挙げられる。七福神とは、一般に、大黒、恵比寿、毘沙門、弁天、福禄寿、寿老人、布袋とされるが、場合によって若干の異同がある。これらの神々は本来ヒンドゥー教、仏教、道教、神道などの神であった。しかし室町末期頃に「狂言七福神や、大悦物語の七福神の集会、

図3　遊戯七福神　歌川国芳

さては七福神賊の話」（喜田 1935：70）などが書かれたことから、この時期に現在あるようなかたちで人びとに受容されるようになったと考えられる。

この受容について歴史学者の喜田貞吉は、「七福神は、実に其の初めて世間に紹介せられ、歓迎せられるに至った室町時代から江戸時代初期へかけての、社会の要求に応じて表れたものであったと言はねばならぬ。蓋し多年戦乱の結果として、人民久しく奔走に疲れ、甚大の苦患を味うた末に於て、忙中閑を求め、苦中楽を尋ね、泣いて暮らすも一生、笑うて暮らすも一生といふ様な、むしろ捨鉢的に脱俗洒落の気風を喜び、隠逸の生活を希ふの機運ともなって来た」（p. 67）と解釈している。

七福神とは別に、江戸期、「江戸名物、伊勢屋、稲荷に犬の糞」といわれるほど隆盛を極めたのが稲荷である。もっともその起源は古く、「伏見稲荷大社略記」（1968）には「稲荷大神は、もともと五穀をはじめとするすべての食物・蚕桑のことを司る神として信仰されていたが、平安期にいたって、当社が東寺の鎮守とされてよりは朝野の尊崇をあつめ、社運隆盛するとともに、その信仰も一段とひろく伝播していった。さらに中世から近世にかけて工業が興り、商業が盛んになると、神格も従来の農業神から殖産興業神・商業神・屋敷神へと拡大し、農村だけでなく広く大名・町家の随所に勧請・奉祀されるようになった」[1]とある。

2・2　「招き猫」の由来を語る説話群

これらの福神にくわえて、江戸期、人気を得たのが「招き猫」だった。しかし、その由来についてはいくつもの説話があり、それらの説話と結びつく寺社も数多い。例えば次のような物語である。

①浅草花川戸の招き猫

浅草花川戸に住む老婆が貧しさゆえに愛猫を手放したが、夢枕にその猫が現れて「自分の姿を作り祀れば福徳自在となる」と告げたので、そのとおりにしたところ利益を得たことが評判となり、今戸焼の土人形にして浅草寺三社権現（現・浅草神社）鳥居辺りで老婆によって売りだされ大流行になった。（『武江年表』嘉永五〔一八五二〕年）

②浅草梅園院の招き猫

浅草寺梅園院境内でひねり土人形を売って生活していた老婦が飼っていた猫が、世話になっている人の小鳥を取ってしまった。老婆が猫をしかると、猫は恐れいった様子だったが、どこへともなくいなくなってしまった。老婆は猫がいなくなったことを悲しんで、病気になってしまった。仲間の今戸焼職人が今戸焼の猫をつくってくれた。すると夢枕に猫があらわれて、自分は井戸に身を投げて死んだが、恩返しに老婆の病気を治すと告げた。この猫の人形を信心すると病気が治ると評判になり、三社権現鳥居あたりで大いに売れた。（『藤岡屋日記』嘉永五〔一八五二〕年）

③豪徳寺の招き猫

　世田谷豪徳寺は現在は立派な寺となっているが、かつてはひどく貧しい寺だった。当時の和尚は、たいへん猫好きで、貧しい自分の食事を猫にわけて、わが子のように猫を可愛がっていた。ある日和尚は猫に「私はこんなに可愛がって育てているのだから、いつか恩返しをしておくれ」と言った。すると数日後、門のあたりが騒がしいので和尚が出てみると、鷹狩の帰りらしい武士が五、六人いて、「われわれがこの寺の前を通りかかると門前に猫がうずくまっていて、われわれを手で招いた。少し休ませてほしい」という。和尚が武士たちを招き入れると、急に激しい夕立となり、雷がとどろいた。和尚は落ち着いて説法すると、武士はたいへん喜び、「私は彦根藩主井伊直孝[2]である。猫に招かれてこの寺に来たのも何かの仏縁だろう」と、その後、豪徳寺を井伊家の菩提所として、多くの田畑を寄進した。おかげで豪徳寺は壮大な寺となり、「猫寺」とも呼ばれるようになった。和尚は猫の墓を建てて、この猫に似せた像をつくって「招福猫児（まねきねこ）」として祀ったところ、家内安全、営業繁盛、心願成就の霊験あらたかと大評判となった。（二〇一五年五月一八日に豪徳寺でいただいた冊子の内容を遠藤が現代語訳）

④自性院の猫地蔵

新宿区西落合の自性院は「猫寺」としても知られているが、文明九年（一四七七）に豊嶋城主豊島左衛門尉と太田道灌とが江古田ヶ原で合戦した折に、道に迷った道灌の前に一匹の黒猫が現れて自性院に導き危難を救ったため、猫の死後地蔵像を造り自性院に奉納したのが猫地蔵の起りという話が伝えられている。

さらにまた、江戸時代の中頃明和四年（一七六七）に貞女として名高かった金坂八郎治の妻（覧操院孝室守心大姉）のために、牛込神楽坂辺の鮨屋弥平が猫面地蔵像を石に刻んで奉納している。この猫面地蔵は秘仏となっており、毎年二月の節分の日だけに開帳されている。（新宿区教育委員会 1982：115-6）

これらの招き猫伝説は、二つのタイプに分けられる。タイプ1は、③と④が該当し、寺の縁起（社寺の起源・由来や霊験などの言い伝え）を、有徳の僧が可愛がっていた猫によって後援者を得たという伝承である。タイプ2は、①と②が該当し、招き猫人形の売り手が可愛がっていた猫によって福を得たという物語である。[3] タイプ1もタイプ2も「猫の報恩（恩返し）」というテーマは同じである。タイプ2の方がタイプ1よりもやや時代が古いかと推測される。[4]

2・3　「招き猫」の現実

むろん、それらの由来はいずれも風説（都市伝説）であるが、なぜ「由来の風説」が必要なのか。そこに、「縁起物」の位置の微妙さがうかがわれる。

より端的に、「招き猫」という置物（商品）の発生について玩具研究家の斎藤良輔は次のように述べている。

天明年間（一七八一－一七八九）江戸の向両国に金猫銀猫という売色店があり、[5] 猫が手（前足）で顔を洗えば客が来る、という俗信から、金銀を彩った招き猫を店頭に飾ったのが起こりらしい。その後浅草の今戸で土焼きで盛んに作られるようになり、猫と狐は今戸焼きの代表的なものにまでなった。ことに嘉永年中の「丸〆猫」が優れている（斎藤 1997a：327）

金猫銀猫の招き猫と丸〆猫との関係は不明である。

一方、小説家で俳人の矢田挿雲（1921：339–342）は、薄雲太夫を慰めるために木彫りの猫を贈ったのが招き猫の初めと述べている。薄雲太夫と猫の物語については、第二章でも見てきた。矢田はその後日談を書いている。かいつまんで述べれば以下のようである。

薄雲太夫を助けて死んだ猫を悼んで、吉原を挙げての猫の「楼葬」が投げ込み寺で行われた。しかし、薄雲の歎きはおさまらない。そんな薄雲を慰めようと、客のひとりが長崎から伽羅の名木を取り寄せて「招き猫」の像を彫らせた。薄雲は大変喜んで、「招き猫」像を、本当の猫のように大事にした。薄雲の人気はさらに高まり、「招き猫」像に鼠の供物をする者まで現れる始末だった。

薄雲の死後、「招き猫」像は道哲（西方寺）に納められたが、一八六〇年頃火事で本堂と庫裏は全焼し、猫像も消失した。大正三年、有志の拠金により本堂を修復し、薄雲所縁の名所が復活した。今日、至るところに「招き猫」の姿を見受けるのも、薄雲のおかげである。道哲寺では近々元祖「招き猫」の絵姿をお守りにして売り出すということである。

残念ながら現在では、第二章でも述べたように、西方寺は巣鴨に移転しており、遊女の碑と招き猫の石像（図4）が残るのみである。

矢田（同上）は、やや細部に違いは見られるものの、花川戸の老婆が丸〆猫を売って繁盛したと書いており、同時期に①、②パターンの説話も流布していたことがうかがわれる。矢田は、特に根拠は述べず、これを薄雲太夫の模倣であると述べている。

丸〆猫に関する記事は、本章2・2項に述べた①、②の説話以外にも存在する。例えば、『巷街贅説』の嘉永五（一八五二）年の記事に次のようなものがある。

図4　西方寺の猫像（筆者撮影）

浅草あたりに貧しい男がいた。野菜など売り歩いて、何とかその日暮らしをしていた。老父を養い、夫婦仲良く暮らしていた。ところが老父が病気になり、身体が痛いというのでなでさすって日々介抱した。そのため商売にでられる日が少なくなり、食事にも事欠くようになった。この家には、長く飼っている猫がいた。男は冗談でこの猫に、「私たちでさえ食べ物に困っているのに、おまえには食べ物を与えてきた。恩を感じてくれるなら、どうにかしてくれないか」と云ってみた。もちろん返事などなかったが、しばらくすると猫の姿が見えなくなった三、四日して、老父が猫のことを尋ねた。「どこかに行ってしまったようだ」と答えると、老父は「猫は毎夜やって来て、私の上に乗って眠る。腰が痛いと腰の上に乗る。肩が痛いと肩の上に乗る。猫が乗るとその部分の痛みがなくなる」。面白い話だと思って、本当に猫が来るのか気をつけていたけれど、猫を見ることはなかった。それでも、父は毎夜猫が来ると言い、病気も快方に向かっていった。あるとき、知らない人がたずねてきて、「こちらに猫はいますか」と聞く。「長く飼っていた猫がいたが、最近いなくなってしまった」と答えると、「夢のお告げがあって、こちらから猫を買いたい。生きている猫でなくてもよい。木や土で作った猫でもあれば、買いたい」とたっての願いに、やむなく近所の番小屋で手あそびで作った人形を売ると、大変喜ばれた。そんな人が次から次へとやって来るので、親子三人相談して、今戸の土で焼いた猫を店にだしておくと、買いに来る人が日に日に増えて、野菜よりもよく売れた。すると、家も豊かになり、父の病気も治ってきた。代わりに夜も猫は来なくなった。猫が恩返ししてくれたのだろうと、猫塚を建てて菩提を弔うとともに、今戸焼きの猫を買って去年の冬から浅草寺の境内に店を開き、猫を売り出すと、聞き伝えて次々と人々が買いに来るようになった。初穂料、神酒代、備物代などの名目でお金を置いていった、春頃になると、座布団も作って一緒に売るようになった。またさまざまな大きさ、精巧さのものを作り、張り子の品も置くようになった。（塵哉翁 1852 遠藤要約）

類似の説話が異なる主人公に替えて複数語られたということは、伝聞による聞き違いや脚色もあるだろうし、「丸〆猫」の販売者が何人もいたことを示しているのかもしれない。事実、新宿区水野原遺跡や文京区千駄木三丁目南遺跡など複数の近世遺跡から異なる陽刻のある丸〆猫が出土している。[6]またあるいは、これらの一見異なる説話の背後に、共通のモチーフがあるとも考えられる。この点についてはまた後で考えることにする。

3　招き猫と稲荷狐

3・1　招き猫の居場所

いずれにせよ、招き猫（丸〆猫）は、江戸時代後期になるに従い、大人気となったようである。

図5　今戸焼丸〆猫　嘉永安政風型（筆者蔵）

丸〆猫は、図5に示すように、現在一般的な正面を向いたポーズではなく、横向きで顔だけ正面に向いているポーズをとっている。また、初代広重が、浄瑠璃の物語に見立てて街の繁盛ぶりを描いているが、その中にも、西行に見立てた[7]店の主人が丸〆猫を売っている様子が描かれている（図6）。よほどの人気だったのだろう。

『藤岡屋日記』にも、嘉永五（一八五二）年には、丸〆猫の人気をうけて、「おまへ高輪でおたのさん、おそ

図6　『浄瑠理町繁花の圖』部分　廣重（初代伊場屋仙三郎）嘉永5〔1852〕年（国立国会図書館デジタルコレクションより）

図7　江戸じまん　今戸のやきもの　歌川国芳画　弘化年間（1844-48）（吉徳資料室蔵）

ばがお好でする〳〵すゝ、ぬしハ新宿おかめさん、てん〳〵手のある白糸さん、丸く納る丸〆猫、にゃんのこったにやう〳〵、御客招き〳〵、風団の上で一服せふ」といった「三獣拳」や、「浅草の奥山で、御客どん〳〵、枯（招ヵ）き猫、おばあさんひとりでおまへが丸〆猫」という江戸名所大津絵節が流行ったとの記載（『藤岡屋日記』第三捨八、第五巻：98）がある。

都市部では、「丸〆猫」あるいは「招き猫」は、縁起物」として、花柳界や商店に飾られた。[8]

しかし、大津絵が本来は仏画であったにもかかわらず、東海道のみやげ物として人気を博した（第二章参照）と同様、寺社で授与されたり参道で売られたりする「縁起物」は、子どもの玩具としても喜ばれた（第三章参照）。図7は、国芳の描いた「江戸じまん　名物くらべ　今戸のやきもの」である。若い母親が、背中におぶった子どものために、おもちゃを選んでいるのだろうか。串がついているように見えるが、今戸の招き猫のようだ。いたずらっ子の顔をした男の子に

図8　俳優楽屋影評判　坂東寿三郎　二代長谷川貞信　明治17(1884)年

図9　浅草仲見世通りの招き猫たち(2015.5 筆者撮影)

図10　豊川稲荷売店の招き猫と稲荷狐(筆者撮影)

「これどう?」と云っているように見える。手前にいくつか同じような焼き物が並んでいるが、招き猫と稲荷狐が混在しているようだ。稲荷狐も招き猫も同じように縁起物でもあり、おもちゃとしても人気だったのだろう。

二代長谷川貞信による役者絵「俳優楽屋影評判　坂東寿三郎」(図8)では、招き猫が楽屋の神棚に飾られている。この絵が描かれたのは、嘉永の招き猫ブームから三〇年くらい経った頃である。かつてこの位置に祀られていた稲荷狐が招き猫に取って代わられ、招き猫は一時的流行商品ではなく、社会に定位置を獲得したのかもしれない。

浅草寺や豊川稲荷をはじめ、都市や参詣客の多い寺社の参道の土産物店では、稲荷狐と招き猫が並んで売られており(図9・図10)、

図11　伏見稲荷参道のみやげ物店（2014.9 筆者撮影）

それらの位置および形態の親縁性は明らかである。機能的にも、農業や養蚕における益獣であることなど、共通性が多々観察される。

3・2　伏見稲荷の稲荷狐と招き猫

そこで、稲荷神社の総本山である伏見稲荷大社を観察してみよう。ここは、全国数千の稲荷社の総本山であり、創建は和銅年間（七〇八–七一五）、秦伊侶巨《はたのいろこ》によるとされる。主祭神は宇迦之御魂大神《うかのみたまのおおかみ》である。

毎年関西一の（全国では四位）の初詣客を集めている。しかも近年は外国人にも人気（トリップアドバイザー社による外国人に人気の日本国内観光地二〇一四年から二〇一九年まで連続一位を獲得）らしい。また、京都伏見を舞台にした漫画『いなり、こんこん、恋いろは。』によって聖地巡礼の目的地ともなっており、驚くほど賑わっている。

参道にはずらりとみやげ物店が並んでいる。図11は筆者が二〇一四年九月に伏見稲荷を訪れたときに撮影したものだが、向かって一番右には鳥居のミニチュア、中央が神狐、そして左側には招き猫がずらりと並んでいる。ここからも、稲荷の神使としての狐のイメージが、都市化にともなって、猫にシフトしていったと考えることが

表1　（神）狐と（招き）猫の意味論・形態論的相似

	（神）狐	（招き）猫
意味論的相似	屋敷神	「家に付く」との俗説
	農耕神（鼠を捕る）	鼠を捕ることで家畜化
	養蚕神（鼠を捕る）	養蚕神（鼠を捕る）
	商業神	商業神
	花柳界の信仰	花柳界の信仰
形態的相似	片手をあげたポーズ	片手をあげたポーズ
	左右一対	一匹で独立しているようだが、右手（前脚）を挙げている猫は金運を招き、左手（前脚）を挙げている猫は人（客）を招くとされ、元々は左右一対だったのではないかとも考えられる。
動物行動学的相似	魚（肉食）、油揚を好むとされる	魚（肉食）、油揚を好むとされる
	長いしっぽ	長いしっぽ
	交尾期の特徴的な鳴き声	交尾期の特徴的な鳴き声
	二本足で立つ	二本足で立つ

できるのではないか。それを裏付けるように、神狐と招き猫を比較してみれば、そこには多くの相似が観察されるのである（表1）。

3・3　猫伝説における猫と狐の混交

江戸期の猫説話でも、「猫」と「狐」が区別されていなかったり、「猫憑き」に対応する「猫憑き」の風説がいくつも残されていたりする。代表的なものを現代語にして以下に挙げよう。

①「狐と猫から生まれた猫は、年を重ねなくても言葉を話す」（「猫物を言ふ事」『耳嚢』）

②「麻布笄橋堀田家下屋敷で、狐のせいか怪しいことがたびたび起こり、死ぬ人もでたので、狐つり名人を呼びよせ捕らえたところ、大犬より、大きく、尻尾二またの大古猫だった。」（本間秀高『諸國見聞圖會』、藤沢（1928：42）の引用による）

図12　西坂家敷地内の「ねこ稲荷」(2022.7 筆者撮影)

図13　復元された養蚕農家・西坂家の外観(2022.7 筆者撮影)

③「牛込横寺長五郎店清吉の妻きんの連れ子まつは十一歳だが、食べる物やふるまいが猫そっくりとの噂がある。見物に行く者が多い。」(「猫つきの少女」『武江年表』嘉永三年)

猫と狐を同類と見る感覚は、農村部の昔語りでも見られる。例えば、日本昔話学会が収集した奈良県月ヶ瀬村の話の中には、オシロザカで妖異に取り懸かれた経験を語るものがある(阿部ほか 2001：166–184)。この話のオチでは、憑いたのは「まあ、狐か猫か狸か」と、厳密な区別をしていない。

また長野には、「築城する場所を探していた主従の目の前に、白狐が現れて道案内をしてくれた。夜になると狐火のおかげで明るかった。翌日気づくと、主従は築城に適した場所にいた。そこに坂西の城をたて、白狐を祀った」(石川 1984：13–15)という伝承も残されており、豪徳寺や自性院の招き猫伝説の原型ともいえる。

福島駅にほど近い信夫山には「ねこ稲荷」という小さな祠がある(図12)。この稲荷は、かつて養蚕農家だった西坂家(図13)の敷地内にあり、その由来は、「かつて御山村の名主であった西坂家は、信心深くよく働く夫婦だったが、子宝には恵まれなかった。ある夜、観音様が夢枕に立って「汝らにねこを授ける」とお告げがあり、翌朝庭に三毛猫があらわれた。夫婦は「タマ」と名付けて大切に育てた。タマは夫婦になつき、村のネズミを捕《と》るようになり、養蚕の盛んだった村ではたいそうかわいがられた。一方、信夫山に住んでいた信夫の三狐の一匹、御坊狐は、仲間の鴨左衛門にだまされ、神通力の尻尾を失ったが、「タマ」に出会い、今までの悪行を諭されて改心し、タマと御坊狐はすっかり仲良くなり、ともにネズミを退治するようになった」と説明されている。

一方、民話研究家の門間クラがこの地域の民話をまとめた『信夫山ざっとむかし』に収められた伝説では、御坊狐が仲間の鴨左衛門にだまされてしっぽを失うところは同じだが、結末は次のようになっている。

（ゴンボ狐は）よぐよぐ改心して「よーし、ほんじゃこごらでオラも、人間の役に立づ事をしてみっか」どなって考げえったら、養蚕農家が野鼠達に蚕様を食い荒らされるっつう事を知り「ようし、ほんじえはこの俺が猫に成り代わって、野鼠を片っぱしがらやっつげでくれっぺ～」どなって、片っぱしがら野鼠を退治したっつう話でなあ、お陰で鼠がいなぐなったつうごって、信夫山部落の人たぢがらは大層喜ばっちえ「この狐は、猫にも勝る大した狐だ」ど感謝しらっちゃっつう話だわあ。そして「猫稲荷大明神」っう、立派な額をもらってそれがらは、養蚕農家の守り神になったっう話だもの、めでてえ話よなあ。（門間 2015：37）

先の話とは、「猫」の位置づけが違っており、「狐」と「猫」の区別があいまいであることがわかる。

3・4　京都の招き猫伝説

伏見稲荷の狐が招き猫の発生源であるとすると、関西にも「招き猫」伝承があるはずである。そして実際それはある。

民俗学者の井上頼寿が一九三三年に著した『京都民俗志』には、次のような猫伝承が記録されている。

①檀王法林寺の主夜神の神使は猫で、招き猫を売っている。緑色の猫で右手を挙げている。そのため江戸時代には民間では右手を挙げた招き猫はつくらせなかった。
②東福寺の涅槃図の猫。
③出水・光清寺の猫絵馬は夜になると鳴いて、水を飲みに行く。
④西陣の称念寺は猫寺と呼ばれている。
⑤西本願寺の天井には八方睨みの猫が描かれている。
⑥下京には「猫間」という地名がいくつかある。
⑦東寺には「猫間の戸」「猫間の障子」「猫の曲」などがある。

このうち、招き猫伝承と明らかに関連するのは、①檀王法林寺の神使、②東福寺涅槃図の猫、④称念寺である。

檀王法林寺の公式サイトによれば、慶長一六（一六一一）年に寺を復興した袋中上人（一五五二－一六三九）が感得した主夜神尊の神使が黒猫であったことから、江戸の中頃から主夜神尊の銘を刻んだ招福猫がつくられるようになったという。本居宣長の日記に「檀王法林寺の万日、主夜神の開帳始まりけるよし聞は、檀王へまいり、此主夜神と申すは、近きころ人のふかく信じ仰ぐ神にてましますす」（宝暦六〔一七五六〕年八月四日の条）と記録されていることからも、一八世紀中頃から主夜神尊信仰が盛んになったと推測されている。[10]

東福寺には、京都三大涅槃図の一つといわれる涅槃図がある。室町時代の画聖、兆殿司（明兆）によって描かれたもので、縦約一二メートル・横約六メートルと非常に大きい。一般に涅槃図に猫が描かれることは稀とされるが、東福寺の大涅槃図には、猫が描かれている。そしてこの猫は「魔除けの猫」とされ、次のような縁起が伝わっているという。「往昔《おうせき》書《が》聖《しょう》兆殿司《ちょうでんす》、大涅槃像《だいねはんぞう》を描かんとしける時、一匹の猫、何処よりか絵具を咥え来たること度々なり。殿司、之を憐れみ猫は由来罪業深重《ゆらいざいごうしんちょう》にして、佛の慈悲にも浴し兼ねたるものなるが、今佛涅槃の絵具を持ち来たりし功徳に依り、罪業消滅魔障退散《ざいごうしょうめつましょうたいさん》し、速やかに佛果を成ぜりとて書中に猫を加へ、世人傳へ聞きて、之を魔よけの猫と称して珍重しけるが、今復ここに其形《そのかたち》を模して、弘く十方に頒ち、世の篤信の人をして悉く魔を除き福を得せしめんとて、二夜三日の祈念を篭め造りし像なりされば、深く念じて其霊験のあらたなるを知るべし」[11]。こうして東福寺では、招福猫を授与するようになったという。

称念寺にもまた、招き猫伝説が伝わっている。公式サイト[12]によれば、慶長一一（一六〇六）年に開基上人が松平信吉公土浦城主の帰依を受け建立され、栄えた。しかし、信吉公が没すると、衰退に向かった。三代目住職還誉上人は一匹の猫を飼っていた。寺禄を失った和尚は自分の食をけずっても愛猫を手放さなかった。しかしある夜、托鉢からかえってきた和尚は、世にも美しい姫御前が優美な衣装を身にまとい月光をあびながら踊って居るのを見た。本堂の障子には、姫の後姿が愛猫の影としてボウッと映っていいた。和尚は立腹し愛猫を追い出した。愛猫は数日後、和尚の夢枕に立ち、「明日、寺を訪れる武士を丁重にもてなせば寺は再び隆盛する」と告げた。翌朝その通りに松平家の武士が訪れ、亡くなった姫がこの寺に葬ってくれるよう遺言したと伝え、以後松平家と復縁した寺は以前にも増して栄えた。称念寺でも招き猫を授与していた。

また、大阪の四天王寺にも、招き猫伝承があったようだ。斎藤（1997a）には、「大阪市天王寺区四天王寺境内でかつて売っていいた土焼きの猫聖徳太子を祀る太子殿から北に通ずる俗称「猫門」にある木彫りの眠り猫を模したもの。これは日光の眠り猫と同じく左甚五郎の作と伝えられる。昔、この猫が元日の朝には必ず鳴くというう伝説があり、江戸時代元禄（一六八八－一七〇四）のころ、その姿を土で作り門の傍らで売ったのが始まりというう」との記述がある。

これらが、江戸の招き猫伝承とよく似た内容であることは明らかである。特に称念寺と豪徳寺の伝承ははぼぴったりと重なり合う。年代を考えると、京都、大阪の伝承の方が古いようである。

こうしてみれば、京阪の伝承が招き猫とともに江戸に伝わったと考えてよいかもしれない。では、その伝播は何によって媒介されたのだろうか。

4　なぜ江戸期に狐は猫に化けたか――脱宗教化と社会不安

4・1　信仰の変容

人間の力を超えたものに対する信仰は、人類史の初めから存在した。しかし、時代が進むにつれて、人びとの信仰のあり方も変わってくる。かつてのように、素朴な信仰心のもとで、あるいは自分たちのアイデンティティの核として寺社を位置づけることが薄くなっていく。一方、幕府は、キリスト教禁教の徹底と、民衆の管理を大きな目的として、檀家制度をつくった。慶長一七（一六一二）年にキリスト教禁止令を出し、キリシタン改めの責任を檀那寺においたのである。人びとは檀那寺に帰属することによって、自分の身分や宗派の保証とした。これを寺請という。檀那寺は寺請をする代わりに、檀家の葬儀や法事などを行う権利を持ち、檀家にそのための金銭その他の負担を課した。これによって、檀那寺は財政的安定と、社会的権力を確保することができた（このような寺を「回向寺」と呼び、祈願を行う寺を「祈祷寺」という）。

とはいえ、十分な檀信徒を確保できなければ、寺の運営はおぼつかない。

井伊家が檀家となる経緯を語る豪徳寺の招き猫説話は、まさにこの有力な檀家を失った寺院の悲哀を語っている。檀家を得られない寺は、現世利益を喧伝して参拝客を集めるという経営手法をとった。「招き猫」による「招福」祈願をうたう豪徳寺は、井伊家という力のある檀家を得て「回向寺」の地位を確保しただけでなく、「招き猫説話」によって「祈祷寺」の機能をも獲得したのである。

一方、このような寺の変容は、人びとの仏教に対する意識も変えた。寺は、「生きることとは何か」という哲学を説く場ではなく、むしろ先祖供養の場としての意義が大きくなった。いわば、世界宗教としての仏教から、むしろ死と再生を語る原始信仰へと回帰する傾向がみられるようになったのである。社会学者のM・ウェーバー（一八六四－一九二〇）は「儒教のばあいには、呪術は現実に救済をもたらすものと考えて放置された」（ウェーバー 1972：168）と述べているが、日本ではまさに世界のなかでも先行的に社会の脱宗教化が進んだとされる。しかし、にもかかわらず、俗信や占いなどの擬似宗教的行為を半ば娯楽的に楽しむ傾向は、日本社会では現在も根強い。筆者が二〇一五年、二〇二二年に行った「生命倫理に関する意識調査[13]」にもその傾向は明確に現れている（遠藤 2016a、遠藤 2022 参照）。

4・2　江戸の流行神と稲荷ブーム

江戸期の招き猫ブームの背景には、日本社会の都市化、脱宗教化、貨幣経済化の潮流があり、また他方で、疫病や自然災害に伴う社会不安の増大があった。

『武江年表』で、浅草寺境内の丸〆猫売りが評判になった嘉永五（一八五二）年だけの記事を見ても、大小の火事が多数あり、甚大な被害を出している。彼岸を過ぎても暖かくならない、夏の大風雨などの天候不順、皆既月食、部分日食、病犬多数、ロシア船浦賀へ来航など、不穏な事件が多発している。それに対応するかのように、寺院のご開帳や奇談の記事も多い。たとえば、「七月一二日、白金村の紙漉きの男が二本榎の呉服屋に頼まれて商品を他家へ運ぶ途中、盗賊に出遭い、刀で脅された。夢中で祐天上人の名号と大山不動尊の画像に祈った。はっと気づくと、名号と画像に刀傷が残っており、自分は無事だった」「中の郷瓦町長寿寺で、土を掘ると、金銀双身の歓喜天像が出てきたのでこれを祀った」などである。「浅草猫の由来」もこれら奇瑞譚の一つ[14]であり、人びとはそれにあやかろうとして店に殺到したのである。

このように、奇瑞の風説にあやかろうと人びとが集まる現象は、「流行神《はやりがみ》」としてたびたび記録されている。宮田（2006）は「流行神」について、次のように説明している。

はやり神という現象は、通時的な現象であって、古代・中世・近世・近代を通じて絶えずくり返しあらわれるものであった。一般には社会的な不安が高まると、下級宗教者たちの託宣が盛んとなり、いわゆる前兆・予兆という現象が人々の日常生活の中で、非日常的な状況として盛んにおこるといわれている。

江戸時代の「おかげまいり」と「ええじゃないか」という、くり返しおこった狂熱乱舞の状況がその点をよく説明するものとされている。ひっきりなしにカミやホトケがはやるという事態が、江戸の初頭の段階、寛永、慶安のころ、次には近世の中期、享保年間を中心とした時期、そして幕末の文化・文政以後の段階に、はやり神が急速にでてきたといわれている。（宮田 2006：49）

なかでも、「稲荷神」は流行神の筆頭ともいえる存在だった。芸能史家の山路興造は、「「伊勢屋稲荷に犬の糞」。新興都市江戸を表現したこの言葉は、五代将軍家綱《ママ》が出した「生類哀れみの令」を、庶民の側が密かに批判したいい方で、「犬の糞」に主眼があるともいわれるが、江戸の街には稲荷の祠が多かったのも、また事実である。天保五（一八三四）年刊の『祠曹雑識』には、江戸の稲荷番付として有名稲荷社百六社が挙げられているが、裏長屋で祀る稲荷祠なども勘定すれば、実際には四千社以上が祀られていたともいわれる」（山路 2008：8）と述べている。

稲荷神はもともと農業神であり、江戸開府前から多くの地域で信仰を集めていた。また開府後は、大名屋敷のなかに屋敷神として祀られるものもあった。大名家の屋敷神でありながら、流行神になったものとしては、太郎稲荷が有名である。『武江年表』享和三年（一八〇三）癸亥正月閏の記事には、次のように書かれている（筆者要約[15]）。

〇享和三（一八〇三）年二月中旬から、浅草田圃の立花藩下屋敷の鎮守、太郎稲荷社が大変な御利益があるというので、江戸や近在の老いも若きも、この稲荷に殺到した。翌年の文化元（一八〇四）年にはますます参詣客が増えて、奉納物は山のよう、参道には居酒屋や茶店がずっと並んでたいそう賑やかだった。このとき、太郎稲荷に関わる浮世絵や、草子、小唄などがたくさんつくられた。ただし、一、二年で、ブームは自然と終わってしまった。

この流行現象を具体的に示す浮世絵として、歌川広重の「名所江戸百景　浅草田甫　酉の町詣」がある（図14）。浅草田圃は吉原の端の人通りの少ない地域にあった。格子戸は吉原遊郭の窓であろう。花魁が飼っている猫が窓縁で外を眺めている（猫は花魁の分身かもしれない）。彼方に見える太郎稲荷に向かって、参拝客たちが長蛇の列をつくっているのが見える。当てにならない流行神の御利益に縋ろうと

図14　名所江戸百景　浅草田甫　酉の町詣　歌川広重　安政4〔1857〕年（国立国会図書館デジタルコレクションより）

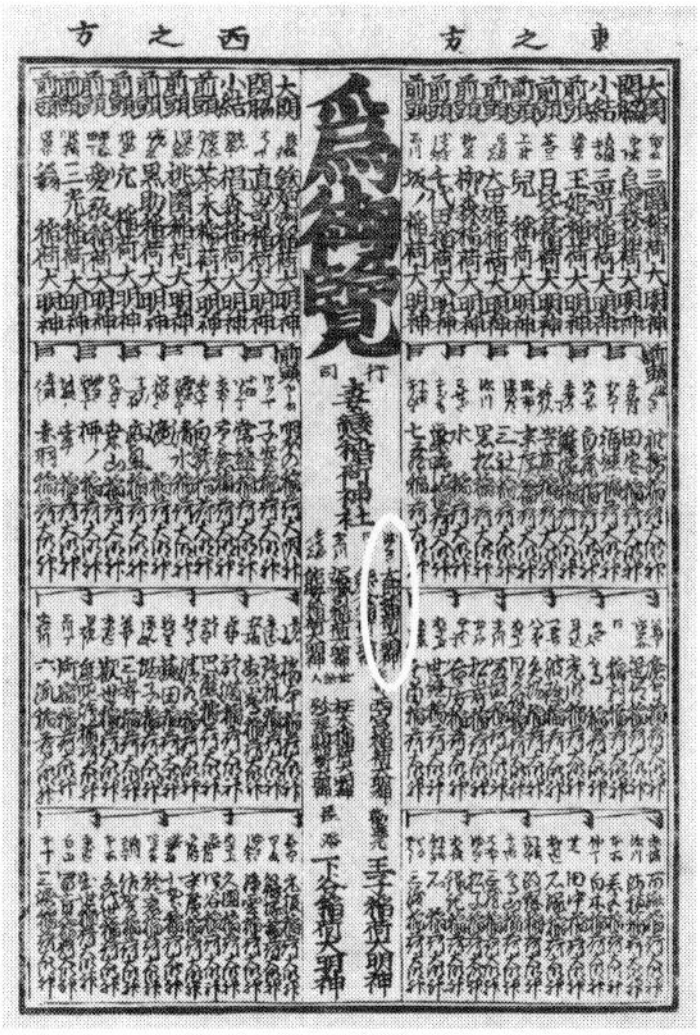
東之方
西之方

図15　江戸の稲荷大明神（東京都立図書館 TOKYO アーカイブより）

する人びとの想いは、浅はかであるかもしれないが、切ない。花魁（猫）もまた何か心に秘めた祈りがあるのかもしれない。でも、本当に御利益が得られることは少ない。流行りはすぐに廃れて、人びとはまた別の流行りに向かっていく。そんな諦めも、猫の背中から感じられる。

図15は、当時の「江戸の稲荷大明神」番付（ランキング）である。白くかこってあるのが太郎稲荷で、上位にランク付けされていることがわかる。

とはいえ、先に見た『武江年表』の記事にもあるように、太郎稲荷の人気は一、二年でおわり、稲荷周辺はもとの寂しい野原に戻ってしまった。図16は明治の絵師・小林清親の描いた「浅草田甫太郎稲荷」だが、人気のない太郎稲荷の夕暮れの寂寥がしみじみ感じられる。

図16　浅草田甫太郎稲荷　小林清親（『清親畫帖』1　1876–9年頃　国立国会図書館デジタルコレクションより）

流行神は、一時熱狂的なブームを巻き起こし、一年から数年ですっかり廃れてしまうのが常だった（ただし、完全に消えてしまうというよりは、流行神ブームそれ自体がそうであるように、長いスパンで流行を繰り返すものも多かった）。「招き猫」もこうした流行神の一つだったのだろう。しかし、流行神ブームは、やがて江戸から東京への歴史変動へと接続する。

4・3　神仏像と玩具の間——伏見人形と稲荷信仰

「招き猫」を別の観点から考えてみよう。

先にも述べたように、日本の稲荷信仰の拠点は、伏見稲荷である。伏見は、同時に土器や土人形制作の発生地でもあった。斎藤（1997b：398）によると、その経緯は次のようである。

奈良朝以前から伏見深草に土着した土師部《はじべ》の埴輪、土器作りから発生したものといわれる。「日本書紀」垂仁天皇の条によると、皇后日葉酢媛命《ひはすひめのみこと》が薨去の際、野見宿禰《のみのすくね》が君王の陵墓に生人の埋立殉死の悪習を説き、大和国出雲在の土師百人を喚び集め、人馬並びに種々の物型を造作して天皇に献じ、これを陵墓に埋め立て、後世の法則とすることを請い、勅許の上その土物を陵に樹てた、とあるのが埴輪の起こりとされている。土器作りとしての土師の職はすでに垂仁帝以前からあったことが知られるが、垂仁帝当時それを統轄する土師部の職名が誕生。野見宿禰が土師職に任命され、本姓を土師臣と改め、朝廷の衷葬の土偶や日常用いる土器作りを司った。土師部は摂津（大阪）、山城・丹波（京都）、伊勢（三重）、但馬（兵庫）、因幡（鳥取）各地にも散在していたが、大和国（奈良）の土師部が山城国俯見（伏見）に陶地を賜わって移住故郷の菅原の伏見の里の名をとってここに定着したのが地名の起こりともされている。

土師部時代を過ぎるとそれまでの祭祀用の土器類から、日常の生活用品製作の陶器師へ次第に発展して独立した家業となり、やがてその余技として人形が生まれてきたと思われる。平安朝時代後期の久安年間（一一四五－一一五一）には宮中御用の焼物師として深草焼きを製作していたことが記録に見えているが、元来、伏見深草付近は古くから帰化人の秦氏の居住地で、稲荷山に稲荷神を祀ったのもこの氏族であり（「山城風土記」）人形製作の技法も秦氏一族の伝来によるものという見方もある。

戦国時代を過ぎ、社会に平和が戻ると、人形玩具の生産が発展を始めた。明治の日本経済史学者である横井時冬の著書には「鵤《イカルカ》幸右衛門は元備前宰相浮田秀家の長臣林玄蕃の家来にて一時浪々の身となり天正中伏見稲荷村に住居し稲荷山デンボ池の土を堀来りて鈴デンボ小判乗狐布袋一文牛おやま人形類を製造す人呼びて人形屋幸右衛門といふ」（横井 1894：5）とある。また一説には、江戸期の幕開けとともに東福寺門前に住んでいた人形幸右衛門という人物が伏見人形を創始したともいう（斎藤 1997b：17）。いずれにせよこの頃、商品としての人形生産が始まったと考えられる。

図 17　伏見人形の工房（『日本山海名物図会』4　七ウ・八オ　国立国会図書館デジタルコレクションより）

図 18　持遊細物屋（『人倫訓蒙図彙』4　五オ　蒔絵師源三郎　国立国会図書館デジタルコレクションより）

図17は伏見人形の工房を描いた『日本山海名物図会』第四巻（平瀬徹斎編、寛政九（一七九七）年）の絵である。また、元禄三（一六九〇）年刊の『人倫訓蒙図彙』には「童子のもてあそび物一切此所にあり、諸方の細工人おもひおもひのあみたてをつくり此家にもちきたる。ただし紙薄板等をもって造り雑品の物なり、五条橋（京都）の西に此たな（店）あり」と、「持遊細物屋」という子ども向け玩具店を紹介している（図18）。

平和が続くにつれ、玩具生産はさらに発展し、『江都二色』（北尾重政画、安永二（一七七三）年刊）や『嬉遊笑覧』（喜多村信節、文政一三（一八三〇）年刊）などには、数多くの玩具が紹介されている。図19は、『江都二色』の中に紹介されている猫のおもちゃである。「おそろしき　猫またばしの　しら波を人はねずみと　逃げかくれ里」という狂歌がついているので、猫に襲われると鼠が隠れてしまうというようなカラクリの一種なのだろう。

斎藤は、「京都の伏見人形を源流とする土人形の産地は、幕末のころ全国に一〇〇以上を数えるほど普及した。その他各藩の生活文化の中心となったそれぞれの城下町やその周辺には、郷土色を帯びた地方人形玩具類が自給自足的に作られて愛玩された」（斎藤 1997b：24）と述べている。

4・4　今戸の招き猫

このように人形の一大産地であった伏見に対して、今戸はどのように位置づけられるだろうか。今戸人形について、『日本人形玩具辞典』（斎藤 1997b）には次のように記載されている。

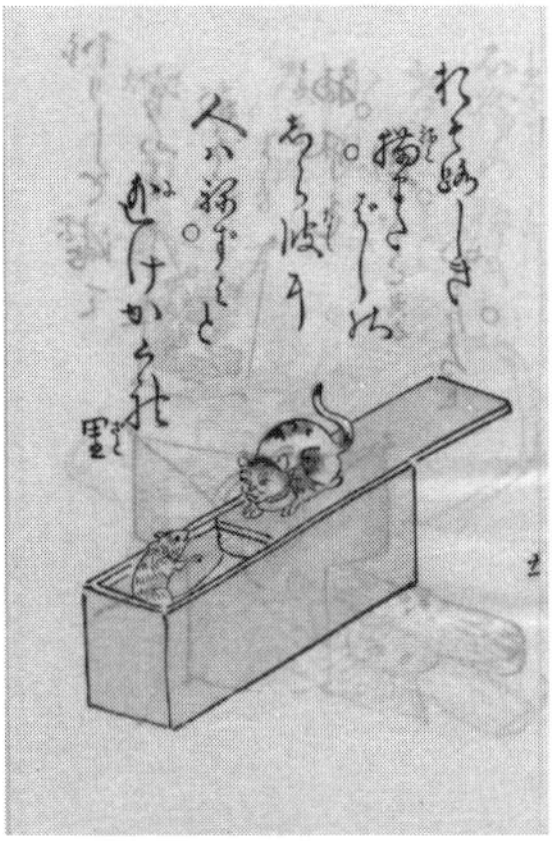

図 19　『江都二色』（安永 2〔1773〕年版の複製　1931 年　国立国会図書館デジタルコレクションより）

> 江戸時代初期、江戸の町作りに必要な瓦焼きの傍ら生まれたもので、京の伏見人形の影響を受けながら独自の持ち味を生かして発達。群青と朱丹を主調とした彩色で小型物を主とし、安価で洒脱な江戸っ子好みの点が愛されて広く親しまれた。一説には、天正年間（一五七三－九二）家門断絶した旧城主江戸氏の遺臣たちが今戸に土着。この一帯の良質の粘土を利用して瓦並びに土器製作を生業としたのが始まりともいう。元禄六年（一六九三）刊の『西鶴置土産』（井原

西鶴）に、「ある時浅草の寺町の横筋を行くに内の見えすく芦簾住みあれたる宿の棚に濃紫姿屋の看板出して土人形の細工する男を見れば、京にて立役勤めし嵐三郎四郎が白無垢の上に破紙子身をやつし芸に出しよりは尚憎からず、いかさま子細者奴と立寄り、御亭主此人形は濃紫ならばまづ遊女にしては帯が狭まし、殊に、後のとりなりまんざらの人のおかためきた事といへば、いる気なれば取りてござれ、一文に一つづつ売るものを無理なる御吟味それは七十四文に売る時の詮議と笑ひける」とあり、元禄年間にはすでに今戸人形の存在していたことが分る。鐚銭《びたせん》一文の安物で、「一文人形」とも呼ばれた享保（一七一六 - 三六）以降瓦並びに土器類生産の増大にともない土人形の製作も上昇。天明（一七八一 - 九）ころの川柳に「西行と五重の塔をほしかため」（『柳多留』一九篇）とあるが、「西行」は京都の伏見人形を模したものであり、伏見人形の影響も受けて発達したことが示されている。（p. 29）

すなわち、江戸期に入って、それまで土器産業の中心であった伏見から、全国各地への技術移転が起きた。当然江戸にも土器技術が導入され、そのセンターの一つが今戸だったといえる。土器技術は、人形というより、都市建設に必要な瓦の生産、生活雑器などが主流で、その傍ら人形生産も行われたのだろう。

都市化が進み、文化文政のころになると、子ども用の玩具人形も増えてきた。斎藤（同上）によれば、「従来の「振れ売り」式の行商のほかに、常時これらを売る固定した「常店」がふえてきた」（p. 25）。その例として、「弘化三年（一八四六年）の稿本『江戸沿革』（著者未詳）には江戸浅草観音境内、二十間の玩具店の模様を記して、そこで売られているものに、「今戸焼の土の姉さま、田楽焼のおたふく、ひたい紙のうかれ男、猫と鼠、米搗き猿、首ふり虎、糸つるべ井戸、覗きからくり、筒舟に車、針箱、箪笥、かまど、まな板、笠に烏帽子に鳶口、まとい、苞《つと》に並ぶ人形、神楽面、獅子に太鼓に三味線、鼓、天神、達磨」などをあげている」。そして、「このうち今戸焼きの土人形は、問屋を通じて江戸各町内の番太小屋などで販売された」という。さらに斎藤（同上）は次のように述べている。

以後幕末にかけてはその全盛期を迎えて今戸人形独特の題材を生かしたものが数多く生まれ、文化（一八〇四－一八）ころの川柳に、「村の嫁今戸のでくで雛まつり」『今柳多留』（二一篇）とあるように江戸近郊にも販路が拡張されて大衆的な支持を得た。値段も子ども相手を主とした一文人形の他、小まじり（小形もの）が四文で、さらに中まじり（中形もの）、大形とあったが、天保から安政（一八三〇－六〇）年間には業者も三、四〇人を数え、その種類も一〇〇を越えた[16]（p. 29）

このような流れの中で、「丸〆猫」も生まれ、古くからの風説の構造に基づくストーリーを付与することによって、「流行神」的な売上げを見せたのかもしれない。

ただし、今戸の「招き猫」の流行は、すぐに終わったわけではなかった。図20は、広重と豊国による「今戸焼物」の浮世絵だが、「今戸」のブランドイメージの川縁の窯から立ち上る煙と、女性の裾の猫が今戸の招き猫を連想させる。図21も、煙の立ち上る窯と土人形の図柄で、今戸が（招き猫を含む）土人形で知られる名所であることをアピールしている。

図 21　江戸の花名勝会　り　十番組　松本幸四郎／今戸の朝烟／今戸　豊国・惺々狂斎・椿月　文久 3〔1863〕年

図 20　江戸自慢三十六興　今戸焼物　広重・豊国　元治元〔1864〕年

図 22　『うなゐのとも』に描かれた招き猫玩具たち（京都大学附属図書館蔵）

（図 20・21・23　国立国会図書館デジタルコレクションより）

ちなみに、玩具研究家の清水晴風（一八五一－一九一三）が明治初期に全国各地のおもちゃを描いた『うなゐのとも』にはさまざまな招き猫玩具が描かれており、すでに日本各地で多種多様な「招き猫」が生産されていたことがわかる（図22）。図23の昭和初期に出版された歌川広重『江戸の今昔』（一九三二）には今戸の招き猫が掲載されている。歌川は、「今戸焼　橋場今戸の朝煙りと、歌にも有る如く、焼物の名所にて、今戸焼とて、実用に使ふ物には七輪、鍋、釜等あり、又玩具には、上圖に示す如く粗末の中に風流捨て難く、面白き物有り」（p. 75）と、その魅力を語っている。ただし、その姿かたちは、丸〆猫とも、現代の今戸猫とも異なっている。

口絵9に、筆者が集めたさまざまな招き猫をあげた。同じように、猫の姿をとった福神と言っても、多種多様な発展を遂げてきたことがわかるだろう。

今戸焼　橋場今戸の朝煙りと、歌にも有る如く、焼物の名所にて、今戸焼とて、實用に使ふ物には七輪、鍋、釜等あり又玩具には、上圖に示す如く粗末の中に風流捨て難く、面白き物有り。

図23　歌川広重『江戸の今昔』1932年

5　招き猫の登場と社会の変化

5・1　招き猫流行と養蚕業の発展

この時期、「招き猫」が一気に流行した背景には、第三章で論じた養蚕業の興隆も忘れてはならない。江戸中期、日本の養蚕技術は新たな段階に入り、農村部に富をもたらす産業へと発展していった

開国、開港し、外国との貿易が始まると、養蚕・製糸業の

重要性はさらに高まった。生糸・絹織物は輸出の中心となったのである。『横浜市史稿』(1931–33)によれば、横浜における安政六(一八五九)年から慶応三(一八六七)年までの間の生糸の総輸出額は、二二八四万二七〇〇両に達した(p. 86)。

各地で養蚕が奨励され、蚕神(鼠よけ)としての猫への関心も高まった。

多数の蚕書が刊行され、各地の蚕影神社(養蚕伝説の金色姫を祀った神社)への信仰も高まった。現在も残る各地の「猫塚」の多くはこの時期のものである(ただし、喜多村1830=1932は、備前・備後の「猫神」について「狐神のごとし」と述べ、信州、上州や秩父の「くだ」(小さな狐の妖怪)伝承との関連に言及している)。

こうした猫神信仰が江戸へ伝わって都市的流行神としての「招き猫」がもてはやされたとも考えることができる。

5・2　神狐と招き猫の違い

先にも述べたように、「招き猫」は神狐から派生した流行神像と想定できる。

ただし、招き猫においては、その「神」性は著しく薄まっている。先に、表1として、狐と猫の類似性を挙げた。しかし、狐から猫への変化は、類似性に基づく単なる代替ではない。表2に神狐と招き猫の相違点を示すが、これら社会全体の世俗化にともなう質的な変化の表徴でもあったのである。

ちなみに、数年前のニュース[17]によると、「狩猟や野生生物を管轄するフランスの政府機関、ONCFSがこのほど、コルシカ島でネコとキツネの特徴を併せ持った新種とみられる動物の存在を確認した……。

Book review

勁草書房

JANUARY 2023

http://www.keisoshobo.co.jp

表示価格には消費税が含まれております。

1月の新刊

法解釈の問題

アントニン・スカリア 著
高畑英一郎 訳

法を解釈するという営みについて、法学者、歴史学者、法哲学者と共にスリリングな議論を展開する。法学の面白さが凝縮された啓蒙書。

A5 判上製 200 頁　定価 4620 円
ISBN978-4-326-40412-4

知財とパブリック・ドメイン 第 1 巻：特許法篇

田村善之 編著

パブリック・ドメインの醸成と確保という視点から、新たな時代に対応できる柔軟な知的財産法の構築を目指す意欲的研究書。

A5 判上製 500 頁　定価 6380 円
ISBN978-4-326-40414-8

セックスする権利

アミア・スリニヴァサン 著
山田 文 訳

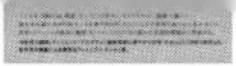

ISBN978-4-326-65439-0

1月の重版

フィクションの哲学〔改訂版〕
清塚邦彦

作者と語り手の分離という事態を手がかりに、分析哲学の立場から「フィクションとは何か？」に挑む。精緻な理論構築を目指す改訂版！

四六判上製 328 頁　定価 3300 円
ISBN978-4-326-15445-6　2 版 2 刷

勁草法律実務シリーズ
最新判例にみるインターネット上の名誉毀損の理論と実務［第 2 版］
松尾剛行・山田悠一郎 著

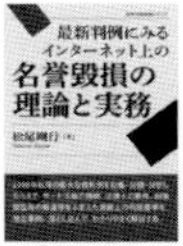

実際に問題となる事例とそれらに関する多数の最新裁判例をもとに、実務上のメルクマールを示す、インターネット時代の実務書、決定版。

A5 判並製 656 頁　定価 6050 円
ISBN978-4-326-40362-2　2 版 4 刷

男たち／女たちの恋愛
近代日本の「自己」とジェンダー
田中亜以子

恋愛は近代的な「自己」の実現のうえで、いかに意味づけられていったのか。恋愛という観念の男女による形成過程の違いを分析する。

A5 判上製 280 頁　定価 4400 円
ISBN978-4-326-60317-6　1 版 2 刷

福祉国家の歴史社会学
19 世紀ドイツにおける社会・連帯・補完性
坂井晃介

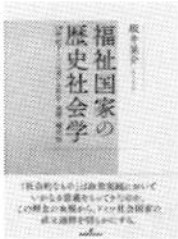

「社会的なもの」は政策実践においていかなる意義をもってきたのか。この理念の来歴からドイツ福祉国家の成立過程を明らかにする。

A5 判上製 336 頁　定価 5500 円
ISBN978-4-326-60335-0　1 版 2 刷

産む産まないは女の権利か
フェミニズムとリベラリズム
山根純佳

中絶の権利と胎児の生命に対する配慮は両立できるのか。フェミニズム思想の深化をめざして、リベラリズムとの差異を明らかにする。

四六判上製 232 頁　定価 3300 円
ISBN978-4-326-65297-6　1 版 3 刷

地方暮らしの幸福と若者
轡田竜蔵

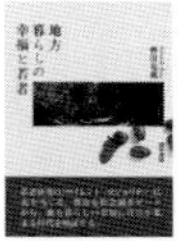

若者研究の「サイレント・マジョリティ」に光を当てる。豊富な社会調査データから、地方暮らしの幸福に注目が集まる時代を検証する。

四六判上製 416 頁　定価 3960 円
ISBN978-4-326-65407-9　1 版 4 刷

ビッグデータと事例で考える日本の医療・介護の未来
複合ニーズに対応する地域包括ケア構築のために
松田晋哉

急速な高齢化に伴い進行する医療と介護のニーズ複合化。データと事例から、これからの医療・看護・介護に必要な改革を展望する。

A5 判上製 264 頁　定価 3850 円
ISBN978-4-326-70119-3　1 版 2 刷

分析美学入門
ロバート・ステッカー 著
森 功次 訳

「美しい」とは？　芸術とは？　作品の価値とは？　自然美やギャング映画、前衛建築などを例に、感性をめぐる現代英語圏の論争を丁寧に紹介。

A5 判上製 504 頁　定価 6270 円
ISBN978-4-326-80053-7　1 版 5 刷

ISBN978-4-326-10317-1

A5 判並製 248 頁　定価 2970 円
ISBN978-4-326-20063-4

学力格差の拡大メカニズム

格差是正に向けた教育実践のために

数実浩佑

いかに学力格差は維持・拡大していくのか。また、その拡大はどうすれば食い止めることができるのか。調査を通して実証的に検証する。

A5 判上製 240 頁　定価 3960 円
ISBN978-4-326-25168-1

コンセッションと官民連携ガバナンス

失敗リスク低減を実現する基盤づくり

荒川 潤

規制（交通運輸）分野のコンセッション事業体における、官民連携の「失敗リスク」低減に貢献するための議論を展開する。

A5 判並製 256 頁　定価 3300 円
ISBN978-4-326-30320-5

日本の経済外交

新たな対外関係構築の軌跡

大矢根 聡 編

日本外交の「成功物語」だったのか？冷戦期から現在までの成果と挫折、可能性と限界、そして今に至る問題の起源にも光を当てる。

A5 判上製 336 頁　定価 5280 円
ISBN978-4-326-30321-2

勁草法律実務シリーズ

実務解説 独占禁止法・景品表示法・下請法 第１巻 独占禁止法編

内田清人・大月雅博 編

競争法における手続・法執行を重点的に解説する本格的実務書。第 1 巻は令和元年改正・平成 28 年改正に完全対応の独占禁止法編。

A5 判並製 576 頁　定価 6820 円
ISBN978-4-326-40407-0

表2　神狐と招き猫の相違点

神狐	招き猫
土着神⇒外来の仏教・陰陽道・神道と習合⇒神秘化	外来動物 『源氏物語』や禅宗とのつながり⇒大衆化
葛の葉伝説	猫又伝説
農村部において人びとと深いつながりをもった野生動物	江戸期、都市部で人びとと深いつながりをもつようになった愛玩動物
農業神、養蚕神	養蚕神⇐養蚕振興
江戸期、流行神	江戸の風説⇒瓦版、戯作、浮世絵などの新メディアによる拡散⇒流行化
屋敷神の公開	化け猫騒動、猫塚
街角ごとの稲荷	家ごとの招き猫
交通の発達⇒講による参詣の普及⇒みやげ物文化の発達	「子どもの誕生」⇒玩具産業

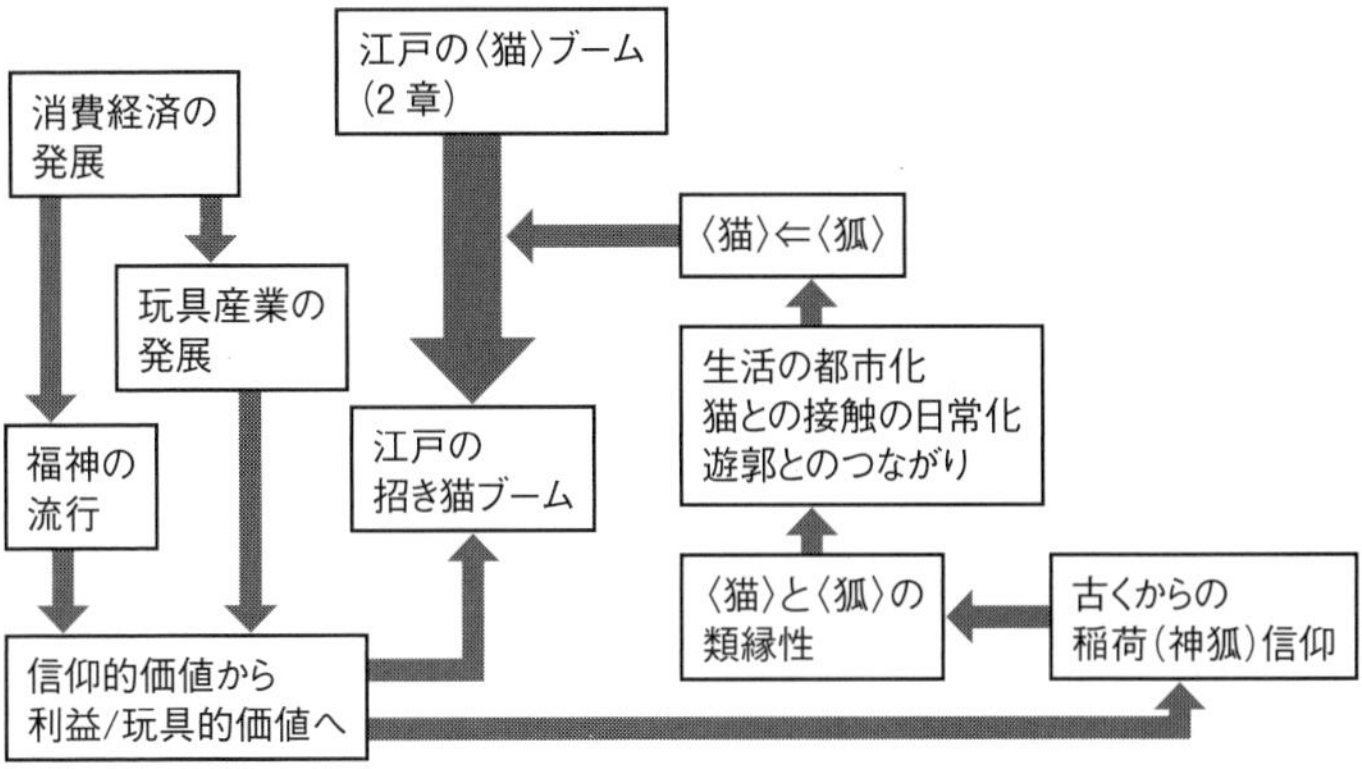

図24　なぜ江戸の招き猫ブームは起こったか（第4章まとめ）

金色の体毛に茶色の縞模様が入ったこの動物は、ネコともキツネとも判別し難いその見た目から地元で「ネコギツネ」と呼ばれている。……ONCFSのピエール・ベネデッティ氏はAFPの取材に答え、DNA分析を通じ、ヨーロッパヤマネコとは異なる種類に属することが明らかになる可能性に言及。「リビアヤマネコに近い種だが、具体的にどの分類に属するかはまだ確定できない」と述べた」という。

リビアヤマネコとは、

アフリカに生息する、現在のイエネコの起源と考えられている種である。とすれば、われわれが思う以上に、狐と猫は過去の人びとにとって互換的に認知されていたかもしれない。

6 おわりに

本章では、「招き猫」ブーム発生を、都市の消費経済の発展と、宗教の世俗化という両面から考えてきた。

その流れを図にしたのが、図24である。

次章では、福神としての「招き猫」と同時期に流行した、世にも怖ろしい「化け猫」物語について考えることにしよう。

注

1 吉野（1980：165）による。この記述に続けて、「現在では稲荷神社の数は約四万を数え、わが国神社一一万四社の、ほぼ三分の一を占めるが、これに個人の邸内祠等を加えれば殆ど無数に近い」とある。
2 引用者注：万治二（一六五九）年没。
3 ①と②は同じ伝聞の異なるバージョンとも考えられる。
4 もちろん記述されている年号をそのまま信じることはできない。
5 斎藤が何を典拠としてこの説明文を書いたかは不明である。第二章4節に挙げた小野（1983）では、本所一つ目弁天前にあった店の名と説明している。一方、中野（1963）の「寝子」の説明（p. 255）には、「両国回向院近くには「金猫」「銀猫」と呼ばれた私娼がいた」と記述されており、やや食い違っている。また中野も参照している宮武外骨『売春婦異名集』には、「享保［一七一六－三六］の末頃より江戸にて私娼たる踊子（芸妓）を「猫」と呼び、その寺院の境内に居しを「山猫」と称し、その「山猫」を玉代によりて「金猫」また「銀猫」と異名せり。『奴凧』に「天明［一七八一－八九］の頃まで、両国橋の東回向院前に隠し売女あり。金一分を金猫といい、銀二朱を銀猫といいしなり。その頃川柳の前句付に、回向院ばかり涅槃に猫も見え、という句ありしも可笑」と見ゆ。大阪にてもこの金猫銀猫の称ありしか。嘉永［一八四八－五四］の『皇都午睡』に「堀江、これはまた一風立て、気性にも外々の遊所より異なる所あり。女郎にも金猫銀猫二座の一本付なぞと、深き口授あり」と見ゆ。天保［一八三〇－四四］の川柳に「今西行は銀猫を買いに行き」といえるあり。僧徒の堕落を風刺せし句なり。」とある（宮武 1921=1997：32）。

6 東京都埋蔵文化財センター調査報告書二三〇集「文京区千駄木三丁目南遺跡」（2009）、新宿区生涯学習財団「東京都新宿区水野原遺跡」（第二分冊）（2003）。

7 西行が浄瑠璃における人気キャラクターであったことからここに登場するとされているが、『吾妻鏡』「西行銀猫」の説話も下敷きにしている可能性も考えられる。

8 農村部では養蚕神として祀られた（本書三章参照）。

9 福島市公式サイト「養蚕関連の神話」（http://www.city.fukushima.fukushima.jp/bunka-bunkazai/fureai/kakonotenji/fureai05-01-00/fureai05-01-16.html　二〇一二年八月最終閲覧）より要約。ちなみにこの説話は元の「ねこ稲荷」伝説が御坊狐のみの話だったのに対し、「猫」を関わらせた話となっている。

10 http://dannoh.or.jp/history/history03.html

11 http://www.tofukuji.jp/function/nehan_e.html

12 http://www.nekodera.net/html/nekostory.html

13 調査主体：遠藤薫、調査実施：二〇一五年九月、調査法：インターネットモニター調査（国勢調査による県別、性別、年代別割当)、サンプル数:5168。

14 他に比べて非常に長い記事となっているので、注目度が高かったことがうかがわれる。

15 同様の記事は、『徳川実紀』にもある。

16 この辞典には、続けて、明治以降の今戸人形について次のように記載されている。「明治に入って生産を中止、同七、八年ころ一時復活したが、新興玩具に圧倒されて同一三年(六台)ころには全く廃絶した。大正一二年の大震災後発掘された人形の型を基に再び製作が行なわれ、戦前までは四、五軒の業者が見られたが、戦後、郷土玩具としての今戸人形は全く姿を消し、今戸焼きを名乗る業者が一軒だけ蚊いぶし、招き猫などを作っている。今戸人形の種類には前記の他、月経不順の時のまじないに用いられた月見兎、付近の吉原九郎助稲荷のお使い狐とされた羽織狐、花柳界に求められた縁起物の太鼓打ちなど、江戸末期の生活習俗を知るうえに資料となるものが多い」。

17 「新種か、仏コルシカ島に「ネコギツネ」一六匹の生息を確認」https://www.cnn.co.jp/fringe/35138761.html

第五章　化け猫の襲来

1　はじめに

第四章では人間にとって恩恵をもたらす「招き猫」を中心に見てきた。しかし、江戸期に人びとの話題に上ったのは、人間に恩返しする「招き猫」の噂ばかりではなかった。人間に復讐する恐ろしい化け猫たちの物語もまた、大いに人気を博したのである。

なかでも、有馬の猫騒動、鍋島猫騒動、岡崎の猫騒動は、「三大猫騒動」として講談や歌舞伎を通して語られた。いや、むしろ、講談や歌舞伎を通じて創り出された、というべきだろう。これらの物語については、当時の人びとでさえ、それが「事実」であるとはまったく思っていなかったようである。人びとは、いわば「フェイクニュース」であると知りながら、「もう一つの真実（オルタナティブ・ファクト）」を恐れ、また楽しんだといえるだろう。

本章では、「化け猫」のさまざまな相貌を見ながら、その社会的背景との関係を考える。

2　踊る化け猫たち――戸塚踊場の猫伝説

「猫」は、鼠を捕る益獣、愛らしいペット、恩返ししてくれる福の神というだけでなく、恐ろしい妖魔としても語られてきた。鎌倉時代までの「怪しい猫」については、すでに第一章で述べた。また、江戸時代の「かわいくないけどかわいい猫」について、第二章でも言及した。この章ではさらに、江戸期以降語られてきた妖しい猫たちを紹介しよう。

例えば横浜市泉区中田では、次のような伝説が語り継がれてきたという。

戸塚の宿に水本屋という醤油屋があった。あるとき、毎晩一本ずつ手拭いがなくなるので、主人は手拭いと自分の手を紐でつないで寝た。すると、飼い猫が手拭いをくわえてどこかに出かけることがわかった。ある晩、主人が踊り場近くを通りかかると、「今夜は水本屋の猫が来ないな」「晩ご飯で熱いおじやを食べたせいで舌をやけどしたらしい」と猫たちが喋っているのが聞こえた。家人に聞いてみると、確かにその夜、猫におじやを食べさせたという。猫は、仲間たちと集まって、踊るために手拭いを持ち出していたらしい。（筆者による要約）

この民話には、猫説話によくある、①猫が夜中に集まる、②猫が手拭いをかぶって踊る、③猫が喋る、などのエピソードが含まれている。典型的な猫説話である。

ちなみにこの話の舞台である中田地区を通る横浜市営地下鉄ブルーラインには「踊場」という名の駅がある。踊場駅近くには一七三七年に建立された「寒念仏供養塔」があり、「踊場地名の由来」説明板が建てられている（図1）。その前には招き猫が多数供えられている。「踊場駅」はさまざまな猫の意匠で飾られている（図2）。

3　記録された化け猫説話

猫が庶民の生活になじんだ江戸期の説話集には、猫の妖魔も頻繁に登場する。

「踊場の猫」でも見たように、猫が年を経ると、人に取り憑いたり、言葉を話したり、立って踊ったりするという話が多い。また、山中で恐ろしい猫に出会うという話も多く書き留められている。

図1　踊場駅近くの「寒念仏供養塔」（1737年建立）と「踊場地名の由来」説明板（筆者撮影）

図2　地下鉄横浜ブルーライン「踊場」駅の猫の装飾（筆者撮影）

図3　「其のまま地口猫飼好五十三疋」の中の化け猫たち
左から三毛魔（三島）、化け顔（掛川）、尾が裂け（岡崎）、化け尼（亀山）

図3に示した歌川国芳（第二章も参照）の猫の駄洒落絵「其のまま地口猫飼好五十三疋」（一八四八）にも、よくある風説の化け猫が描かれている。

江戸の町では、化け猫に関わる話題も盛んに語られたようである。江戸期の文筆家による代表的な随筆・日記に『砂払』『耳嚢』『甲子夜話』『武江年表』などがある。これらにも数々の化け猫の噂が書き留められている。

『耳嚢』は、江戸中期の旗本である根岸鎮衛（一七三七－一八一五）の随筆集である。根岸は佐渡奉行、勘定奉行、南町奉行などを勤めた。一七八五年頃から一八一四年まで『耳嚢』を書いた。

『甲子夜話』は、江戸時代後期に肥前国平戸藩第九代藩主の松浦清（号は静山、一七六〇－一八四一）により書かれた随筆集である。一八二一年から一八四一年まで書き続けられた。内容は政治・外交から文化・風俗まで多岐にわたる。

『武江年表』は、江戸の町名主・斎藤月岑（一八〇四－一八七八）が書いた江戸・東京の地誌である。一五九〇年から一八七三年までの江戸のできごとが、編年体でまとめられている。月岑は、本書でもたびたび参照している『江戸名所図会』の著者としても知られている。

『砂払』は、最後の幕臣のひとりであり、牧師であり、民俗学者でもあった山中共古（一八五〇－一九二八）が昭和元年に出版したものである。

二〇〇冊にのぼる洒落本から抜き書きしたエピソードが集められている。

表1はこれらに掲載されている猫関連記事の主なものをまとめたものである。江戸の人々がいかに猫の噂話を楽しんでいたかがわかるだろう。

4　歌舞伎の中の猫

多様な猫伝承は、集成され、組み替えられて、江戸の演劇として花開いた。浄瑠璃では、先にも挙げた水木辰之助の所作や、「下関猫魔達」（表2参照）が有名である。ただし、これらは、『源氏物語』の女三の宮のエピソードを下敷きにした、アンコントロールな恋を表現するものので、「化猫」とはいえない（第二章参照）。

猫が歌舞伎に登場する例としては、『東海道四谷怪談』[1]のなかで、伊右衛門に無慙に裏切られたお岩が、恐ろしい姿へと変貌していく場面に現れる猫が衝撃的である。かいつまんでいえば、こんな場面である。

女郎になって夫・伊右衛門に尽くすお岩だったが、伊右衛門は隣家の裕福な伊藤家の娘に見初められ、その父・喜兵衛からも聟にと乞われる。伊右衛門はお岩が邪魔になり、毒薬を飲ませた上に、あんまの宅悦にお岩と不義をはたらくようそそのかす。お岩の家を訪れた宅悦は、毒薬のせいで、お岩の顔が無慙に崩れ、髪が抜け落ちるのを見て怖ろしくなり、伊右衛門の悪巧みをお岩に話して

表1　猫の妖しさに関する風説（現代語抄訳は遠藤）

年	随筆・日記	内容
——	砂払（上）	（五）『客衆肝胆鏡』京伝作。尻焼猿人の序文あり。（p. 25） 色男雛妓を揚て中座をしめんことを思、猫児廊下を窺て贈物を引かんと欲。
文化9年 1812年	砂払（上）	（三四）文化九年申、長二楼乳足『世界諸事花の下物語』（p. 64） 「酒屋の猫」といふ童歌あり。それより取りしにてへ人まねこまれ、酒屋の猫が、田楽焼くとて手をやいた」といふより云へるなり。人真似古真似の古は、ネコのコならん。
天明9年 1789年	砂払（上）	（三六）天明九己酉初春、振鷺亭作『自惚鏡』（p. 69） ○どろぼふ猫の屋根渡りといふ身振
天明7年 1787年	続砂払（前）	（一）天明七年出板、京伝作、北尾政演画『古契三娼』（p. 114） 猫屋新道に鰹ぶし屋はなけれど、麀屋新道にみごと麀はあり
享和2年 1802年	続砂払（前）	（二六）享和二戌の孟陬、白陽東魚著、北洲画『青楼日記』（p. 166） ○近年は猫もしやくしもまに間の松花堂をやらかして書ちらすもんだから
享和元年？ 1801年？	続砂払（後）	（四二）年号なし〈享和元年〉、『仕懸幕莫前編仇手本』及へ〈享和二年〉『後編通神蔵』画狂人（葛飾）北斎画、あつ丸作（p. 204） ○賊文に、猫は色客の通言、鼠鳴は傾城の常、云々 猫とは三味線の皮より芸者を通称すれど、此文によれば、此頃は色客の通言と見ゆ。
天明2年 1782年	続砂払（後）	（四七）天明二壬寅（『小説年表』に年号不明とあり）、賊に壬寅とあれば天明二年なり。此本の序文によれば書名は『山下珍作』落雪者と題せしものにて、子津奈蒔野馬乎人撰とあり。（p. 208） 煩悩菩提の仏廓に、錦を飾る津多家の姉娣が笑貌の小手まねきはお見がつんとした猫可愛がりによるべき言の葉草を書集しを
天明9年 1789年	続砂払（後）	（四九）天明九己酉発春、逸我著『南極駅路雀』（p. 216） 三味せん屋の若衆は猫の妻はりかへてくれる。 （五二）天明九年正月、山手山人作『駅路風俗双床満久羅』（p. 228） ○いつぞや品川の倉田にて年を経し一疋のどら猫、女郎と化たるためしもあり……

年	随筆・日記	内容
		此本新宿のことを書しも、別にこれと記し置くべき特色も無し。しがら木の、此頃盛んなりし時ゆへ記されしならん。又品川の化猫のことも此頃の評判なりしと見ゆ。
天明 8 年 1788 年	権蒟蒻（左）	（二）天明八戊申年板、内新好著『一目土堤』（p. 15） 丸光広卿などは、本歌もざれ歌も名人さ。アノ「猫のつま」といふめりやすなども、正親町公通の卿のよまれた「猫のつまこひしいるより三弦のかわいやそれも色に引かれん」といふ狂歌から出たじやて ○深川の女郎は八まん参りか、山へでも行時か、土手側の女郎ならさしが有る故ねこといわず。此本の注、猫といわず女郎といふはさしが有るゆへと。さしとは其筋より差紙をつけられ、町奉行所の白洲へ召出され、尋問を受くるより出しことばにて、その筋よりねこの称をいふと悪かりしことありしと見ゆ。時代の詞にて、女郎といへばよきといふ様にて、今となりては一寸解せぬことばなり。
安永 2 年 1773 年	権蒟蒻（左）	（九）安永二癸巳閏三月、金々先生著『当世気転草』（p. 35） 猫茶屋、馬道、入船丁。三角屋敷に麦飯の名高く・黒門通りに仏店。挑灯店に車坂。てふせん、鳥ごへ、六間堀。あたけ、菊坂、網打場。赤坂、田町、三田新地。猪の堀、どぶ店、万福寺。やぶ下、市兵衛、鮫ヶ橋。数ある中に煩悩のきづなを離れたるは、神田田丁に大橋はしづめ。其さま今の風俗ならず。
寛政 11 年 1799 年	権蒟蒻（左）	三寛政十一年末の春、鹿馬輔著『猫謝羅子』（p. 51） 此本、本所の猫茶屋のことを書けるもの。此地弁天とも云へり。 ○自序中に、今浅草の広小路に鹿茶屋、孔雀茶屋。両国広小路に珍物茶屋ありといへども、竪川の横手の猫茶屋にはしかず。 ○賊文に、化物の棟梁一シ目の傍、三股を西南にみる所に猫股屋敷あり。 本所一シ目の娼家のありし処を云ふ。
安永 10 年 1781 年	権蒟蒻（右）	（四三）安永十年辛丑春、南陀伽紫蘭作『舌講油通汚』（p.139） ○近年は猫もしゃくしも、まにあひの松花堂をやらかして書ちらかすもんだから、紅毛もじの素読をするやうで、むてへよめれへのがございやす。
——	権蒟蒻（右）	弁天（p. 162） 本所八郎兵衛屋敷、本所同役清水氏拝借地也。 本所竪川一の橋南詰に有、相模国江の島弁才天女を写

年	随筆・日記	内容
		す、元禄年中杉山検校勧請せり。天女の門前ゆへ弁天と云ふ。 松井町妓は始め回向院門前土手側に有りて金猫、銀ねこといへり。此処取払となりて、今此地に移りしと老人の話
享和2年 1802年	権蒟蒻(右)	享和二戌年の板本にて『戯作評判花折紙』と題せる評判記、上中下三巻、横本あり（p. 180） 書目中に『猫の巻』といふあり。これは『契情伝授』と改題して出せしゆへ、『猫の巻』といふ本無しといふ説は
天明頃 (1781～1789)	残蒟蒻	(七) 年号なし〈天明頃〉、『奴通』葛飾土民序恵江陰物昌賊堂駄先生著（p. 203） 亀戸の藤波夏にかゝれば右繞三匝堂の軒場に涼む。萩寺の秋のゆうべは弁当の長櫃たゆる間なく、木末の秋葉黄落て、みな三囲の雪見まで、四季折〃のながめあり。太郎が鯉は生賓に踊り、業平蜆はいがきにみつ。四足ならぬ一ツ目の猫、鳥類ならぬ夜鷹の風俗。
安永9年 1780年	残蒟蒻	(二〇) 安永九年正月、蓬莱山人帰橋著『遊婦里会談』(p. 229) ○能くよく、見すまして寐息をかぐ。こゐつ品川なら猫だが、この土地じゃァ馬か知らぬ。馬なら何をくふだろうと考へている。 品川猫の怪談、此頃よく知られてありしゆへ、新宿女郎を馬として、枕さがしする女をかく云へるなり。
天明元年 1781年	残蒟蒻	(三) 天明元年丑初夏、止動堂馬呑作『にやんの事だ』此本、本所一ツ目の私娼のこと記せるものなり。 ○一角仙人……ヲカバ国と云ふ。爰にニャン国といふあり。五洲に別れり。鰹魚洲、六軒洲、土手側洲、ゴン洲とあり。中に都なる一チ目のあらましを、紙の費を厭ひ、反古の裏へ書しを、此五岡場所の異名。鰹魚洲、六軒洲、土手側洲、ゴン洲、一チ目洲。此五ヶ所、本所中にてありしならん。何れもニヤン、即猫を以て称されし、金猫銀猫の同類なりしならん。中に「都なる一チ目」とあれば、一ツ目がその中の冠たりと見ゆ。 ○賊に、猫化シテ内儀ト成、客化シテ毛謎ト成ト。名言ナラズヤ。 客化してもうせんと成るの義、よく解し兼。尻に敷かれるの意か。猶考ふくし。
安永9年？ 1780年？	残蒟蒻	(二七) 年代不明〈安永九年〉、強異軒述『通人講釈』外題替『廓中閨語』 ○ひょっとぬしをどらにすると、 どらの語、度羅島の人みだりに食すなどのドラか。又

年	随筆・日記	内容
		は道楽をドラともいえるか。ドラ猫、ドラ息子などの語あり。
——	耳囊（二の巻）	「猫の人に化けし事」年を経た猫が老女を喰い殺し、その老女になりすました。老女の息子はそれに気づき、母を殺した。母はやがて妖猫の姿となった。
——	耳囊（二の巻）	「猫人に付きし事」ある同心の母が鰯を買おうとして思うようにならず、猫の姿のようになった。息子は母が猫に殺され、猫が母になりすましていると思い、母を殺した。しかしそれはやはり母で、息子は自殺した。
——	耳囊（二の巻）	「仏神に猫を禁じ給ふといふこと」猫は妖獣ともいわれ、仏神が猫を禁ずるというが疑わしい。「日光には数万もの鳥獣が彫られているが、猫はいないのがその証拠だ」という人がいたが、奥院入り口には猫の彫り物がある。
——	耳囊（四の巻）	「耳中へ蚿入りし奇法の事」蜈が耳に入ったときには、猫の小便が効く。
寛政7年 1795年	耳囊（四の巻）	「猫物を言ふ事」牛込山伏町の寺で猫を飼っていたが、その猫が物を言った。和尚が驚くと、猫は猫でも他の動物でも年を経れば物を言う事ぐらいできる、と答えた。「おまえはそれほどの年ではない」和尚が尋ねると、「猫と狐の間に生まれた猫は年をとらなくても物をいう」と答えた。猫は和尚に参拝して出て行ったきり、戻らなかった。（巻六にも類話あり）。
——	耳囊（巻七）	「古猫奇ある事」石川という人の親戚が長く猫を飼っていた。客が来たときに猫がそのあたりを歩いていたのを見て、客に「この猫はしめきってあるふすまなどを開けてしまうのですよ。いつか化けるようになるかもしれない」と話した。猫は主人の顔をじっと見て、そのままどこかへ行ってしまった。
文化11年 1814年	耳囊（巻九）	「猫の怪の事」日光奉行の妻は猫好きで、3、4匹飼っていたが、この2年ほど体調が悪くて困っていた。去年の冬からは猫のまねをするようになった。犬に喰殺された猫が飼主をしたって取りついたようだ。
「近頃」	耳囊（巻九）	「古猫に被害し事」（p. 276）猫が飼主を殺して自殺した話
文化11年 1814年	耳囊（巻九）	「猫の怪談の事」（p. 279）猫が金を盗んだ話
安永・天明の頃（1772–89）	耳囊（巻十）	「猫忠死の事」（p. 341）（巻七に類話あり？）娘につきまとう猫は大鼠を退治した
——	甲子夜話（二編二	上州太田で山猫に追われ、これを撃ち止める。（谷文晁の話）

年	随筆・日記	内容
	十二)	
——	甲子夜話(二編二十三)	奥州の猫には紫の色のものがある。養蚕が盛んなので、馬が一両のところ、猫は五両もする。(谷文晁の話)
——	甲子夜話(二編二十三)	平戸安満岳の山上には忌みごとが多い。猫が山に入る事も禁止されている。
——	甲子夜話(二編九)	猫の捉え方
——	甲子夜話巻之四三[7]	賊猫の所為なり
——	甲子夜話巻之五七[10]	猫、陰門を噛む
——	甲子夜話巻之五九[12]	猫、陰茎を噛む
——	甲子夜話巻之七五[10]	老尼来話す。近頃一婦家にありて、立ゐたる折ふし、畜猫、鼠を逐来りたるが……
天保年間(1830-44)	甲子夜話三編五六巻[8]	又品川の奥に一酒建あり、人猫酒家と呼ぶ。
——	甲子夜話巻の二[33]	雷獣、形猫のごとし
——	甲子夜話巻の二[34]	猫の踊の話
——	甲子夜話巻の七[24]	猫の踊
寛保年間(1741-44)	武江年表	○宮寺の地に、山猫となづけし茶屋女所所に多かりし。
寛延年間(1748-51)	武江年表	○偲侃師、江戸の方言に山猫といふ。一月に七、八度づ人同じ所を廻りしが、此の時代より絶えたり
明和年間(1764-72)	武江年表	○曳尾庵云ふ、明和安永の頃、鼠除猫の絵かかんとて市中を歩行きしは、常州の者にて名を雲友といふ。

年	随筆・日記	内容
嘉永 2 1849 年	武江年表	是の月（6 月）、牛込横寺町長五郎店清吉妻きんの連れ子まつ十一歳、食物振舞ひ猫に異ならずとの噂あり。見物に行く者多し。
嘉永 5 1852 年	武江年表	泥塑の猫：○浅草花川戸の辺に住める一老嫗、猫を畜て愛しけるが……

しまう。すでに隣家では祝言の最中と聞いて、お岩は伊右衛門を恨み、隣へ行こうとよろよろ立ち上がるが、偶然刀で喉を突かれて、血まみれで死んでしまう。そこへ猫が走り込んでくる。宅悦は「死人に猫は禁物」[2]と猫を追い払う。猫は走り去ったように見えたが、その猫と同じくらい大きな鼠が猫を喰い殺し、死んだ猫を咥えて戻ってくる。おびえる宅悦……

血みどろの惨劇の中で巨大鼠が猫を喰い殺す恐怖。しかしここでの猫は象徴的ではあるが、化けてはいないし、まだ主役でもない。

いまに続く「化猫」イメージを確立したのは、この『東海道四谷怪談』で大当たりをとった四世鶴屋南北が書いた『獨道中五十三驛《ひとりたびごじゅうさんつぎ》』[3]である。南北は、死の二年前の七三歳で（文政一〇（一八二七）年）この作品を書き下ろした。初演は江戸・河原崎座で、三世坂東三津五郎が主演した。

渥美清太郎[4]は、『歌舞伎脚本傑作集』第六巻の解題で、この奇想天外な芝居に「観客は驚喜して喝采したのでした。此芝居が、炎暑の最中にもかかはらず、当時の記録を破る大入りを占めた」（p. 2）と記している。

また渥美によれば、「此狂言は大成功を占めたので、後年度々上演され」（同上、p. 4）、以下の演目が次々と上演された。

1　『梅《うめの》初春《はつはる》五十三駅《ごじゅうさんつぎ》』
天保六年（一八三五）二月、市村座で上演。名題を「初春五十三駅」と改め、四代目中村重助、三升屋二三治、五代目鶴屋南北が補作。

2　『尾上《おのえ》梅寿《きくごろう》一代噺《いちだいばなし》』
弘化四年（一八四七）七月、市村座で上演。尾上菊五郎（三世）の引退興行。三代目桜田治助、三代目並木五瓶、清水正七、松島陽助、梅沢宗二等が改作。

3　『吾嬬下《あづまくだり》五十三駅《ごじゅうさんつぎ》』
安政八年（一八五四）八月、河原座上演。二代目河竹新七（黙阿弥）作。四代目市川小團次主演。

4　『花摘籠《はながたみ》五十三駅《ごじゅうさんつぎ》』
万延元年（一八六〇）五月守田座上演。三代目桜田治助補作。

5　『東　駅《とうかいどう》いろは日記《にっき》』
文久元年（一八六一）七月市村座上演。二代目河竹新七（黙阿弥）作。

6　『千歳鶴《ちとせのつる》東入双六《えどいりすごろく》』
明治元年（一八六八）二月中村座上演。三代目瀬川如皐作。

7　『東海《とうかい》奇談《きだん》音兒館《のこまたやしき》』
明治四年（一八七一）九月中村座上演。三代目瀬川如皐作。五代目尾上菊五郎主演。

8　『五十三駅《ごじゅうさんつぎ》扇《おおぎの》宿附《しゅくづけ》』
明治二〇年（一八八七）七月中村座上演。二代目河竹新七（黙阿弥）作。五代目尾上菊五郎主演。

いかにこの芝居が江戸市民から大人気を博したかがわかるだろう。ちなみに、この作品は、昭和五六（一九八一）年に市川猿之助によって復活された。その後、市川右近（現・右團次）によって、スーパー歌舞伎の演目として近年繰り返し再演されている。

またこの作品の当時の人気は、絵双六に大きく取りあげられていることからもわかる。江戸時代には、「絵双六」が子どもたちの娯楽のためのものから、その時期の人気を集約して楽しむものとしても展開し、優れた浮世絵師たちが腕をふるった。現在ではその一部しか残っていないが、一寿斎芳員[5]による「百種怪談妖物双六」（図4）では、怪猫が三コマも占めており、とくに「上がり」は、「岡崎の猫」を表している。同じく「宙乗寿語六」（図5）は、国周[6]の画になるものだが、歌舞伎の宙乗りの人気場面を集めたもので、ここでも、「上がり」は、「岡崎の猫」となっている。

一連の『獨道中五十三驛』ものに続いて、『花埜嵯峨猫魔稿《はなの、さがねこまたぞうし》』が嘉永六（一八五三）年九月に中村座で初演の運びとなるが、鍋島家からの苦情により上演中止となった。この物語が、鍋島家とその主家竜造寺家の因縁に関わる風説を下敷きにしたためといわれている。その後、講談「佐賀の夜桜」、実録本「佐賀怪猫伝」などが人気を呼び、歌舞伎としては、『百猫伝手綱染分』が元治元（一八六四）年八月二八日に江戸中村座で開演した。

さらに河竹黙阿弥[7]は、明治一三（一八八〇）年に「有馬の猫騒動」を描いた『有松染相撲浴衣』（猿若座）、同じく明治一三年『嵯峨奥妖猫奇談』（竹柴金作の作で黙阿弥は助作、市村座）、明治二〇（一八八七）年『五十三次扇宿附』（四世鶴屋南北作『独道中五十三次』文政一〇〔一八二七〕年、河原崎座の改作）など

図4　百種怪談妖物双六　一寿斎芳員　安政5〔1858〕年（国立国会図書館デジタルコレクションより）

図5　宙乗寿語六　国周　明治元〔1868〕年（国立国会図書館デジタルコレクションより）

を書き、大人気を博している。

これらの作品の概要とあらすじを表2に示す。作劇の面白さがおわかりいただけるだろうか。

5　猫のクロスメディア戦略

またこうした舞台は、絵双六だけでなく、浮世絵などとして出版され、人気を盛り上げた。まさに、江戸の文化のクロスメディア性が遺憾なく発揮されたといえる。その中からいくつか見てみよう。

表2　猫が重要なキャラクターとして登場する浄瑠璃・歌舞伎作品

作品	初演、作者など	あらすじ	原話（？）
四季御所桜（『今源氏六十帖』）	元禄8年（1695）正月京都早雲座	所作事。水木辰之助の猫の所作が評判に。（第二章参照）	源氏物語？
下関猫魔達（浄瑠璃）	近松門左衛門（添削）二条通寺町西へ入町（京都）：山本九兵衛、[出版年不明]	病養生のため瑠璃ヶ崎の薬師を訪れた治部太夫義照の娘・照姫は、恋人との再会を祈願するため、自らの干支に因んだ虎の絵馬を薬師堂に奉納したいと願う。そんな姫に大弐という若者が恋をする。困った姫は、絵馬を薬師堂に奉納する大願が叶うなら大弐の思いにこたえるという。姫の言葉を信じた大弐は、早く絵馬が完成するようにと、虎に似た猫の妻恋いの所作をする。	源氏物語？
今川本領猫魔館（いまがわほんりようねこまたやかた）（人形浄瑠璃）	元文5年（1740）4月大坂竹本座初演、文耕堂、千前軒、三好松洛ら合作	今川家のお家騒動。怪猫が重要な役割を担う。	
獨道中五十三驛（ひとりたびごじゆうさんつぎ）池鯉鮒八シ橋村の場　岡崎無量寺の場	文政10年（1827）6月江戸河原崎座、四世鶴屋南北作	丹波の国由留木家には二人の男子がいたが、長男大学は不義の子で、主君は次男調之助に家督を譲ろうとし、お家騒動となる。 　佐内の家臣由井民部之助が池鯉鮒八ツ橋村を夜半に通りかかると、一軒の家の屋根の上で猫が踊っている。一夜の宿を頼むと、出てきた姉妹はかつて契りを結んだお袖・お松の姉妹だった。姉妹の母お三もと由留木家に仕えていた。お三にとり憑いた猫がいろいろと変事を起こす。身籠ったお袖と民部之助は旅に出、途中で子どもが生まれる。二人は岡崎の無量寺に泊まるが、そこには死んだはずのお三がいる。寺の女中おくらがお三の飼い猫が物の怪ではないかと疑い、お三はおく	「岡崎城の怪物」（『藤岡屋日記』）？ ※スピンオフ作品として、「初春五十三駅」（1835、市村座）「尾上梅寿一代噺」（1847）などがある。

作品	初演、作者など	あらすじ	原話（?）
		らを喰い殺す。お袖はそれを見てしまい、化猫に子どもとともにとも殺される。御簾を切って落とすと大猫が現われ大立廻りとなる。寺の裏手の猫石が割れ、十二単衣の猫の精が、由留木家を恨みに思うと叫び宙空へ飛び去っていく。	
花埜嵯峨猫魔稿（はなの、さがねこまたぞうし）直島館碁打の場大魔ヶ嶽猫塚の場直島家奥館の場 ⇩ 百猫伝手綱染分元治1年（1864）江戸中村座		高山検校は直島家のゆかりの家柄で、碁の名人だった。主君と碁打の勝敗によって二人の子息のどちらかに跡目を決める。主君は弟君を跡継と考えているが、弟君は不義の子だった。兄君の方にかけている検校は、術策にはまり勝負に負け、なぶり殺しにされ土蔵の壁土の中に塗りこめられる。 一方、大魔ヶ嶽の自然石の猫石の前に呪咀の戒壇がつくられ、嵯峨の方は、主君と兄君を殺そうと参籠している。生贄に検校の猫を殺してその生血を猫石に注ぐと、泰山鳴動、猫石は割れて陰火は虚空に飛び去り、猫の精は嵯峨の方に乗り移って、さまざまな怪事が起こる。兄君の忠臣は猫の精の正体を見破り、猫の怪と激闘する。	『肥前佐賀二尾実記』（発行年不明）や『嵯峨奥猫魔草紙（さがのおくねこまたぞうし）』(1854)
有松染相撲浴衣（ありまつぞめすもうのゆかた）	明治13年(1880)5月東京猿若座初演、河竹默阿弥作	有馬家の側室お志賀の方は、殿の寵愛をお巻の方に奪われたため、お巻の方を苛め、自殺に追い込む。お巻の方の召使いお仲は、主人の恨みを晴らそうとするが、主人の愛猫が老女たちに飛びかかったので殺される。お仲に猫の精が乗り移り仇を喰い殺して姿を消すが、妖怪は奥庭に現われ続ける。	相撲力士小野川のエピソード ⇩ 「有馬の猫騒動」

作品	初演、作者など	あらすじ	原話（？）
		有馬家お抱えの相撲力士小野川は、出入りがかなわなくなっていたが、妖怪を退治し、お仲を諭すと、お仲も自害する。	
櫓太鼓鳴音吉原（やぐらだいこおともよしはら）江州四明ヶ嶽の場三浦屋薄雲部屋の場	不明	吉原の傾城薄雲太夫は、鼠の精の深見十三と深い仲となる。薄雲の愛猫は十三を主人に近づけまいと、新造胡蝶に乗り移り、深見を口説く。廓の掟に背いた新造が折檻を受けていると、猫が現れ、胡蝶の縄を喰い切って、胡蝶とともに十三の鼠の精と闘う。	薄雲太夫と猫の説話

図6は国芳による『獨道中五十三驛』の化け猫が登場する場面である。前面に主役を務める三人の人気役者がたち、これが役者絵であることを示す（この絵は、実際には三枚一組となっており、一枚ずつでも楽しめる）。真ん中は猫が化けた老女で、髪から突き出た猫耳、袖から覗く猫の手などが、猫が化けた姿であることを表している。そして背後からは巨大な怪猫の姿が迫ってくる。このホラー感は、本章2節で見たような民話的感覚から大きく踏み出しているといえよう。同時に、下の方には「手拭いをかぶって踊る猫」たちが描かれていて、ホラー感とエンタメ感を共存させている。このような構図は、多くの化け猫芝居絵に継承される。

図7は豊国が描いた『花埜嵯峨猫魔稿』の芝居絵である。こちらも構図は、三人の主役が前面に立つ。中央の老女には猫耳や猫手が直接描かれてはいないが、老女の目つき、片足を挙げた身体、手の形などが、猫の化けた姿であることを示している。何より彼女は、背後の屏風から抜け出してきたようだ。屏風から抜け出してきたのは、老女だけではない。お約束の踊る猫たちも屏風から登場して、若君たちを操っているようだ。あどけない若君たちの踊る姿が愛らしく、猫たちの「悪い顔」との対比が秀逸である。

図6　見立東海道五拾三次　岡部　国芳　弘化4〔1847〕年

図7　花埜嵯峨猫魔稿　豊国　嘉永6〔1853〕年

さらに、国周の手になる図8になると前面に主人公、後方から迫る怪猫という構図や、老女の猫耳や猫手はお約束通りだが、登場人物たちが静止的なポージングから、ダイナミックな動きを見せている。

こうして時代は江戸から明治へと移りかわっていく。

口絵7は、梅堂国政の描いた怪猫芝居の役者絵であるが、「赤」にアニリン染料が使われるようになったことから、鮮烈な印象を打ち出し、明治への時代の移行を感じさせる。

口絵8は、明治に入ってからのものである。幕末から明治初期の草双紙・滑稽本作者・新聞記者である仮名垣魯文（一八二九－一八九四）から、明治一三（一八八〇）年七月に新富座に贈られた引幕で、高さ四メートル、横幅一七メートルという大作である。描いたのは、国芳の弟子でもある河鍋暁斎で、魯文が直接依頼したという。「新富座妖怪引幕」というタイトル通り、妖怪オールスター的な図柄である。妖怪たちがいかに大衆の人気を誇っていたかがわかる。中央に位置しているのが、ろくろ首の九代市川團十郎の似顔で、それに対峙する形で化け猫が描かれている。こちらは五代尾上菊五郎の似顔であるという（児玉 2019）。

図8　百猫伝手綱染分　豊原国周

6　化け猫と「猫じゃ猫じゃ」

江戸期から明治にかけて「猫じゃ猫じゃ」という歌が大流行した。夏目漱石の『吾輩は猫である』にも、「猫」が連載となった初めの話と、最終章で「猫」が死ぬ場面に、この歌のことが出てくる。それだけ多くの人に知られた俗謡だったのだろう。

大正四（一九一五）年に発行された『俚謡集拾遺』には、明治五（一八七二）年頃流行した歌として、次のような「猫じゃ猫じゃ[8]」が掲載されている（前掲書「付録明治年間流行唄」P. 10）。

○猫ぢゃ猫ぢゃとおしやますが、猫が、猫が下駄はいて傘さして絞り浴衣で来るものか、オッチョコチョイノチョイ。

○下戸だ下戸だと言はんすが、下戸が一升樽かついで、前後も知らずに酔ふものか、オッチョコチョイノチョイ。

これらの例からもわかるように、「猫じゃ猫じゃ」あるいは当時の流行唄は一般に、構造や合いの手などによってアイデンティファイされるが、はめ込まれる言葉は自由自在に替えられる。他によく知られた「猫じゃ猫じゃ」には、次のようなものがある。

○猫ぢゃ猫ぢゃとおしやますが、ねこが十二単衣をきるといな、ごろにゃん（豊島 1933）。

○猫ぢゃ猫ぢゃとおしやますが、猫が、猫が下駄はいて、杖ついて、絞りの浴衣で来るものか（木村 1961：208）。

この「杖ついて」のバージョンは、木村荘八の『註釈　小唄控』に収録されているものだが、「五代目菊五郎「鍋島猫騒動」興行の時のはやり唄、諷刺もここまで来ると誠に軽妙である」との注釈がついている。一方、同書の巻末の「年表」には、天明（一七八一年－一七八九年）の流行唄として「猫じゃ猫じゃと」が挙げられている。これに対して、注8にも書いたように『俚謡集拾遺』では、文政一一（一八二八）年に「蝶々蜻蛉」が流行ったとある。中野（1963）は「この唄が流行したのは寛政十二年（一八〇〇）だった」（p. 255）と書いている。

このような「猫じゃ」の流行年代の混乱について、小林（2008）は、「「猫じゃ猫じゃ」は、歌舞伎の『獨道中五十三驛』の流行の影響による一八〇〇年前後を中心とした時期と、その後、五代目菊五郎の「鍋島猫騒動」興行に並行して流行ったものと説明される維新前期から明治六年頃までの流行という、「猫騒動物」の流行と併存して、大概して二度にわたり流行した歌といえる」（p. 235）と結論づけている。

確かに「ねこが十二単衣をきるといな」といった歌詞は、『獨道中五十三驛』の場面を下敷きにしているとしか考えられないし、「猫騒動物」の絵には頻繁に「踊る猫」の図が出てくるので、「猫騒動物」に刺激されてこの唄が反復的に流行したとも考えられるし、あるいは、「猫騒動物」の上演側が、上演プロモーションの一環としてこの唄の流行を促したとも考えられる。

いずれにせよ、「猫騒動物」は、読本、講釈、芝居、小唄などメディア重層的な流行空間を長い期間にわたって反復的に構成したといえるだろう。

7　化け猫騒動の物語構造――化け猫と招き猫

ただし、これらの化猫騒動もの（あるいは歌舞伎一般がそうでもあるが）は、高い人気を集めたとはいうものの、登場人物たちの関係が複雑で、筋が込み入っており非常にわかりにくい。それは、藤沢

(1928)や横山(2000)も指摘するように、「怪猫劇の構成は、民間發達の怪猫傳説に筋をとるところに一つの形式が認められるが、それよりも、その劇としての特長は、文化妖怪劇の傳統である、文政怪猫劇の早替り的活躍が凄味中心に傾向したところにあって。劇としての發達は、その租源に於けるものの型の踏襲の上に終始され、観物も其虚に喝采を続けて来た態にあ」(藤沢 1928:45)り、「江戸時代の人々の日常生活の中で現実に起こり得る不可思議な出来事を集め、作品化してこそ、劇場に足を運ぶ見物をおびやかすことができる。見物に舞台の上の怪異現象をあり得べき事柄として受けとめさせること、見物に怪異のリアリティを感じさせることこそ、見物をおびやかし恐怖感を与える怪談狂言の目的であると言える」(横山 2000:139)かもしれない。

しかし、それだけだろうか。われわれは人びとが感じる「リアリティ」というものについて、より深く考える必要がある。たしかに、これらの「化猫話」には共通の構造がある。

ここでは例として有馬の猫騒動について見てみよう。

久留米藩の九代頼貴の夫人には、お里から附いて来た奥方附き女中がいた。あるとき酒宴の最中に、猫を追い掛けて一匹の犬が暴れ込んだ。猫は殿の後に隠れ、猛り狂った犬が殿様に噛みつこうとしたので、女中は手早く犬を打ち殺した。女中は褒美に猫を拝領し、殿に寵愛されるようになった。しかし嫉妬深い奥女中たちからのいじめにより、彼女は遂に自殺した。その召使いは奥女中に仇討ちしようとしたが、返り打ちになろうとしたときに、あの猫が飛び出して来て老女の咽喉を噛み切った。猫は続いて一人の足軽を藩邸の火の見櫓《やぐら》へ引き上げて喰い殺し、さらに関係する者た

表3　化け猫物語と招き猫説話の構造

	有馬の猫騒動	花川戸の猫	回向院の猫塚	豪徳寺の招き猫	薄雲太夫
主人公	美しい女中	貧しい老婆	貧しい魚屋	貧しい住職	美しい太夫
猫と主人公	女中は猫を飼い、可愛がる。女中は殿の寵愛を受ける	老婆は猫を可愛がる	魚屋は得意先の猫を可愛がる	住職は猫を大事に飼う	薄雲は猫と異常なほど親密な関係となる
娘／猫への迫害	嫉妬深い奥女中たちが女中を自殺に追い込む	猫が近所の小鳥を殺したため、老婆は猫を捨てる	猫は主家の金を盗んだ罪で殺される	寺が衰退し、住職は猫を飼えなくなる	主人が薄雲と猫の関係を怪しみ、猫を殺す
結果	猫が女中の仇討ちをする	猫は罪を悔いて自殺し、老婆に招き猫を売ることを勧める	魚屋の困窮を見かね猫が魚屋に金をくわえてくる。	猫が井伊家の当主を寺に招き入れる	猫が薄雲を護ろうとしていたことが判明
後日談	相撲取りが怪猫退治	招き猫が大人気となり老婆は栄えた	主家は回向院に猫塚を建てる	寺は井伊家の菩提寺となり、栄えた	猫が遊女のシンボルに

ちを殺した。久留米の抱え相撲小野川喜三郎は、雷電為右衛門に負けたおわびに、火の見櫓で怪猫退治を仕遂げた。（「猫騒動の梗概」（三田村1927：414-416）より筆者が要約）

この物語を先に挙げた「薄雲太夫」の物語やその他の猫の物語と比較したのが表3である。こうしてみると、猫騒動物と猫の報恩と招き猫説話が、いずれも同じ構造であることがわかるだろう。

そして、この同型性は、単に「馴染み」という意味でのリアリティを感じさせるために採用されたというよりも、それが世界にかなり普遍的に分布している始原（創世）神話の基本構造であることに由来していると考えられるのである。この点については第六章〜第九章で詳しく述べる。

8　人間が猫に化けたのか、猫が人間に化けたのか

表層的で非合理、一時的な流行と見なされがちな「猫の物語」は、始原（創世）神話の再想起という性格を隠し持っている。始原（創世）神話とは、その共同体の起源を説明する神話である。とはいっても、それは厳めしく、秘められたものではない。それは新年を迎える行事や年ごとの祭にも表現されている。

しかし、そもそも「猫」とは何ものなのだろうか？　国芳はなぜあれほど猫の絵を描いたのだろうか？　確かに国芳が猫好きであったことはよく知られている。だがだからといって猫ばかり描く理由にはならないだろう。

国芳が世に知られるようになったのは、歴史や伝説に材をとったダイナミックな作品であった。たとえば、「相馬の古内裏」（図9）は、山東京伝の『善知烏安方忠義伝《うとうやすかたちゅうぎでん》』（文化三〔一八〇六〕年）のなかの、平将門の遺児である滝夜叉姫《たきやしゃひめ》が呼び出した骸骨の妖怪が大宅太郎光国《おおやたろうみつくに》に襲いかかる場面を描いたものである。巨大な骸骨を前面に配した大胆な構図で西洋の解剖図から学んだのではないかとされるリアルな骸骨描写などにより高く評価される作品である（ちなみに、滝夜叉姫のモデルとされる如蔵尼の墓碑は福島県磐梯町の恵日寺にあるが、その恵日寺（慧日寺）から磐梯山へと向かう修験道の経路に、「猫石」と呼ばれる大きな岩がある猫魔ヶ岳がある。第九章参照）。

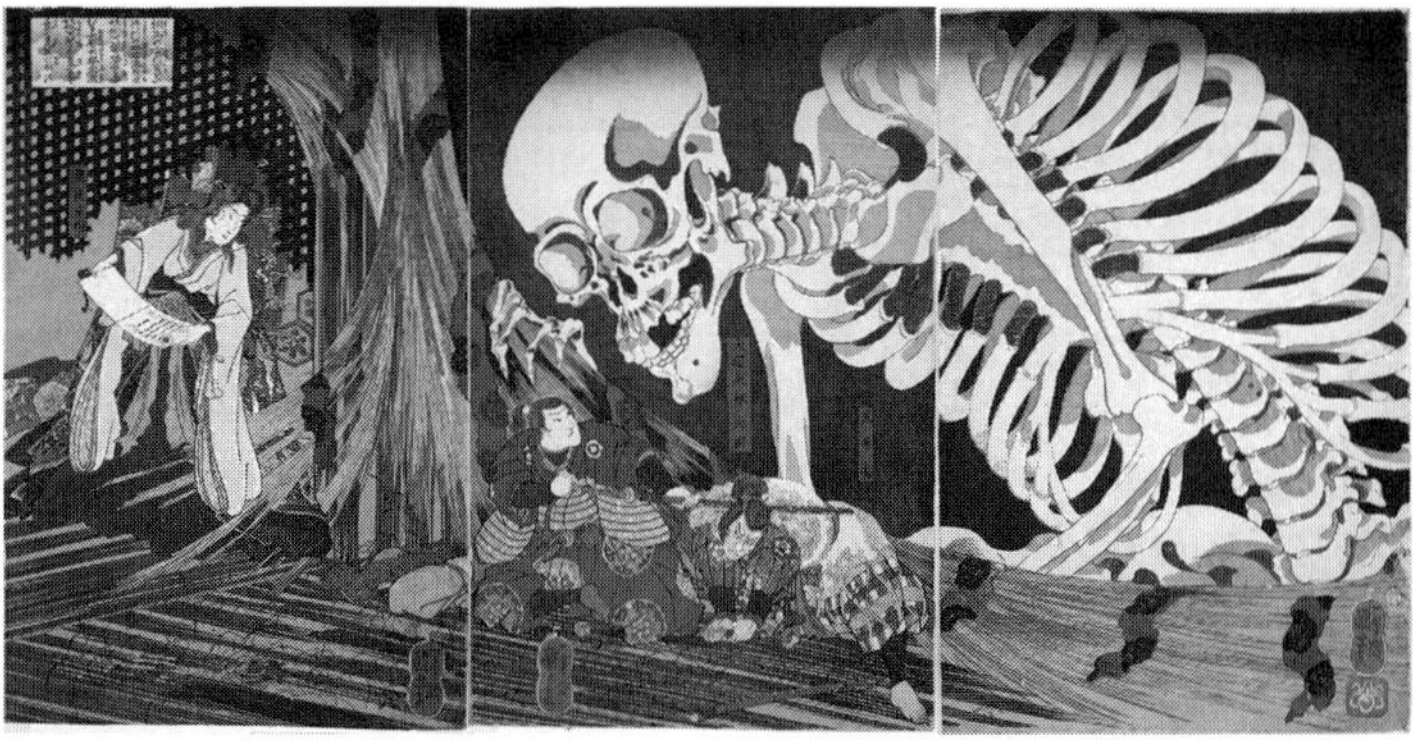

図9　相馬の古内裏　国芳　1844–48年頃（滝夜叉姫と骸骨の図　国立国会図書館デジタルコレクションより）

しかし、こうした作品のなかには、幕府を批判したものとして評判になったものも多い。例えば、「源頼光公舘土蜘作妖怪圖」（図10）は、「病床の源頼光とその四天王の背後で土蜘蛛が巣を広げ、さまざまな妖怪が徒党を組んで争う様が描かれた大判三枚続の錦絵である。四天王のト部季武の装束に施された沢瀉紋が水野忠邦（一七九四－一八五一）の家紋に類することから、本作は忠邦の天保の改革を風刺したものとの憶測が広まり、「判じ絵」として江戸中の評判を呼んだ」（曽田 2013）。当時は、天保の改革の時期に当たり、版元はこの絵を自主回収することとなった（○で囲んだ部分は猫である）。

販売を禁じられたのは、風刺画（と見なされた絵）だけでなく、美しい役者絵や遊女の錦絵も対象となった。これに対して国芳は、「荷宝蔵壁のむだ書」（図11）のように悪戯がきのようにデフォルメしたり、「里すずめねぐらの仮宿」（図12）のように、動物を擬人化して描く手法を用いた。そもそも国芳の猫好きは広く知られていた。これまでの画題が禁じられて、人間ではなく猫で表現するのは、必ずしも「反骨」

図10　源頼光公舘土蜘作妖怪圖　国芳　天保14（1843）年（国立国会図書館デジタルコレクションより）

というだけではなく、生活の糧を得るための窮余の策でもあったろうし、またむしろそこに新たな表現の面白さを見いだしたということもあっただろう。

そして、人間に替わって国芳の絵で以前にも増して活躍するようになるのが、「猫」であった。「流行猫の戯」（図13）は、役者絵を、役者の面影を残しつつ猫の顔に替え、「朧月猫の盛」（図14）では「里すずめねぐらの仮宿」と似た構図で、すずめが猫になっている。大衆文化の台頭とそれを抑えようとする幕政によって、浮世絵師や戯作者たちが幕政を批判しようとしたか否かとは別に、作品の中の人間たちは人間であることを許されなくなった。こうして、人間は猫になったのかもしれない。

9　猫絵の社会背景

創作者である国芳らと同時代の文化人たちが何を意図して大量の猫絵を世に送り出したのかはよくわからない。招き猫や化け猫劇も、具体的に個別の作品を創りだした者たちが何

図 12　里すゞめねぐらの仮宿　国芳（国立国会図書館デジタルコレクションより）

図 11　荷宝蔵壁のむだ書　国芳　1846 年（国立国会図書館デジタルコレクションより）

図 14　朧月猫の盛　国芳　1846 年

図 13　流行猫の戯　山東京山・国芳　1847 年

を考えていたのかはわかりようもない。おそらくは、前項で国芳について考えたようなその場しのぎの動機が複数重なったのだろう。

たとえば、鶴屋南北が『獨道中五十三驛』の趣向を考えた契機について、歌舞伎作者の久保田彦作（一八四六―一八九八）は、「南北が、怪談にしたのはたまたまある客が次の芝居は怪談らしいとの期待を語っていたから。怪猫の衣装を考えていたら、飼い猫が十二単を着た玉藻前を描いた錦絵をくわえて飛び込んできたので、それに決めた。そこへ、錦絵の持ち主の屑屋が入ってきたが、その姿が行燈に照らされてシルエットになっていたのを見て、行燈に怪猫の影を映すことを思いついた」との楽屋話を『魯文珍報』第九号に書いている。[9] この楽屋話がどのくらい真実なのかも定かではないが、いずれにせよ、創作者の意図を深読みしても確定的なことはいえない。

しかし、そのような劇作が行われた社会背景、化猫ものを熱狂的に受け入れた大衆の（無）意識を考えることはできるだろう。

この時期は、表4に示したように、グローバル世界においては社会システムが近代化の方向へ大きく変化した時期であり、西欧諸国は新たな技術によって、世界各地を訪れ、帝国主義を拡大していった時期であった。日本沿岸にもたびたび外国船（黒船）が訪れ、徳川幕府に開国を迫った。国内では、大地震や大型風水害、火事などが相次ぎ、膨大な数の犠牲者がでていた。さらに、諸外国に門戸を開くことにより、近代文化だけでなく、それ以前の日本ではあまりなかった強力な伝染病が入ってきて、多くの人が罹患し、死者がでた。

『武江年表』にはこうした災害の模様についてもたびたび記述されている。

○夏より痢病行はる。死亡のもの多し（此の節の病を俗にコロリと云ふ、これを避くる守り也とて、探幽が戯画百鬼夜行の内ぬれ女の図を写し、神社姫と号して流布せしを、尊ぶものもありしなり）（斎藤月岑『武江年表』文政二〔一八一二〕年）

○同月（七月）末の頃より都下に時疫行われ、芝の海辺鉄砲洲佃島霊岸島の畔に始まり、家毎に此病に罹らざるはなし八月始めより次第に熾にして、江戸中井近在に蔓り即時に病て即時に終れり……始めの程は一町に五人七人、次第に殖えて檜を並べ、一ッ屋に枕を並べ臥たるものあり。路頭に死にけるも有りけり。此の病、暴瀉又暴瀉など号し、俗諺に「コロリ」と云へり。西洋には「コレラ」又「アジア」「テイカ」など唱ふるよし（東都の俗ころりといふは、頓死をさしてころりと死したりといふ俗言に出て、文政二年痢病行はれしよりしかいへり。しかるに西洋にコレラといふよしを思へば、おのづから通音なるもをかし）。（斎藤月岑『増訂武江年表』安政六〔一八五九〕年）

こうしたなか、例えば、先にも挙げた国芳の頼光病床四天王の図について、斎藤月岑は筠庭を引きつつ次のような観察を残している。

○浮世絵師国芳が筆の狂画、一立斎広重の山水錦絵行はる。筠庭云ふ、此の頃国芳、頼光病床四天王の力士直宿を書きたる図に、常にある図なれど、化物に異変なる書き様したり。其の内に入道の首は、已前小産堀と呼ぶ処本所にあり、差《ここ》に挑灯屋にて凧を

表4　幕末から明治への主な事件

年	事項
寛政3年（1791）	山東京伝、筆禍に遭う
文化元年（1804）	ロシア使節ニコライ・レザノフが通商を求め長崎へ来航
文化元年（1804）	四世鶴屋南北「天竺徳兵衛韓噺」初演（河原崎座） 藤岡屋由蔵『藤岡屋日記』開始（1804-1868）
文化3年（1806）	文化の大火（江戸三大大火の一つ）、死者1200人以上。
文化4年（1807）	江戸深川の永代橋が崩落し、死者・行方不明者1400人以上。 「猫死すること夥し」（武江年表） 「光り物飛ぶ。大きさ鞠の如く青みあり」（武江年表）
文化5年（1808）	フェートン号事件
文化8年（1811）	ゴローウニン事件
文政4年（1821）	松浦静山『甲子夜話』書き始める（～1841）
文政5年（1822）	8月下旬、コレラ、日本に初上陸、大きな被害
文政7年（1824）	麻疹（はしか）流行
文政8年（1825）	異国船打払令、12月信濃国で赤蓑騒動。 四世鶴屋南北「東海道四谷怪談」初演
文政10年（1827）	四世鶴屋南北「獨道中五十三驛」初演
文政11年（1828）	シーボルト事件、シーボルト台風（九州地方北部を中心に死者19千人以上）
文政13年（1830）	夏～秋：阿波を中心にお蔭参り大流行。京都亀岡付近を震源とするマグニチュード6.5±0.2の地震、文政の大火
天保元年（1830）	疫病流行
天保7年（1836）	風疹・麻疹流行。天保の大飢饉、天保騒動（甲州騒動）
天保8年（1837）	疫病流行。大塩平八郎の乱、生田万の乱、モリソン号事件
天保10年（1839）	蛮社の獄
弘化3年（1846）	痘瘡流行
弘化4年（1847）	善光寺地震M7.4
弘化5年（1848）	青山火事
嘉永元年（1848）	1848年からフランスやドイツなどヨーロッパ各地で起こり、ウィーン体制の崩壊を招いた革命
嘉永3年（1850）	斎藤月岑『武江年表』正編刊行（続編は明治15年刊行）
嘉永5年（1852）	疫病流行。浅草で「丸〆猫」大人気
嘉永6年（1853）	小田原地震、浦賀にペリー来航、ロシア大使プチャーチン、長崎に来航 瀬川如皐「花野嵯峨猫魔稿」初演⇒中止
嘉永7年（1854）／安政元年	3月日米和親条約、4月京都大火、6月（7月）安政伊賀地震、11月（12月）安政東海地震・安政南海地震・豊予海峡地震、12月（1855年2月）日露和親条約

年	事項
安政2年（1855）	2月（3月）飛騨地震、10月（11月）安政江戸地震死者4500–2万6000
安政3年（1856）	7月（8月）安政八戸沖地震、8月（9月）台風被害により江戸で死者10万人
安政5年（1858）	2月（4月）飛越地震、9月（10月）安政の大獄、～安政7年にかけてコレラ大流行
安政6年（1859）	麻疹・コレラ流行
安政7年／万延元年（1860年）	3月　桜田門外の変
文久2年（1862）	2月皇女和宮降嫁。6月麻疹流行。夏、コレラ流行。江戸だけで7万3000人死亡。8月生麦事件
文久3年（1863）	7月薩英戦争、8月天誅組の編、9月井土ヶ谷事件、10月生野の変
元治元年（1864–1865）	3月水戸天狗党挙兵、6月（1864年7月）池田屋事件、7月（8月）禁門の変、8月（9月）四国連合艦隊下関砲撃事件
慶応2年（1866）	五稜郭完成
慶応3年（1867）	ええじゃないか発生 10月大政奉還、12月王政復古の大号令
慶応4年（1868）	1月戊辰戦争、5月北越戦争
明治元年（1868）	明治維新、神仏分離令、長野・栃木などの諸県で農民騒擾
明治2年（1869）	東京奠都。戊辰戦争の終結、五稜郭の戦い。版籍奉還
明治4年（1871）	廃藩置県　戸籍法
明治5年（1872）	学制　グレゴリオ暦採用
明治6年（1873）	徴兵令。地租改正。征韓論
明治7年（1874）	民選議院設立建白書。佐賀の乱。台湾出兵。地租改正反対などの農民騒擾約21件
明治8年（1875）	平民の称姓布告。福岡・島根などで農民騒条約15件
明治9年（1876）	神風連の乱・秋月の乱・萩の乱・思案橋事件。茨城県農民一揆・伊勢暴動（三重県農民一揆）、愛知県・岐阜県・堺県下へも波及。鳥取・長野などの諸府県で主に地租・地価改定を巡り農民騒動約26件
明治10年（1877）	西南戦争始まる。2月熊本県民3000人暴動。8月コレラ、長崎・横浜に発生（～10、全国に流行）。熊本をはじめ諸県で農民騒動役47件
明治11年（1878）	紀尾井坂の変　竹橋事件
明治12年（1879）	コレラ、東京で大流行
明治13年（1880）	河竹黙阿弥『有馬染相撲浴衣』初演
明治15年（1882）	福島事件。壬午事変。春から秋にかけてコレラ流行
明治17年（1884）	群馬事件、加波山事件、秩父事件、甲申政変、大同団結運動

年	事項
明治 18 年（1885）	大阪事件。麻疹流行
明治 19 年（1886）	コレラ、全国的に拡大
明治 20 年（1887）	痘瘡流行
明治 23 年（1890）	8 月、コレラ流行。12 月、東京でインフルエンザ流行
明治 24 年（1891）	4 月、腸チフス流行。大津事件、足尾銅山鉱毒事件、濃尾地震
明治 27 年（1894）	甲午農民戦争（東学党の乱）→日英通商航海条約→日清戦争
明治 28 年（1895）	5 ～ 12 月、コレラ流行。下関条約で日本が台湾・澎湖諸島・遼東半島獲得、三国干渉で遼東半島剥奪
明治 29 年（1896）	ジフテリア流行。明治三陸地震
明治 30 年（1897）	1 ～ 6 月、痘瘡流行。5 月、東京で麻疹大流行
明治 33 年（1900）	義和団の乱（義和団事件）。治安警察法。ジフテリア流行
明治 34 年（1901）	足尾銅山鉱毒事件
明治 35 年（1902）	ペスト流行
明治 36 年（1903）	1 月、東京でペスト流行
明治 37 年（1904）	日露戦争
明治 38 年（1905）	日本海海戦。ポーツマス条約。日比谷焼打事件。第二次日韓協約
明治 40 年（1907）	ペスト流行

売りしが画をかき得ず、猪の熊入道とて、彩色は藍ばかりにて書きたる首即ちこれにて、悪画をうつしたるなり。この評判にて人を彼是《かれこれ》あやしみたるもおかし。板元の幸にて売れかた多かりき、近時も療治をする所のつまらぬ錦絵を色々評判うけて売りたり。皆不用意にして幸ありしなり。（斎藤月岑『増補　武江年表』天保年間）

すなわち、たまたま描かれた絵について、人びとがあれこれ詮索し、あたかも何らかの霊験があるかのように思いこんで、売れ行きが上がったというのである。

このような現象は、自分たちの手に負えないような社会不安に対して、人びとが当てにはならぬまでも、何らかの対抗手段を講じようとする心理によるものと考えられるだろう。

10　集団的流行と「世直し」願望

前節で述べた流行神の流行は、このようなざわざわした時代環境のなかで起こったのだった。『武江年表』は数々の流行神現象を記録している。たとえば次のようなものである。

○砂村王地稲荷社[10]へ、疝癪《せんしゃく》[11]を患ふるもの祈願して、霊験を得るよしにて参詣する事始まる（箔庭云ふ、大知稲荷は細川侯下屋敷庭普請ありて、植木屋奉納に稲荷社頭を庭の如く作りぬ。其のころ、人を許して見せしめられしより行はれたり。此の屋敷、今は稲荷の辺川越侯屋敷となりぬ）。（斎藤月岑『武江年表』文化年間〔一八〇四－一八一八〕）

○天保七、八年（一八三六、三七年）の頃より、日本橋四日市翁稲荷明神霊験あらたなりとて、祈願をこむる者陰晴を嫌はず群集し、又文政の頃（一八一八－三〇）より四谷新宿の北正受院に安んずる所の奪衣婆へ、口中の病を祈りて参詣の者多かりしが、嘉永の今に至り弥《いよいよ》盛になり、諸願を祈り日参百度参の輩多し（斎藤月岑『武江年表』天保年間〔一八三〇－一八四四〕）

江戸市中の稲荷への参詣よりも大がかりなものに「おかげ参り」がある。

○春の頃より始まりけん、伊勢大神宮おかげ参り流行し、次第に諸国におよぼし、江戸よりも参詣する者夥し（阿州の者参り始めしより四国一円になり、又京大坂に移り夫《それ》より諸国に及ぼせしとぞ。宝永の件《くだり》にいへる如く、道中施行の宿施行渡し有り、馬駕は美麗に飾りて、参詣の輩をのせ価を受けず、酒飯菓子等を餐し、金銭手拭其の余道中要用の品を与ふ。貧賎の者といへども、参宮の者へは礼を厚くしてこれをもてなす。宿々の繁昌言語の及ぶ所にあらずとなむ。十月の頃にして此のこと止む）。（斎藤月岑『武江年表』天保元〔一八三〇〕年）

さらに、慶応三年～四年にかけては一般に「ええじゃないか」と呼ばれる図15に見られるような、集団的乱舞が日本全国で起こった。

○冬の頃、夜中窃かに屋上又は垣塀の内、家前等へ、神仏の守を散らし置くものあり。翌日其の家のあるじ奴蝉等これを拾ひ得て、不思議の事とて尊信するものもあり。人心を惑はす所為なれば、官府より御沙汰あり。やがて此の事止みたり（斎藤月岑『武江年表』慶応三年〔一八六七〕年）

○春の頃より、東海道駿河遠江の辺より始まり、虚空より太神宮の御祓《おはらい》太麻《たいま》ふり、又宇内の神仏の御影、守護の札ふりしとて、村民等これを尊み祭り、酒飯を調《ととの》へて親戚知己又は道往く人をさへ饗し、次第に長じて、男女老幼にいたるまで一様の新衣を着し、花万度《はなまんど》を持出し伎踊《おどり》を催して賑ひける。此の風俗、江府の市中に及ぼし、古き守札など窃かに降らして惑はせし族《やから》もありけるが、

> 程なく止みたり。信州の辺にも流伝して此の事あり、彼の地にも殊に美服をととのへ、伎踊練物を催して賑ひけるが、是れも程なくして止みたりとなむ。（斎藤月岑『武江年表』明治元年〔一八六八〕年）

こうしたナンセンスな流行、激しい集団的狂騒は、多くの場合、大衆が刹那的な享楽を求めて暴走した現象と見なされる。しかしそれだけだろうか。「ええじゃないか」については遠藤（2009, 2010a）も参照していただきたいが、その背後には、時代の閉塞感に対して、創世神話に基づく「マツリ」を挙行することで「世直し」を図ろうとする無意識があると考えられる。

図 15　ええじゃないか（『絵暦貼込帳』 寛政 4－明治 3〔1792－1870〕年　国立国会図書館デジタルコレクションより）

宮田は、次のように述べている。

> 「ええじゃないか」にしても、その性格の基礎に、日常性の否定が横たわっていることが従来指摘されてきた。神符の降下があって踊りがはじまり、祝宴が連続し、仮装する。男が女になり、女が男になるという日常の価値転換があり、そこにオルギッシュな状況を現出させている。「天降始り江戸中うかれ出し候ハバ賊乱も自然と相

納、世直し踊に而も相始り候ハバ面白からん」（『丁卯雑拾録』）とあって、これは「世直し」の踊りであるとの観念である。お蔭踊りにあるような豊耕祭儀の「世直り」とは異なることは明らかだが、さりとて世直し一揆に現われるような日常性の全面否定ではない。……「ええじゃないか」のオルギッシュな法悦境には、たとえば男女の価値転換があって、それが異質の世界の交替という形で表出してはいない。「ええじゃないか」の場合何よりも現実世界の中での解放気分をショー化したという受取り方が可能であり、そうした本質的な部分において「世直し」観に相異があるといえるだろう。（宮田 2006：98）

宮田も言及しているように、この時期、戊辰戦争だけではなく、多くの「世直し一揆」が日本中で頻発していた。しばしば、「明治維新は無血革命だった」というような言い方がなされるが、実際には、江戸から明治への移行にはさまざまな対立、紛争があり、血が流されたのだった（遠藤 2018a, 2019a など参照）。

「世直し一揆」の行われた地域には、養蚕、製糸業の盛んな地域も多かった、そうした地域では、養蚕に関わる課税に対する不満が一揆の原因ともなっていた。その意味では、江戸期に養蚕などの産業振興によって力をつけた地方中間層による政治行為が「世直し一揆」として現れたともいえる。

それでも、相対的には安定的に、近世から近代への転換がなされた背景には、（それをどのように評価すべきかは別として）民衆が状況に対する違和感を、直接的な「力」よりもむしろ文化的なオルギーとして表現することによって、時代変化を乗り越えたと理解することもできるかもしれない。

11　化け猫＝招き猫と「世直し」願望

「流行」とは、「時代性」と人びとの心の深層に刻まれた「神話構造」の交差する点で発生する。他愛もない庶民の憂さ晴らし、頼りがいのない神頼みの表れと見える招き猫／化け猫風説の流行も、それが社会現象として可視化されるとき、それは人間社会の根源的な願望と深いところで接続していると考えられる。

江戸政体がグローバルな状況変化の中で限界を露わにし、大きな自然災害が次々と人びとを襲うとき、人びとは言葉にならない想いを（必ずしも信じているわけではない）表徴に仮託する。たとえば、甚大な被害を出した安政の大地震に際しても、人びとは悲嘆に暮れるばかりではなく、地震の親玉としての鯰を笑う「鯰絵」をもてはやした。それは、「地震」という巨大な「自然」の力をコントロールしたいという願望を暗に表したものだったかもしれない。

招き猫／化け猫風説とその娯楽的表現（人形、芝居など）もまた、時代に翻弄される人びとの無意識を暗黙に表現するもであったと考えることができる。ではそれはどのような無意識だっただろう。図16は、招き猫／化け猫風説の構造を図示したものである。ここからわかることは、招き猫が「報恩（恩返し）」を表し、化け猫が「報復（祟り）」を表すとしても、それらは「猫」が二つの性格を持っているというよりは、猫が異なる対象に対してそれぞれに応じたふるまいをしているというにすぎない。すなわち、社会のなかに、支配者と被支配者がいるとして、猫は被支配者よりさらに弱い立場にあるが、被支

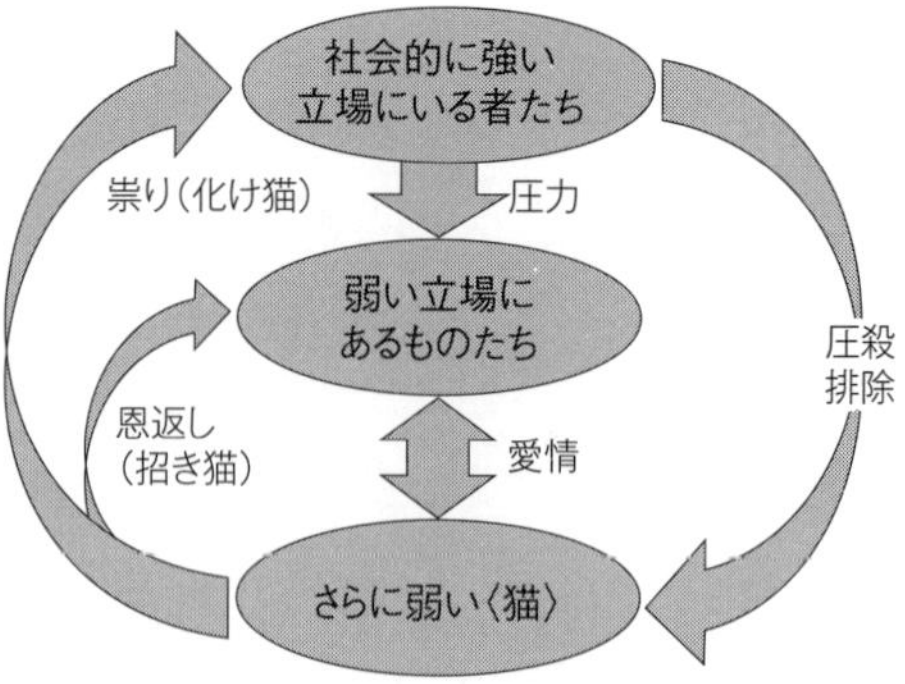

図16　招き猫／化け猫風説の構造

配者と愛情で結ばれたとき（恩を受けたとき）、被支配者に力を与える契機となる。あるいは、被支配者が支配者によって苦しめられたときには、被支配者に代わって支配者に報復する。これも結局は、被支配者に対する「報恩」であると捉えることも可能である。つまり、「猫」はいずれの場合も、「弱い被支配者」のために力を貸しているのである。この構造ゆえに、招き猫も化け猫もともに庶民のヒーローとなり得たのである。

図16の図式は、図17のように描き直すこともできる。すなわち、現世社会では、強い立場の者たちがその力によって、互いに助け合いながら暮らしている弱い立場の者たちに悪業をはたらき、強いものはますます強く、弱いものはますます弱くなっていく。これに対して現世社会の外部に存在する〈猫〉は、それ故に社会を超越した存在である〈神〉（自然〔法〕、規範）として、悪行に対しては制裁を、善行に対しては褒賞を与え、強者と弱者の間の不公正を正すという寓意である。

それは、人間社会における最も基本的な規範（自然法）であり、最も普遍的な〈正義〉実現の申し立てであったと解釈することができるのである。

12　おわりに

本章で考察してきたのは、江戸期「招き猫」現象は、当時の社会環境と始原的世界観、局所固有性（土着性）と普遍性（世界共通性）が、複合的に衝突する地点で発生したものであるということである。

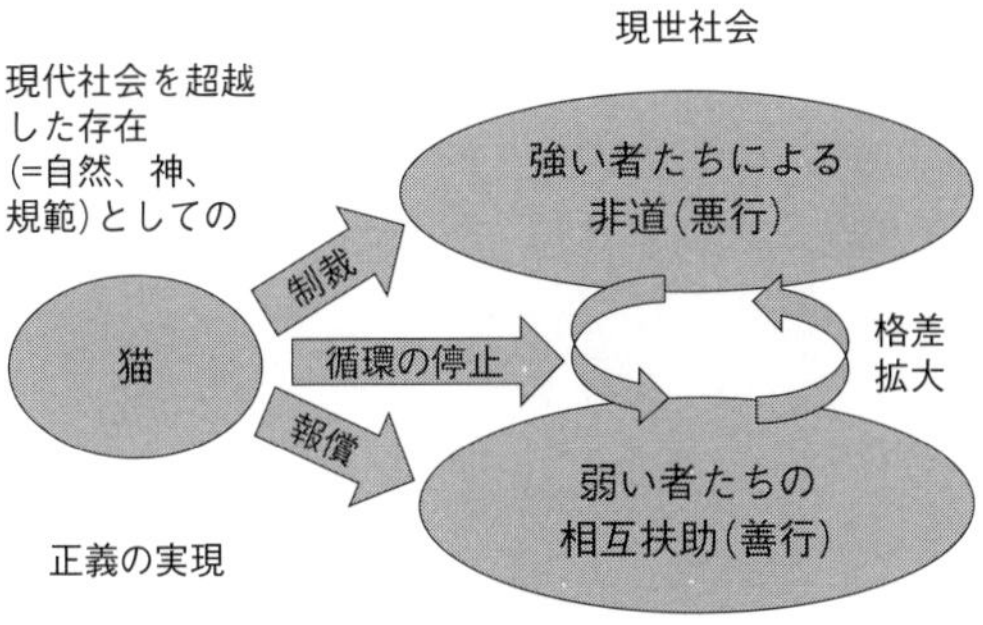

図 17　〈猫〉の果たす〈正義〉

そして現代、江戸期とは時代状況が異なるものの、同じような社会文化的衝突のなかで「招き猫」ブームが生成されているのではないだろうか。このような見方は、「猫ブーム」を通して、私たちの社会における「流行」とその未来をあらためて見直すきっかけとなるかもしれない。

それとともに、〈猫〉の表徴による暗示的・文化的な社会的正義の主張は、同時代の西欧諸国で近代への移行期に起こった「市民革命」とどのように違い、それが現代にまでいかなる潜在的な軋轢を生んでいるかということについても、私たちは繰り返し考える必要がある。「暗示的主張」の系譜（つまり、意見をはっきり主張しない文化的伝統）は、今日も批判される日本における「民主主義の未成熟」と繋がっているかもしれない。しかし同時に、かつてあったかもしれない「暗示的主張」という社会戦略は、何らかのオルタナティブな（別の）社会構想を潜在させていたかもしれない。
こうして時代は明治に入っていく。明治以降の「猫」たちには、第十章でまた会うことにしよう。

注

1　四世鶴屋南北作の歌舞伎狂言。全五幕。文政八（一八二五）年、江戸中村座で初演。
2　猫は死人を食べる、という風説があった。
3　『東海道四谷怪談』と『獨道中五十三驛』は、猫が恐怖の象徴として使われている点、東海道／五十三次がモチーフとされている点など、共通項が仕込まれていると考えられる。
4　一八九二－一九五九、大正〜昭和時代の演劇評論家。
5　歌川芳員（生没年不詳）は、江戸時代末期から明治時代初期にかけての浮世絵師。歌川国芳の門人。作画期は嘉永頃から明治三（一八七〇）年頃にかけて。
6　豊原国周（一八三五－一九〇〇）。幕末から明治にかけての浮世絵師。豊原周信及び歌川国貞（三代目歌川豊国）の門人。
7　江戸・日本橋の裕福な商家に生まれたが、天保六（一八三五）年に五代目鶴屋南北の門下となる。嘉永七（一八五三）年に小團次のために書いた『都鳥廓白波』（忍の惣太）が大当たりをとり、『三人吉三廓初買』（三人吉三）や『小袖曾我薊色縫』（＝『花街模様薊色縫』、十六夜清心）、『処女翫浮名横櫛』（切られお富）、『青砥稿花紅彩画』（白浪五人男）などを書き、人気作家となった。明治維新後も活躍し、坪内逍遙にも絶賛された。
8　元歌は文政一一（一八二八）年に流行した「蝶々蜻蛉」であるとの注釈がある。
9　仮名垣魯文編、一八七八（明治一一）年、『百猫画譜』和同開珍社所収。
10　砂村せんき稲荷は、昭和四二（一九六七）年千葉県習志野市へ移転し、現在は跡地（江東区南砂三－四）

11　胸や腹がさし込んで痛む病気。（大辞林）
に仙気稲荷神社の小祠が残っている。

第六章 〈猫〉伝説と動物信仰
――猫の迷宮

1　はじめに

第四章、第五章では、招き猫・化け猫あるいは〈猫神〉について、稲荷狐が時代的・社会的変化にともなって変容したものではないか、という仮説を考えた。ただし、招き猫の前身が狐だったとしても、ではなぜ狐が祀られるのか、稲荷社はなぜこれほど日本中にあるのか、という問いが残る。つまり、そもそも、「稲荷狐」とは何か、という謎である。

本章では、この謎を考えることから、〈猫神〉と日本における動物信仰との関係について考えてみる。

2　稲荷は狐なのか？——猫‐狐‐蛇の三者関係

2・1　狐と穴

稲荷狐の謎を解くヒントが、各地の稲荷社の奥宮にあるかもしれない。たとえば、東京都北区の王子稲荷神社（御祭神：宇迦之御魂神・宇気母智之神・和久産巣日神）へ行ってみよう。

王子稲荷は、民間伝承の「王子の狐火」や落語の「王子の狐」でも知られている。「王子の狐火」とは、毎年大晦日の夜、関東各地から集まって来た狐たちが王子稲荷神社に参詣したという言い伝えがあり、その狐たちのともす狐火をいう。また、やはり王子の王子榎木装束稲荷（御祭神：宇迦之御魂神）には大晦日に関東各地から集まって来た神使の狐たちがこの榎の下で衣装を改め、関東稲荷総司である王子稲荷神社に参詣したという伝承がある。図1は広重が描いた「王子の狐火」の情景である。

王子稲荷神社は今も多くの参拝者を集める荘厳な神社である（図2）。その三社殿の左には御石様、御石様の横の階段の上に、図3に示すような、「お穴様」がある。お穴様にはかつて狐が住んでいたといわれる。神社の最も奥まった場所にひっそりと鎮座しており、この「穴」こそ本来のご神体ではないのかと思わせる雰囲気が漂う。

また、博物館や美術館、動物園などが並ぶ台東区の上野公園には、花園稲荷神社と呼ばれる稲荷神社がある（図4）。近年は縁結びのパワースポットとして人気があるようだ。

この稲荷は、「縁起」[1]によれば、「御創祀の年月は不祥ですが、古くからこの地に鎮座し、忍岡稲荷が

図1　名所江戸百景　王子装束ゑの木大晦日の狐火　広重（国立国会図書館デジタルコレクションより）

図2　王子稲荷山門

図3　王子稲荷お穴様

図4　上野花園稲荷神社の現在の神殿

図5　花園稲荷神社の「お穴様」入り口

図2〜5
筆者撮影

正しい名称ですが、石窟の上にあった事から俗称、穴稲荷」と呼ばれていたという。そして、社殿が本来あった場所は、石窟の中であり、現在も「お穴様」と呼ばれる祠がある（図5）。

「お穴様」は、かつて狐穴のあった場所という説明をされることが多い。しかし、それだけだろうか。東京都遺跡地図情報インターネット提供サービス[2]によれば、上野公園一帯は、上野忍岡遺跡群と呼ばれ、擂鉢山古墳をはじめ、旧石器時代からのさまざまな遺跡が多数発掘されている。

こうした「お穴様」の存在、あるいは、本来は「お穴様」こそが神体であったという伝承は、稲荷信仰が、「狐」の向こう側にさらに何か別のものを潜ませている可能性を考えさせる。

ちなみに、高田馬場にある高田八幡宮は、「穴八幡宮」の名でも知られているが、「穴八幡宮　御由緒」によれば、寛永一八（一六四一）年、宮守の庵を造るため、南側の山裾を切り開いたところ横穴が見つかり、中から金色の御神像が現れたことから、以来、「穴八幡宮」と称するようになった。またこの年、社殿を壮大に造営したところ、神木の松から瑞光が放たれるなどいろいろ奇瑞があり、鷹狩の途中たまたま参拝した三代将軍徳川家光は、この話を聞いて穴八幡宮を城北の総鎮護としたと伝えられている。一九八九年の発掘調査により、この一帯からは旧石器時代の石器が発見されており、弥生時代後期後半から古墳時代前期後半の住居跡も見つかっている（穴八幡神社遺跡調査団 1993）。

また、羽田には穴守稲荷神社がある。社伝[3]によれば、「文化文政の頃、鈴木新田（現在の空港内）開墾の際、沿岸の堤防しばしば激浪のために害を被りたり。或時堤防の腹部に大穴を生じ、これより海水侵入せんとす。ここにおいて村民等相計り堤上に一祠を勧請し、祀る処稲荷大神を以てす。これ実に当社の草創なり。爾来神霊の御加護あらたかにして風浪の害なく五穀豊穣す。その穴守を称するは「風浪が作りし穴の害より田畑を守り給う稲荷大神」という心なり」とされている。ただし、もともとは、鈴木家の屋敷神として祀られていたことから、何らかの実体的な「穴」があったことを暗示しているとも推測できる。小泉八雲（1894=1975）も「稲荷の杜へ行ってみると、たいていどこでも、社殿の裏の壁の、地上、一・二フィートのところに直径八インチぐらいの丸い穴があいているのを見受けるだろう。どうかすると、その穴の口が、引き戸で締まるようになっているのもある。この丸い穴はキツネの穴で、穴

図6　伏見大社の奥の院「稲荷大神」（筆者撮影）

の入口の戸が明いている時に、中をのぞいてみると、おそらく、穴のなかにはキツネの好物だと与えられている豆腐その他の食物を上げてあるのが、見えるだろう」（p. 410）と書いている。

上記の仮説を裏付けるように、全国の稲荷神社の総本宮である伏見稲荷の奥の院に祀られている稲荷大神（図6）も「穴」を暗示している。

伏見稲荷大社宮司の中村陽（2009）は、「穴」について次のように書いている。

> 稲荷社を巡礼して早々に気づかされるのが、狐塚の存在だ。社祠の裏に狐塚が築かれたり、あるいは狐塚の上に祠が建ってたりする。そしてそれらの多くには、穴らしき窪みが穿たれている。この穴は伏見稲荷大社の裏山に通じるなどと伝えられる一方、〝穴〟から霊狐が出現し、御利益をもたらすと喧伝され、流行り神となった霊蹟もひとつやふたつではない。狐塚はミニ稲荷山にほかならず、その穴は御利益の源泉にして稲荷神界と通じる神秘の回路だったのである。（p. 135）

「穴」とはいったい何なのだろうか？

2・2　狐と蛇

招き猫が神狐の変形であることの一つの裏付けとして、第四章では、稲荷社あるいはその参道で、招き猫と神狐の像が並んで売られていることを挙げた。しかし実はよく見ると、売られているのは、招き猫と神狐だけではない。二匹の蛇が絡み合ったような像も売られているのである（図7）。これは何を意味するのだろうか？

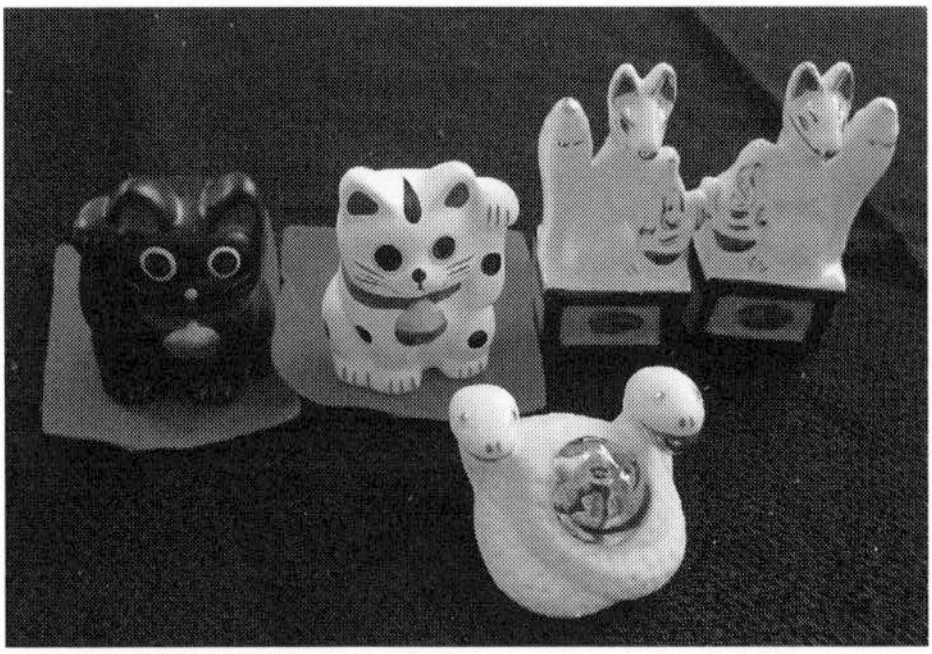

図7　赤坂豊川稲荷で購入した蛇・狐・猫（筆者蔵・撮影）

稲荷神社の主神は、宇迦之御魂神とされる。宇迦之御魂神は、穀物・食物の神である。

『古事記』では、須佐之男命が櫛名田比売の次に娶った神大市比売との間に生まれたとされ、同母の兄は年穀の神、大年神《おおとしのかみ》である。『日本書紀』では倉稲魂命《うかのみたまのみこと》と表記し、伊弉諾尊と伊弉冉尊の間に生まれた食物の神とされる。一般には女神とされている。

中村（2009）は、次のように説明している。

> 実は伏見稲荷山はもともと蛇信仰（龍神信仰）が中心だった。弥生の古代から蛇信仰があったわけだが、伏見稲荷山地区に渡来系の秦氏が稲荷神を祀り始める前は、紀氏＝三輪系、賀茂氏系の古代氏族の管轄地だった。

賀茂氏が龍蛇神を祀っていたことは先述したとおりである

が、ということはそもそも稲荷山は蛇、龍神信仰の対象（神奈備）だったことを示している。現に今でも稲荷山をお山すると、至る所に滝があって、古代からの山林修行者の行場になっていたし、現代でも龍神を祀っている。

ゆえに、稲荷神は龍神と狐神を眷族とする、水のカミ、地のカミ、山のカミなのである。弁財天はインドでも河の神さまであり、そのまま仏典にも取り入れられている。それが日本ではすでにあった水神信仰と結びつき、弁財天は水神として、龍、蛇とドッキングしていったわけである。

稲荷神は山の神であり、本来は龍蛇を眷族に従えていた。その後、平安時代には蛇信仰から狐信仰に交代し、やがて荼吉尼天に結びついていった。

荼吉尼天のイメージは当初、インドの夜叉神そのものだったのだが、そのままでは恐ろしすぎるので、ソフトなイメージに転換させる必要が生じ、宇賀弁財天をモデルにして柔和な荼吉尼天のイメージが作り上げられていったのである。

宇賀弁財天と蛇、荼吉尼天と狐のイメージ連合体の共通点は、蛇も狐も食物神、農耕神として信仰されていたことである。インドのダーキニーが日本の荼吉尼天に昇華したとき、宇賀弁財天から蛇を取って狐に乗り換えさせ、荼吉尼天イメージが確立されたと考えられる。この時点で稲荷神－荼吉尼天－狐のセットが完成している。（中村 2009：100–1）

一方、民俗学者の吉野裕子（1980）は、伏見稲荷大社の本来のご神体は稲荷山そのものであるとしつつ、稲荷と蛇と狐の関係を次のように論じている。

稲荷信仰の起源は、山城盆地というその地域と、稲荷山の山容に負うものである。大和平野における三輪山と同様に、稲荷山はこの山麓に居住して朝夕にこの山を仰ぐ入念に、祖神としての蛇を連想させる山であった。稲荷大社には秦氏と荷田氏の両氏が祠官として互いに勢力を張り、相拮抗して存在した。この荷田氏の祖が先述の竜頭太であるが、この竜頭太、及び藤尾明神の伝承こそ、稲荷山原初の信仰をもっともよく物語るものと思われる。（中略）稲荷信仰は前段と後段に分けることが出来、前段の主役は蛇、後段のそれは狐である。しかし、両者間には共通点がある。つまり、蛇は男根相似の点から祖先神とも種神ともなり、その本質は種神から穀物神に移行する。また、鼠の天敵としての蛇は、その意味からも穀物神になる資格は十分である。狐も土徳故に穀物を成育する穀物神たり得る。

しかし前段の主役の蛇が、そもそもの祭神であることは忘れ去られず、梵語の白蛇を意味する「宇賀耶」からおそらく転用された「宇迦之御魂大神」というやや抽象的な名称を冠せられてその地位を確保するに及んで、狐は実質的には主祭神の地位を引き継ぎながら、表面上はその使者としての役どころに甘んじることになる。（吉野　1980：166–9）

そして、稲荷信仰における、蛇と狐の地位の交替が、伏見稲荷大社御絵札（口絵10）にまさに表されていると指摘している。

図8　住吉大社（筆者撮影）

図9　住吉造の社殿（筆者撮影）

さらにこの変化が、現代の神社土産品における蛇像、狐像、招き猫にうっすらと映し出されていると筆者は考えている。

2・3　猫と狐と蛇が交差するところ――住吉大社・楠珺社

大阪の住吉大社の楠珺社は、まさに蛇と狐と猫が交差する地点である。

住吉大社は、その由緒書によれば、『古事記』や『日本書紀』に記されているように、伊弉諾尊が黄泉国の稜をすすぐために、筑紫の日向の橘の小戸之檍原で禊祓したとき、底津少童神《そこつわたつみ》・中津少童神《なかつわたつみ》・表津少童神《うわつわたつみ》のいわゆるワタツミ三神と、底筒男命《そこつつのお》・中筒男命《なかつつのお》・表筒男命《うわつつのお》のツツノヲ三神が海の中から出現した。ワタツミ三神は「阿曇連《あずみのむらじ》等が祭る所の神なり」とされ、ツツノヲ三神は、「墨江の三前の大神」、「住吉大神なり」とされている。神話によれば、神功皇后が新羅出兵にあたって住吉大神の加護により勝利したことから、住吉大社が創建されたとされる。皇后の孫である仁徳天皇は浪速に遷都し、墨江《すみのえ》の津を開港した。後にツツノヲ三神と神功皇后を合わせて祀ることとなった。摂津国一の宮であり、全国二千余の住吉神社の総本宮である（図8・図9）。

その住吉大社の末社である楠珺社は、正面から見ると強大な楠の神木を神狐が守る構図の普通の稲荷社に見える（図10）。社殿は大楠の木の

図10　楠珺社の巨大楠と神狐（筆者撮影）

図11　大楠の木の裏手の初辰猫の神殿（筆者撮影）

根元の空洞の中に祀られている。（ここでも、「穴」が隠れたキーワードになっている）。ところが、神木の裏手に回ると、そこは「初辰さん」という「招福猫」の神殿および授与所になっている（図11）。口絵11に見える「初辰さん」は、顔は狐と猫の中間くらいで、裃を着け、片手を「招く」ようにあげている。（ただし、狐の挙げた手と同じともいえる）。こうした推移をたどってみれば、「招き猫」は、その片手をあげたポーズといい、まさに、「稲荷狐」の「零落した神」（聖なる存在から俗なる存在へと変わった神）（柳田國男）といえるかもしれないが、果たしてそうか（この点についてはまた3・5項で考える）。

住吉大社が発行している「住吉大社の由緒」という説明書によれば、楠珺社は「第一本宮の裏にある樹齢約千年の楠を御神木としてお稲荷様（宇迦魂命）を祀り、商売繁盛に格別の御神徳あり、俗に〝初辰《はったつ》さん〟と称えられて毎月初の辰の日には多数の参詣で賑わい、特に毎月招福猫を受けて満願となる四十八回の月詣りは有名」である。

住吉大社名誉宮司であり、神道学者でもある真弓常忠はそのいわれを、「明治の末まで、新町に本荘席という店があって、その主人本荘五郎兵衛は、若い頃より住吉さんを崇敬する心厚く、毎月卯の日には風雨寒暑の別なく参詣を欠かしたことがありませんでした。いつの頃からの風習かわかりませんが、遊里では、吉瑞招福を祈って、店頭や神棚に招き猫をおきましたが、本荘席の主人五郎兵衛も、住吉で売る招き猫を買って帰り、家族も芸妓も買ってきたので、その数二千余となり棚の上には大小の猫で押し合う状となりました。これが評判となって、「本荘猫」とよび伝えられましたが、そのうちにこの風習が世間にひろまり、卯の日の翌日の初辰日に楠珺社にお詣りして、受けて帰る例となりました。猫に羽織を着せ、あるいは裃をつけているのは、芸妓が早く一本立ちになって羽織を着るようになりたい一心で、その願いを托したもの」（真弓 2003：162）と説明している。

また、玩具研究家の佐藤潔は、初辰猫の由来について、「住吉神社の末社に楠珺神社と云ふ稲荷さんが祀られてゐて其社殿は千有余年を経た楠の大樹の太い道の空虚中に、半ばハミ出して築かれてゐる。是れが即ち住吉の初辰さんである。住吉人形の羽織をきた招き猫を持つて詣る事もカナリ古いに違いない。私の持つてゐるものに、明治八年の年號の這入つたものがある。是れで見ても五十五六年前のものである。文化文政頃の信仰的奉納物が各所に作り出されてゐたに違いない」（佐藤 1935：325）と述べている。

これらを総合すると、おそらくは流行神の多く登場した文化文政頃、それ以前からあった楠珺稲荷社の神狐の変種として初辰猫が創り出されたと推測される。そして、さらに遡れば、楠珺神社のご神体は楠の大木であり、そこに開いた穴であり、さらにそこに潜む「蛇」であると考えられる。これを裏付けるように、楠珺社のすぐ近くには、楠高社という祠があり、そこに立てかけられた看板には、まさに「巳神がやどる大楠の祠」と書かれている（図12）。

2・4　伏見・住吉と浅草——玉姫稲荷神社・口入稲荷神社

関連のありそうな授与品が、浅草玉姫稲荷（図13）の境内社である口入《くちいれ》稲荷（図14）でも頒布されている。

図12　楠高社の大楠（筆者撮影）

浅草玉姫稲荷神社は、天平宝字（七五七－七六五）創建と伝えられ、祭神は宇迦之御魂神である。総見のときに、京都伏見稲荷神社の御分霊を祀ったとされる。享保年間に出版された『江戸砂子』には「此社は山城国稲荷山のいなりをうつししなり。王子村岸稲荷と神縁ありと伝ふ。（中略）正慶二年新田義貞朝臣、鎌倉の高時を追討のみぎり、弘法大師の筆の稲荷の像を襟掛にしたまひしを、瑠璃の宝塔にこめて当所におさめまつり給ふ。故に御玉ひめの稲荷と申のよし」と記されている[4]。

玉姫稲荷の境内には、摂社として口入稲荷神社（図14）が祀られている。由来書によれば、「当社は江戸新吉原に高田屋という口入宿の庭内に年久しく鎮座してありましたが安永年間の頃、此の高田屋の主人が或夜夢に口入稲荷大神が現れまして吾

図 13　浅草玉姫稲荷（筆者撮影）

図 14　玉姫稲荷摂社口入稲荷（筆者撮影）

図 15　口入稲荷のお狐さん　男女のペアと供の三柱（筆者撮影）

図 16　口入稲荷のお狐さん　座り姿と立ち姿の 2 種がある（筆者撮影）

を玉姫稲荷神社の境内に遷し祭れば参詣する信徒の人々に今よりも尚一層御利益を授け、又、諸々の願い事を促に叶えさせるとのお告げ」があって、現在の地に遷座したという。

　また、この口入稲荷は「商売繁盛」に御利益あらたかだが、その祈願には、「先ず社務所にて羽織を着た立姿のお狐さんをお受けになり」家に祀れば利益があるという。願いが叶ったら、そのお狐さんを再び神社に持ってきて、新たにもう一匹の神狐を買い、一対にして「お礼返し」する。また、結婚など「縁結び」を願う場合には、裃姿の神狐を購入し、願いが叶ったら一対にして神社に奉納するという（図15・16）。この裃狐は、先に論じた住吉神社楠珺社の初辰猫とほぼ同型であり、一対にして返すところも同じである。この口入稲荷と楠珺社の間に、何らかの文化伝播が想定できる（ちなみに、玉姫神社拙者の口入稲荷にも「狐穴」がある）。筆者が二〇一五年五月にこの神社を訪れたとき、お狐さんは品薄状態になっており、宮司の方は「今戸焼の職人さんが減ってしまって、続けられるかわからない」と話していた。

だが実は、京都伏見稲荷山の荒木神社にも口入稲荷大神が祀られている。そしてここでも、授与品として、羽織狐と裃狐が頒布されているのである。ただし、ここでは「夫婦《めおと》ならびに伴《とも》の三体一組の眷族《けんぞく》の三柱の神を、口入稲荷大神本社神前にて祈願の後、各家に持ち帰り、願い事が成就するまでおまつりを」[5] すると説明されており、三匹の狐は、祈願の内容の違いよりも、稲荷三神を表しているとされる。

いずれにせよ、荒木神社内の口入稲荷、玉姫稲荷内の口入稲荷、住吉大社内の楠珺社の裃狐／猫の間には、何らかの伝播関係があったであろうと推測される。

いまはこぢんまりとした浅草玉姫稲荷神社だが、江戸時代には人びととの信仰を集めた広大な神社だったことが、『江戸名所図会』（図17）からもうかがえる。

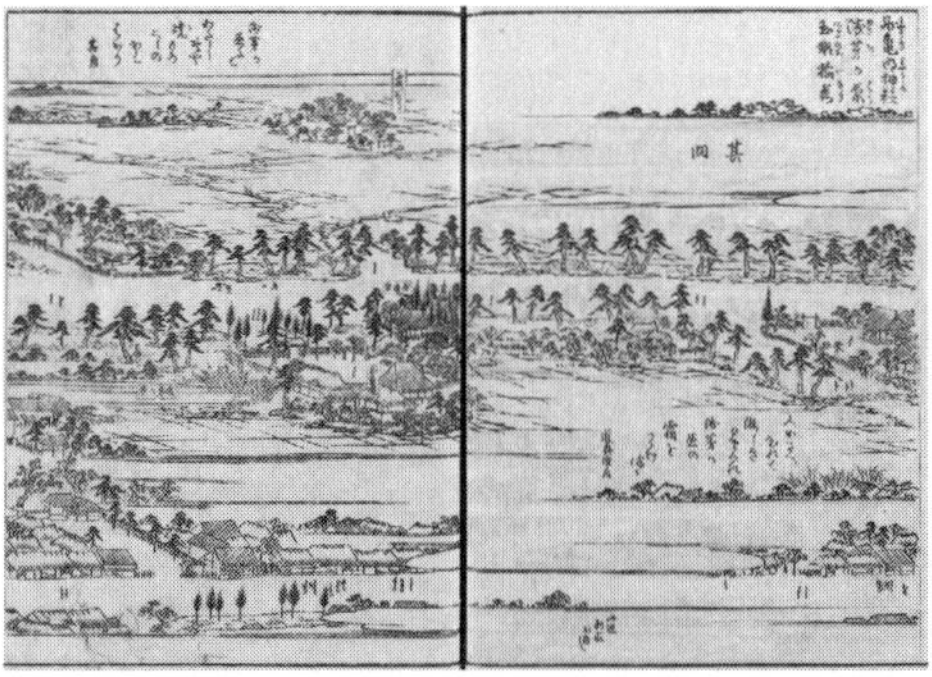

図17　玉姫稲荷（『江戸名所図会』7巻十七　松濤軒斎藤長秋　天保5-7〔1834-1836〕年　国立国会図書館デジタルコレクションより）

2・5　蛇から狐から猫？——猫と狐と蛇の類縁性

招き猫が神狐の変容したものであり、神狐が蛇神の変容したものであることを裏付けるように、招き猫は神狐や神蛇の面影を忍ばせている。

表1に、招き猫と神狐と神蛇の形態的／意味的類似性を示す。

同時に、象徴化された神像だけでなく、猫と狐と蛇には動物としての身体や習性にも類似性が観察される。三者の動物学的類似性を表2に示す。

このような類縁性は、必ずしも筆者の印象だけではなく、動物行動学の立場からも認められているようである。

3　猫説話と始原神話

3・1　猫伝説の基本構造

第二章でも引用したが、江戸期の猫ブームと関連して（場合によっては招き猫とも）語られる有名な説話がある。繰り返しになるが、次のよ

表1　招き猫と神狐と神蛇の形態的／意味的類似性

	招き猫	神狐	神蛇	備考
形態的類似性	招く手	挙げた手	鎌首	
	巻き付くしっぽ		とぐろを巻く蛇身	
	首の鈴	宝珠を持つ	とぐろの中心に宝珠を抱える	
	二体で一対（？）	二体で一対	二匹が絡まり合って一体	交合を暗喩？
意味的類似性	穀物神	穀物神	穀物神	
	神使か、神そのものかは曖昧	神使か、神そのものかは曖昧	神使か、神そのものかは曖昧	

表2　猫と狐と蛇の生態学的類縁性

機能的類縁性	形態的類縁性
鼠を獲る→農業神、養蚕神 行方不明になる（いなくなる、見えなくなる） 穴居性	闇に光る目 長い、動くしっぽ（尾を切る風習） しなやかな肢体 裂けた口、舌 飛翔と襲撃 シャーッという威嚇音

うな物語である。

遊女の（三代）薄雲太夫は三毛の子猫をたいそう可愛がり、寝間や厠もともにするほどだった。あまりの溺愛ぶりに周囲の者たちは薄雲が猫に憑かれたのではないかと怪しみ、猫を遠ざけるよう薄雲を説得した。薄雲も怖くなり、猫を放逐することにした。しかし猫は悲しげに泣き叫び、薄雲のそばを離れない。親方はもはや猫を殺すしかないと、脇差しで猫の首を切り落とした。すると猫の首は空を飛び、見えなくなった。あたりを探すと、猫の首は厠の下に潜んでいた大蛇を喰い殺していた。人びとは、猫が日頃の恩に感じて、薄雲を狙う蛇を殺したのだろうと言い合った。薄雲は猫の死を悲しみ、その亡骸を道哲（西方寺）へ葬り、猫塚とした。このことがあってから、遊女たちの多くが猫を飼い、禿にもたせて歩くようになった。

馬場文耕「三浦抱女古薄雲が傳」『江戸著聞集巻之五』（遠藤抄訳）

第四章でも述べたように、この物語は、多くの江戸期の文筆家たちに言及され、よく知られた物語だった。第二章、第三章でもみたように、山東京伝作、歌川国貞画の『薄雲猫旧話』（一八一一－一二）や山東京山作、歌川国芳画の『朧月猫草紙』（二編上「猫が蛇を殺して恩を報ずる話」）はその代表といえよう。現在は巣鴨にある西方寺には遊女の墓と猫の像も現存している。ただし、説話とのずれもある。

一方、実は類似の説話が全国に分布している。代表的なものを以下に挙げる。

①高山「旧陣屋稲荷宮境内地」[6]の猫石（根古石）
「郡代の奥方は猫好きで猫を飼っていたが、猫は娘によくなついていた。娘はどこに行くにも猫を連れていったし、猫も娘のそばを離れなかった。ある日、娘が庭にある松の下で池のコイを見ていると、突然、猫が娘の着物のすそを引っ張りだした。叱ってもやめようとはせずに、ますます強く引きつづける。その様子を見た郡代が、このままでは娘に危害が及ぶと思い、刀を抜いて猫の首を切り落とした。すると切られた首は宙を飛び、松の木の上から娘を狙っていた大蛇にかみついた。大蛇はその場で息絶えたのだった。郡代は、猫が娘を守っていたことを知り、猫を切ったことを後悔し、祠を建てて猫の霊を祀って慰めた。」（八岩 2005：113）

②山形県高畠町猫の宮
「延暦年間（七八一－八〇五）高安村に代々庄屋で信心深い庄右衛門とおみね夫婦が住んでいた。二人には子供がなく、猫を心からか可愛がっていたが、なぜか次々と病死してしまう。今度こそ丈夫な猫が授かるように祈っていた。ある夜、同じ夢枕に観音菩薩が現れ「猫を授けるから大事に育てよ。」とのお告げがあり、翌朝庭に三毛猫が現れ、夫婦は大いに喜び、玉と名付けそれはそれは子供のように大切に育てていた。

玉も夫婦にますますなつき、そして村中のネズミをとるのでたいそう可愛がられていた。

玉は不思議なことに、おみねの行くところどこへでも付いていった。寝起きはもちろんの事、特に便所へいくと、天井をにらみ今にも飛び掛からんばかりに耳を横にしてうなっている。おみねは気持ちが悪く思い、夫にそのことを話してみた。夫が妻の姿をして便所に行くとやはり、玉は同じ素振りをする、庄右衛門はいよいよあやしく思い、隠し持っていた刀で猫の首を振り落とした瞬間、首は宙を飛び屋根裏にひそんでいた大蛇にかみついた。この大蛇は、七十数年前に三毛犬、四毛犬に殺された古狸の怨念の血をなめた大蛇が、いつかいつの日か仕返しをしようとねらっていたが、玉が守っているため手出しできなかったのだった。この事を知った夫婦は大いにくやみ村人にこの事を伝え、村の安泰を守ってくれた猫のなきがらを手厚く葬り、堂を建て春秋二回の供養を行ったという。」（高畠町公式サイト）[7]

③京都岡崎の浪人と娘の話

万治の頃（一六五八－一六六〇）「娘が可愛がっていた猫は、娘が厠に行くと必ずついて行って、そばを離れない。親たちは、猫が娘に見入ったと思われるのを恐れて猫を捨ててしまった。すると、その夜、娘が厠に行こうとすると、庭の繁みから突然、大きな蛇が娘に飛びつこうとした。ところが、いつ帰ってきていたのか、猫が走り出して蛇の頭にくいつき、蛇に巻かれながらも蛇をくい殺してしまった。親たちは初めて、猫が娘を守っていたことがわかったのである。[8]」

④仙台市若林区猫塚古墳

「この地に住む姫様と、姫様がたいそう可愛がっていた猫がおったそうな。ところがある日、猫が姫様にまとわりついて離れない。あまつさえ、猫が姫様に飛び掛かろうとした。それを見た殿様が、

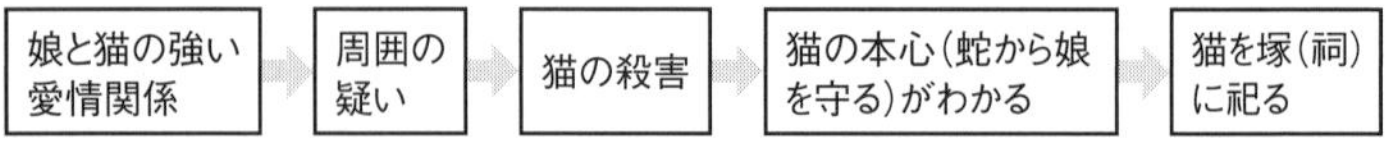

図18　猫伝説のモチーフ

怒って猫の首を斬りはねてしまった。
ところが、斬りはねた猫の首は大蛇の喉に噛付いていた。そう、猫は姫様を蛇から守ろうとしていたのだった。殿様は自分が過って猫を斬ってしまったことに気がつき、この地に塚を建てその猫を手厚く葬り、お参りするようにしたという。[9]」

これらの物語は、すでに第四章でも指摘ように、同じモチーフによって構成されている。それを図化したのが図18である。

3・2　猫伝説とおしらさま説話

ところで図18の猫説話のモチーフは、北関東から東北地方に広く分布する「おしらさま」説話を思い起こさないだろうか。

民俗学者の柳田國男による有名な『遠野物語』のなかに、「おしらさま」の物語もある。次のようである。

おしらさま（『遠野物語』六九）

……昔ある処に貧しき百姓あり。妻はなくて美しき娘あり。また一匹の馬を養う。娘この馬を愛して夜《よる》になれば厩舎《うまや》に行きて寝《い》ね、ついに馬と夫婦になれり。或る夜父はこの事を知りて、その次の日に娘には知らせず、馬を連れ出して桑の木につり

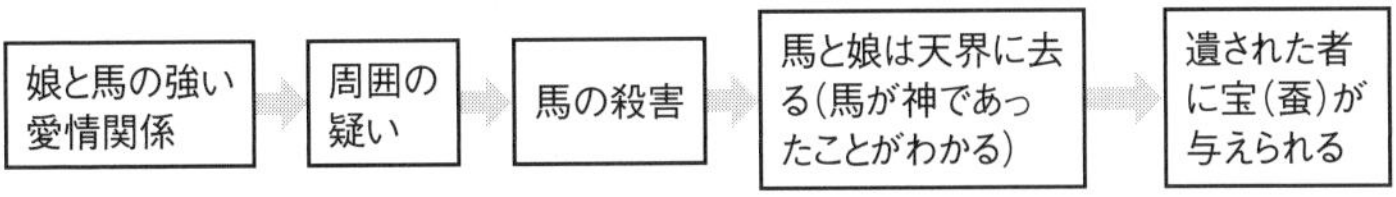

図19　「おしらさま」のモチーフ

下げて殺したり。その夜娘は馬のおらぬより父に尋ねてこの事を知り、驚き悲しみて桑の木の下に行き、死したる馬の首に縋《すが》りて泣きいたりしを、父はこれを悪《にく》みて斧をもって後《うしろ》より馬の首を切り落せしに、たちまち娘はその首に乗りたるまま天に昇《のぼ》り去れり。オシラサマというはこの時よりなりたる神なり。馬をつり下げたる桑の枝にてその神の像を作る。その像三つありき。……（柳田 1910=1989：42）

「おしらさま」のモチーフを図19に示す。動物と娘との強い情愛が周囲から訝られ、動物が殺される。しかし、動物と娘はともに天へ上り、神となる。残されたものには、宝（よきもの）が与えられる。というモチーフは、図18と一致する。

柳田國男がこの『遠野物語』を書くにあたって、東北出身の佐々木喜善が収集した説話群を参考にしたことはよく知られている。その佐々木喜善による『東奥異聞』に収められている物語は以下のようである。

岩手県上閉伊郡釜石町、板沢某という家の娘に見目よきものがあった。この娘ある日クワの葉を摘むとて裏の山へいったまま、クワの木の下に草履を脱ぎ棄てておいてそのまま行くえ不明になった。家人は驚いて騒ぎ悲しんでいるとそこに一人の旅の行者が来かかりその訳を聞き、いわく、今は嘆くともせんかたないだろう。じつはこの娘は生まれながら水性の主の処へ嫁ぎゆくべき縁女と生まれ合わせていたので、いまはちょうどその時期がきて、これから北方三十里ばかり隔たった閉伊川の岸腹帯（はらたい）という所の淵の主のもとにいったのだ。しかし生命にはけっして別状あるわけではなし、かえっていまでは閉伊川一流の女王となっていることであろう。そしてこれからは年に一度ずつはきっと家人に会いに参るであろうとの話であった。

この板沢家には氏神に大天馬（だいてんば）という祠がある。その祭りは秋九月ごろらしいが、その前夜にはかならずその娘が家に戻ってくる。玄関には盥に水を汲み入れその傍らに草履を置くとつねにその草履は濡れ水は濁りてあったということである。後世、明日は大天馬祭りだから今夜は板沢の老婆がくるというような言伝えになったのであるが近年はどうだかわからぬ。（佐々木 1928：4–5）

これもモチーフは同じである。ただし、この物語では、娘の夫は「水性の主」とされており、「馬」ではない。もっとも付随的に出てくる「大天馬」という祠の名前に「馬」が暗示もされている。佐々木は続けて次の物語も書いている。

この腹帯の淵についての伝説はまだまだ後にもある。この淵の付近に農家が一軒ある。あるときこの家の家族同時に三人まで急病に罹った。なかなか直らない。ところがある日どこからとなく一人の老婆がきていうには、この家には病人があるが、それは二、三日前に庭前で赤い小ヘビを殺したゆえだという。家人はそれを聞いていかにも思い当たりおり返していろいろと聞くと、その小へビはじつはこの前の淵の主の使者で、この家の三番娘を嫁にほしいので遣わしたのであった。どうしても三番めの娘は水で死ぬとのことであった。その話を聞いていた娘は驚愕と恐怖のあまりに病気になった。そうして医薬禁厭の効なくとうとう死んでしまった（その娘が病気になると同時に、他の三人の病人はたちまちに直った）。そういう死にようゆえに家人は娘の死体をば夜中ひそかに淵のほとりに埋め、偽の棺をもって公の葬式はした。一日ばかりたってから淵のほとりにいってみると埋めた処にはすでに娘の屍はなかった。この話は大正五年ごろの出来事である。（佐々木 1928：5–6）

この説話も同じモチーフ（図20）だが、「馬」は完全に姿を消し、蛇に変化した「淵の主」が娘を求めるものとなる。娘を連れ去ったかわりとなる「宝」についての言及はない。

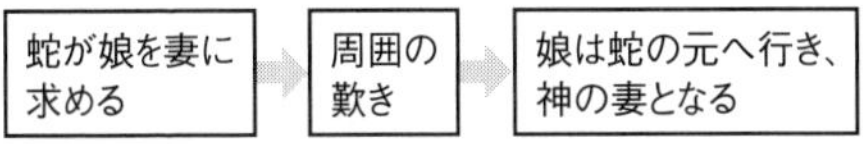

図20　『東奥異聞』の物語のモチーフ

3・3　おしらさま説話——三輪山伝説

しかし、このモチーフは、さらに、日本の始原神話として知られる三輪山伝説と重なり合っている。

「三輪山伝説」は、『古事記』では、次のように語られている。

崇神天皇　三　三輪山伝説

「この意富多多泥古《おほたたねこ》と謂ふ人を、神の子と知れる所以《ゆゑ》は、上に云へる活玉依毘賣《いくたまよりひめ》、その容姿《かたち》端正《うるは》しくありき。ここに壮夫《をとこ》ありて、その形姿威儀《すがたよそほひ》、時に比《たぐひ》無きが、夜半《よなか》の時に倏忽《たちまち》到來《き》つ。故、相感《あひめ》でて、共婚《まぐはひ》して共住《すめ》る間に、未だ幾時もあらねば、その美人妊身《はら》みぬ。ここに父母その妊身《はら》みし事を恠《あや》しみて、その女《むすめ》に問ひて曰《い》ひけらく、「汝《な》は自ら妊みぬ。夫無《を》きに何由《いかに》か妊身《はら》める。」といへば、答へて曰《い》ひけらく、「麗美《うるは》しき壮夫《をとこ》ありて、その姓名《かばね》も知らぬが、夕毎《よひごと》に到來《き》て共住める間に、自然《おのづから》懐妊《はら》みぬ。」といひき。ここをもちてその父母、その人を知らむと欲《おも》ひて、その女に誨《おし》へて曰《い》ひけらく、「赤土《はに》を床の前に散らし、巻子紡麻《へそを》を針に貫《ぬ》きて、その衣《きぬ》の襴《すそ》に刺せ。」といひき。故、教への如くして旦時《あした》に見れば、針著《つ》けし麻《を》は、戸の鉤穴《かぎあな》より控《ひ》き通りて出でて、ただ遺れる麻《を》は三勾《みわ》のみなりき。ここにすなはち鉤穴より出でし状《さま》を知りて、糸の従《まにま》に尋ね行けば、美和山に至りて祁の祇に留《とど》まりき。故、その神の子とは知りぬ。故、その麻の三勾遺りしによりて、其地《そこ》を名づけて美和と謂ふなり」（倉野校注 1963：101–2）

また、『日本書紀』における「三輪山伝説」は次の通りである。

倭迹迹日百襲姫命《やまとととびももそひめのみこと》、大物主神《おおものぬしのみこと》の妻と為る。然れども其の神常《かみつね》に昼は見えずして、夜のみ来す。倭迹迹姫命、夫に語りて曰はく、「君常《きみつね》に昼は見えたまはねば、分明《あきらか》に其の尊顔《みかほ》を視《み》ること得ず。願はくは暫留《しましとどま》りたまへ。明旦《くるつあした》に、仰ぎて美麗《うるわ》しき威儀《すがた》を観たてまつらむと欲《おも》ふ」といふ。大神対《こた》へて曰はく。「言理灼然なり。吾明旦に汝が櫛笥に入りて居らむ。願はくは吾が形にな驚きましそ」とのたまふ。髪に倭迹迹姫命、心の裏に密《ひそか》に異《あや》ぶ。明くるを待ちて櫛笥を見れば、遂《まこと》に美麗《うるわ》しき小蛇有り。

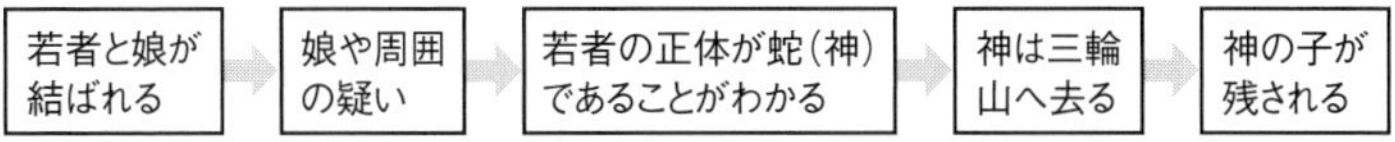
若者と娘が結ばれる
娘や周囲の疑い
若者の正体が蛇（神）であることがわかる
神は三輪山へ去る
神の子が残される

図21　三輪山伝説のモチーフ

其の長さ大さ衣紐の如し。則ち驚きて叫啼《さけ》ぶ。時に大神恥ぢて、忽《たちまち》に人の形と化りたまふ。其の妻に謂《かた》りて曰はく、「汝、忍びずして吾に羞《はぢみ》せつ。吾還りて汝に羞《はぢみ》せむ」とのたまふ。仍《よ》りて大虚《おほそら》を践《ほ》みて、御諸山《みもろのやま》に登ります。髪に倭迹迹姫命仰ぎ見て、悔いて急居《つきう》。急居、此をば菟岐子と云ふ。則ち箸《はし》に陰《ほと》を撞《つ》きて薨《かむさ》りましぬ。乃《すなわ》ち大市に葬りまつる。故《かれ》、時人《ときのひと》、其の墓を号《なづ》けて、箸墓と謂《い》ふ。是の墓は、日《ひる》は人作り、夜は神作る。（坂本ほか校注 1994：292）

三輪山伝説のモチーフも図21のように表されるだろう。

この大和の竜蛇信仰について、民俗学者の谷川健一（1986）は、次のように述べている。

三輪山の神が蛇であるのは、「日本書紀」の有名な説話で明らかである。ヤマトトトヒモモソヒメがオオモノヌシの妻となったが、この神は昼は見えず夜だけしかこなかったので、その正体は分明でなかった。ヒメがその姿をみたいというと、オオモノヌシは明朝櫛箱をみなさいと答えた。ヒメがそのとおりしたところ、櫛箱の中には、衣の紐ぐらいのうつくしい小さな蛇がはいっていた。ヒメがおどろきの声をあげたので、小蛇は虚空をふんで三輪山にのぼっていってしまった。

この説話で気がつくことは、櫛箱に入った小さな蛇のかっこうが、剥製にされたセグロウミヘビを彷彿させることである。私の実見した海蛇の姿はまさしく「衣の紐」

といった形容がぴったりする。出雲で私が聞いたところでは、大きなセグロウミヘビが海岸に流れつくと「こんどは小さくなってきなさい」と言って、また海にかえすのだそうだ。ここには小さ子《ちいご》の親愛に満ちた信仰がある。（p. 63）

コトシロヌシの青柴垣《あおふしがき》が蛇のシンボルかもしれぬと前に述べたが、飛鳥にいます神社は伝承では祭神がコトシロヌシとされている。飛鳥のかんなび山は甘樫丘という説もあるが、通説では雷丘に比定されている。とすれば雷＝蛇であるから、蛇神をまつることになる。アジスキタカヒコネもまた『古事記』に「み谷二わたらす神」、つまり二つの谷に渡って光りかがやく蛇とうたわれた。大和の葛城の地は鴨神をいつきまつって移住定着した出雲人の居住地であったと考えられている。このように出雲から大和に移された四つの「かんなび山」の祭神はすべて蛇であり、しかもどこかセグロウミヘビをおもわせる。

さらにいえばオオモノヌシとかコトシロヌシとか、出雲系の神々の特徴であるヌシは、もともと蛇をあらわす語と考えることができる。沼の主、池の主もそうである。このヌシはニジともおなじ語源をもつ。ニジを翼のある蛇と考える習俗は日本本土、沖縄、台湾にかぎらず、オーストラリヤまで分布をみせる。（pp. 64–5）

すなわち、谷川によれば、三輪山伝説は、出雲の「かんなび山」伝説を継承するものであり、それらにおいて、「神体」は、蛇の形を映した「山容（かんなび山）」であることになる。

そして、猫説話もおしらさま説話も、この古代神話と同型であることがわかる。

3・4　葛の葉伝説

一方、狐と人間の異類婚姻譚としては、葛の葉伝説（信田妻）が有名である。さまざまに脚色され、浄瑠璃や歌舞伎としても親しまれている。伝説の舞台である信太森葛葉稲荷神社のサイト[10]では次のように物語が紹介されている。

> 昔、大阪阿倍野の里に安倍保名という若者がいました。家の再興を念じてこの信太の森の稲荷へ日参していました。ある日、お参りを終えて帰ろうとすると、一匹の白狐が走り寄って来ました。狩人に追いつめられて助けを求めてきました。保名は、草むらにキツネを隠し狩人達と争いになりました。傷を（負い、）意識を失った保名が気が付くと、一人の美しい女性に介抱されていました。名は葛の葉といいました。数日後、保名の家へ葛の葉が訪ねてきて二人は心を通わせ夫婦となり、男の子が生まれました。
>
> しかし、幸せは長くは続きませんでした。この子が五つとなった秋、子供に添い寝していた葛の葉は眠っているうち、神通力を失ってキツネの正体を現せてしまいました。目覚めた子供はそれに気づく。もうこれまでと葛の葉は口にくわえた筆で歌を書き残して去りました。その歌は、
>
> 「恋しくは　たづねきてみよ　和泉なる　信太の森のうらみくずの葉」
>
> 夫と子供に宛てたものです。母を慕って泣く子を背にした保名は妻の名を呼びながら信太の森に

来てみると、以前は見えなかった葛の葉っぱが社面一面に群がり茂っていました。そしてそれらの葛の葉が夫と我が子の声に応えるように葉をそよかせ泣くがごとく、葉のうらを見せてざわめいていました。

その子は後、いろんな天皇に仕えられた、陰陽士〝安倍晴明〟です。

折口（1924=1975）は、安倍晴明が書いたとされる偽書「簠簋《ほき》内伝抄」に掲載されている物語を次のように紹介している。

> この話は、江戸以前少なくとも室町のころには、すでに纏まっていたものと見られる。晴明の母御は、人間ではなかった。狐の変化であったのが、遊女になって諸国を流浪しているうち、猫島に行って、ある人に留められて、そこに三年住んだ。
>
> その間に子が出来たので、例の歌を残して去ってしまうた。子は成人して陰陽師となった。都に呼びよせられた時、母の恋しさに、和泉国信太ノ杜《もり》へ尋ねて行って拝んでいると、年経る狐が姿を顕した。それが、晴明の母の正体だったというのである（折口 1924=1975：25）。

この哀切な物語はとても有名で（晴明の母が猫島にいたということも気にかかる）、絵にも描かれた。例えば、図22は、明治の浮世絵師・月岡芳年が描いた母子の別れの場面である。狐の姿になって去って行く母の着物の裾に縋る、愛らしい童子の表情が胸に迫る。

折口は、さらに葛の葉伝説と似た三輪山伝説にも言及している。

顕昭法橋の「顕註密勘」には、同じ歌が、こんな話の中に伝わっている。伊勢国奄芸郡に一人の猟師がいた。ある夜、山で鹿を待っていたところ、鹿は来ないで、闇の中にぎろぎろ光る大きな眼の物が来た。猟師が矢を射ると、逃げてしまった。その跡をつけて行くと、古塚の穴にはいっているようである。穴の外に、神女が一人いて言うには、あれは化け物である。自分はあの化け物に捕らわれて、大和からここへ来たものだ。あれを焼き殺してくれとある。で、柴を穴にうち込んで、化け物を焼き殺してしもうた。その跡が野中塚と言うている。神女は猟師と夫婦になって、子さえ儲けた。その後しばらくして、姿を隠してしもうた。猟師が悲しんでいるうち、母を慕うていた子供も、どこかへ影を隠した。神女の残して行った「三輪の山もと杉たてるかど」によって、大和へ尋ねて行って、三輪の社を拝んでいると、女房と子供の姿が、神殿から現れた。その後猟師も神になった。（折口 1924=1975：31）

図 22　新形三十六怪撰　葛の葉きつね童子にわかるゝの図　月岡芳年　明治 23〔1890〕年（国立国会図書館デジタルコレクションより）
葛の葉は、わが子童子丸に正体を見られて、夫と子のもとを去っていく

狐が人と交わる物語としては、「玉《たま》

藻《も》の前」も有名である。

『御伽草子』の「たま藻のまへ」によれば、そのあらすじは次のようである。

> 近衛院の時代、鳥羽院の仙洞に一人の化女が現れた。美人で学識も高く、化生の前と称された。詩歌管弦の遊びが催された折、身体から光を放った化生の前は以後玉藻の前と呼ばれる。彼女を寵愛する院が病に伏し、典薬頭では治せず、高僧たちの祈祷も効かない。陰陽頭安部泰成に占わせると玉藻の前の正体、那須野に住む仏教に仇をなす天竺震旦渡りの狐の仕業とわかる。太山府君祭の途中玉藻の前は姿を消す。弓の上手上総介と三浦介が那須野に下り、鍛錬の甲斐あって狐を射殺す。都に運ばれた狐は宝蔵に納められ、その身体からは種々宝物が得られたという。
> （京都大学附属図書館 1999：49–50）

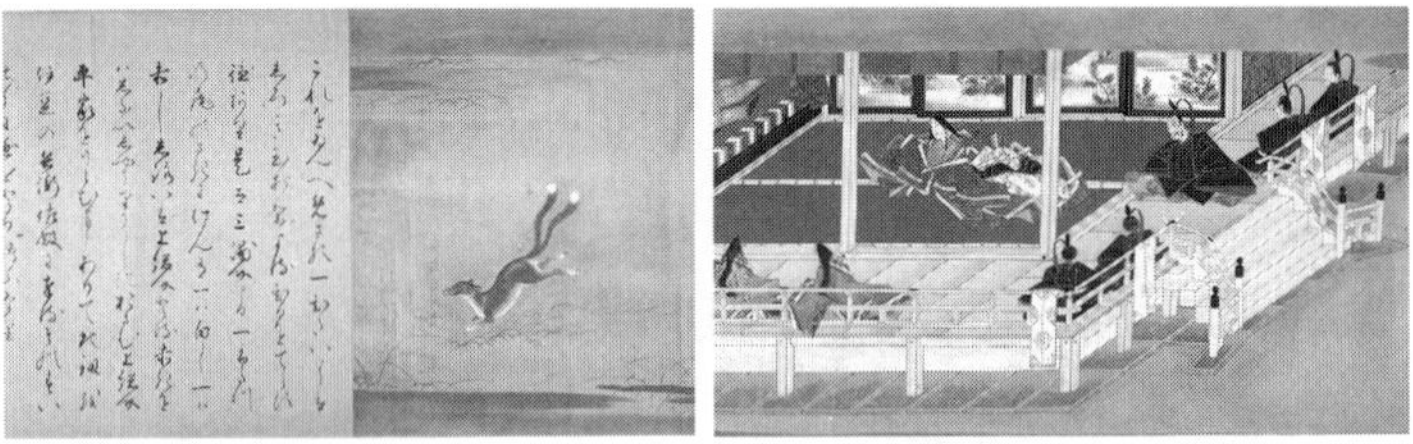

図23　『たま藻のまへ』二巻より（京都大学附属図書館蔵　部分　変形）

図23は、京都大学が貴重資料デジタルアーカイブとして公開している『たま藻のまへ』の図像[11]の一部である。美しく知識も深い玉藻の前は、実は狐だった。図に描かれた狐の尾は二股に分かれている。「猫また」の尾が二股に分かれているのと同じ発想であることに注意したい。

表3 異類婚姻譚の比較

	薄雲太夫	おしらさま	信田妻	玉藻の前
人間	薄雲（美しい太夫）	美しい娘	安倍保名	鳥羽院
動物	猫	馬	狐（美しい女）	狐（美しい女）
動物と人間	薄雲は猫と異常なほど親密な関係となる	娘は馬と恋に落ち、結婚を望む	保名が狐を助けると、美しい女が訪ねてきて、結婚する	鳥羽院が女（玉藻の前）を寵愛する
娘／動物への迫害	主人が薄雲と猫の関係を怪しみ、猫を殺す	父親が娘と馬の関係に激怒し、馬を殺す。	2人の間に子どもができるが、やがて女は狐の正体を顕す	鳥羽院が病に伏し、陰陽師によって、玉藻の前の正体が狐とわかる
結果	猫が薄雲を護ろうとしていたことが判明	馬と娘はともに天上へ去る	女は去って行く	那須で狐を射殺す
後日談	猫が遊女のシンボルになる	蚕が天から降る	子どもは優れた陰陽師となる	狐の身体から宝を得る

これらの物語を先に挙げた「薄雲太夫」の物語、「おしらさま」の物語と比較してみたのが表3である。

異類婚姻譚は、日本のみで伝えられる神話ではない。むしろそれは、世界中に分布する、普遍的な神話構造の一つなのである。

たとえば「おしらさま」の原型ともいえる物語は、四世紀に東晋の干宝が著した志怪小説集『捜神記』に「馬の恋」として載っている。要約すればこんな話である。

ある家で牡馬を一匹飼っており、娘は親身になって世話をしていたが、淋しい家での一人暮らしに、父親が恋しくてたまらなくなり、馬に向かって冗談を言った。「お前がお父さまを連れ帰って来ることができたなら、私はお前のお嫁さんになってあげるよ」。すると馬は、この言葉を聞くなり、手綱を引きちぎって走り去った。馬は一目散に父親のいる所へやって来た。父親は大急ぎで馬を走らせて帰ったが、馬の様子が変なので、娘に問いただした。事情を聞いて、父親は馬を射殺すと、皮を剝いで庭に干した。ある日、父親がいないとき、馬の皮がさっと立ち上がったと思うと、娘を包み込んで飛び去った。その後、数日してから、庭の大木の枝の上に、娘と馬の皮が発見された。どちらも蚕と化して、枝の上で糸を吐いている。その作る繭は、通常の繭の数倍も糸が取れたのであった。そこでその樹に桑と名づけた。

細部はやや異なるが、まさに「おしらさま」のモチーフであることがおわかりいただけるだろう。

3・5 循環する始原神

一方、世界には、ネコがまさに始原神として登場する異類婚姻譚もある。文化人類学者のクロード・レヴィ＝ストロースは、『大山猫の物語』（1991：訳書 14）という著作で、ネズパース・インディアンに伝わる次のような物語を紹介している。

大昔、動物たちの村に野生ネコ（オオヤマネコの別名）が住んでいた。年老い、疥癬をわずらって、杖で絶えず体を搔いていた。時おり、同じ小屋に暮らしている若い娘が、その杖を取りあげては自分の体を搔いた。野生ネコは娘にそうさせまいとしたが無駄だった。ある日、娘は妊娠に気づき、やがて男の子を産んだ。同じ村に住むコヨーテがそれに腹を立てた。コヨーテは、老いた野生ネコとその妻と子供を見捨てて一斉によそへ引っ越すように村の住民全員を説得した。野生ネコは頭をおおい隠し、小屋から出なかったので、やがて食糧が底をついた。とうとう野生ネコは娘が可哀そうになった。近くに穴を掘って焼けた石で熱くした水を満たすよう娘に命じた。野生ネコはその湯につかった後、小川の冷たい水に飛びこんだ。すると体をおおっていたかさぶたがすべてはがれ落ち、野生ネコは美しい若者となって、狩に出かけた。その日から住まいはありあまるほどの食糧で満ちあふれた。

古代エジプトでは、猫が始原神の妻であることを考えれば、このような説話もあり得て当然である。また、村川（2004：86）などによれば、北関東の養蚕地域では、養蚕神の幣束のことを、「オネコサマ」と呼ぶという。もしかすると「ネコ」とは、特定の動物種ではなく、何らかの「神格」を意味するのではないかとさえ疑ってしまうのである。

そうしてみると、猫、狐・馬、蛇の関係は、一方向な序列関係ではなく、相互に循環する関係であるのかもしれない。それはいいかえると、猫と狐、猫と蛇の関係は、2・3項で述べたような「零落」関係ではなく、相互に交換可能な関係かもしれないということである（図24）。

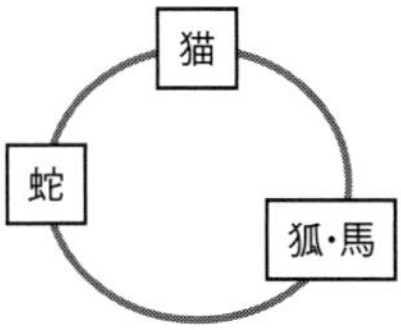

図24　循環する蛇－狐・馬－猫関係

4　おわりに――〈猫〉ブームを巡る風説は古い起源をもっていた

本章でみてきたことからわかることは、日本の大衆による気まぐれな流行現象と考えられてきた江戸時代の〈猫〉ブームの始まりに関するあまり信用できない噂話（猫説話）は、実は古い起源をもっているということである。

フランスの社会学者・哲学者であるエドガール・モランは、一九六九年にフランスのオルレアンで起きた他愛もない風説とそれが引き起こした危険な動きについて、丹念な調査を行い、この社会的事件を、「オルレアンに固有なものとしてでなく、一つの神話の作用の結果として、扱い進めてきた。私たちのねらいは、現代的な生活の世界へ、アルカイックな性格のうわさが浮び出て、しかも人々が本気でこれを信じこみ、神話が持続し重大な結果をひきおこしたのはいかにしてか」(Morin 1969=1973：14) という問題を考察しようとした。

次からの章では、モランに倣って、〈猫説話〉をさらに長い歴史のなかで観察し、その意味を考えたいと思うのである。

注

1 「上野公園　花園稲荷神社(忍岡稲荷)―御縁起」 http://www.gojotenjinja.jp/hanazonoinari.html (2016.3.6 閲覧)

2 https://tokyo-iseki.metro.tokyo.lg.jp/map.html#main (2022.9.26 最終閲覧)

3 http://anamori.jp/yuisho.html#shasi (2019.7.6 最終閲覧)

4 玉姫稲荷神社で配付している「玉姫稲荷神社の由来」による。ただし、「玉姫」の名については、大阪にも「玉姫稲荷」があり、また、伏見稲荷のお塚にも「玉姫大神」を祀るものがあることなどから、この伝承は必ずしも正しいとはいえない。

5 https://arakijinja.jp/publics/index/22/ (公式サイト、2019.7.11 最終閲覧)

6 一六八八年から一七〇四年(元禄年間)ごろに、陣屋の西南隅(御蔵の西)に稲荷宮を奉斎して、年貢米を納めた御蔵の守護神にした。大正三年(一九一四年)に社殿は一本杉白山神社に移され、猫石だけが残

された。（八岩 2005：111）

7 https://www.town.takahata.yamagata.jp/soshikiichiran/shakaikyoikuka/oshirase/2/490.html

8 平岩 1992：58。平岩によれば、このエピソードは『松下庵随筆』に収められており、山東京山『朧月猫草紙』二編上に引用されているという。

9 http://miyagitabi.com/wakabayasi/neko/

10 http://www.kuzunohainari.com/?page_id=7

11 https://rmda.kulib.kyoto-u.ac.jp/item/rb00013524

第七章　都市における猫伝説の場所性

1　猫の聖地

第六章でも見たように、猫伝説は、実は土地と強く結びついている。これらの土地に何か共通性はあるのだろうか？　代表的な猫伝説の地、いわば〈猫聖地〉に共通する特徴について、実際にその地に足を運び、具体的に考えて見たい。

2　浅草寺今戸周辺の〈場所〉を検証する

江戸の〈猫聖地〉としては、まず、招き猫発祥とされる吉原、浅草、今戸周辺がある。

第四章で見たように、近隣に住む貧しい老女が猫のお告げにしたがって「招き猫」を売り始めたとされるのが、台東区浅草の浅草寺境内だった。

浅草寺は現在も多くの参拝客、観光客で賑わう東京の代表的寺院であり、観光地である。外国人観光客の人気も高い。浅草寺参道や周辺で夥しい招き猫グッズが売られていることは第四章でも述べたが、浅草仲見世通りのキャラクターも猫である（図1）。

図1　仲見世商店街のキャラクター「新にゃか」（2015.5 筆者撮影）

寺伝によれば、浅草寺が創建されたのはおよそ一四〇〇年前の飛鳥時代に遡る。縁起を要約すれば次のようである。

六二八（推古天皇三六）年三月一八日の朝早く、宮戸川（今の隅田川）のほとりに住む檜前浜成《ひのくまのはまなり》・竹成《たけなり》兄弟が漁をしていると、一躰の像が網にかかった。兄弟は像を水中に棄て、場所を変えて網を打った。しかしそのたびに尊像が網にかかるばかりで、魚は捕れなかったので、兄弟はこの尊像を持ち帰った。土地の長・土師中知《はじのなかとも》に見てもらうと、その像は、聖観世音菩薩の尊像であるとわかった。そこで翌日の朝、里の童子たちが草でつくったお堂に、この観音さまをお祀りした。観音さまが現れた日、一夜にして辺りに千株ほどの松が生じ、三日を過ぎると天から金の鱗をもつ龍が松林の中にくだったという。このことが、後につけられた山号「金龍山」の由来となった。また現

在、浅草寺寺舞として奉演されている「金龍の舞」も、これにちなんでいる。（浅草寺公式サイト[1]を要約）

浅草寺は、江戸時代の浮世絵にも数多く描かれており（図2）、江戸の信仰の一つの中心だったことがわかる。

また図3は、浅草寺創建のきっかけとなった三人（三社）を祀る浅草神社の例大祭である三社祭りの御輿である。御輿に絡みつく黄金の紐は、縁起に書かれた「金龍」を表しているのだろうか。

それにしても、飛鳥時代の創建とは、神話や伝説のようにも聞こえる。しかし、実際にこの周辺はきわめて古い時代から人びとがすんでいたようである。口絵12（右）は、東京都遺跡地図情報インターネット提供サービス[2]（以下、「東京都遺跡地図情報」と略記）でこの地域を検索し、加工したものである。これによれば、浅草寺一帯は、縄文時代からの遺跡であることがわかる。また、周辺は広い範囲にわたって遺跡が散在している。これらの多くは近世遺跡であるが、その深層には、さらに古い時代の遺物が埋まっている可能性もある。いずれにせよ、口絵12（左）に見られるような[3]、川べり（古い時代には海べり）の台地の端という立地は、人間の居住に適しており、古代には遺跡周辺

図2　江戸高名会亭尽　浅草雷門前　広重（国立国会図書館デジタルコレクションより）

図3　浅草三社祭の御輿（2015.5.16 筆者撮影）

を下総国（現・千葉県）へ抜ける官道が通っていた。

一方、浅草寺創建に貢献した土師中知以来、浅草寺の専堂坊職および浅草神社宮司は土師家の血族によって継承されてきた。土師氏の先祖は、『日本書紀』などに登場する古墳時代の豪族・野見宿禰《のみのすくね》である。野見宿禰は、日本書紀垂仁七年の条に、「出雲国に勇士あり。野見宿禰といふ」とあり、相撲の始祖としても知られている。また同書垂仁紀三十二年の条には、「后ヒバスヒメを葬るにさいしノミノスクネのはからいで、陵墓に人を生き埋めにする代りに埴輪を立てる」（西郷 1999=2008：10）ことにし、その功績により「土師」姓を与えられ、皇室の葬喪儀礼に携わる役に就いたとある。土師氏については諸説あり、浅草寺創建の伝承も事実との関係は曖昧である。ただ推測できることは、土師氏すなわち土器を製作する人びとが古代からこのあたりにいたということ、そして西郷（同上：16）が指摘するように、彼らは埴輪だけでなく古墳の築造にも携わっていたのではないか、ということである。また、そのような伝承は、この地が土器製造に適した赤土の土壌で、古くから（丸〆猫で知られた今戸のように）土器などの製造が行われていたことを示唆している。

浅草寺から、今戸を経て、歩いて一〇分ほど北側の地に、東京都遺跡地図情報によれば「石浜城遺跡」がある（口絵12右）。石浜城とは、中世に江戸氏が本拠地とした城で、室町時代には武蔵千葉氏が本拠を置いたが、天正一八（一五九〇）年、豊臣秀吉の小田原征伐によって千葉氏が滅び、廃城となった城である。

口絵12（左）で見ると、この石浜城遺跡と重なり合うようにして、石浜神社がある。

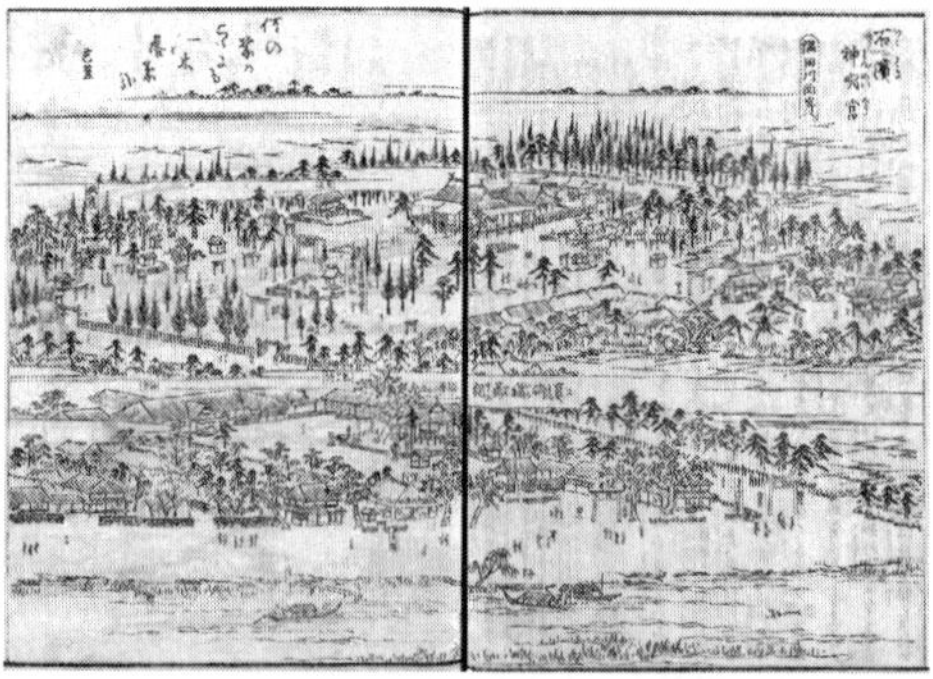

図4　江戸時代の石浜神明宮(『江戸名所図会』7巻　十七　松濤軒斎藤長秋　天保5-7〔1834-1836〕年　国立国会図書館デジタルコレクションより)

石浜神社は、その「由緒」[4]によれば、聖武天皇の神亀元(七二四)年九月一一日、勅願によって鎮座され、文治五(一一八九)年、源頼朝の奥州征討に際しての社殿の寄進などを経て、中世初めには大社として発展した。殊に、千葉氏、宇都宮氏などの関東武将の信仰は篤く、関八州より、多くの参詣者を集めた、という。

石浜城、石浜神社の「石浜」とは、現在の隅田川(かつての古利根川)の右岸地域を指す(口絵12右)。地名に「石」がついていることに注目する必要がある。西郷(同上:17)は、先に挙げた后ヒバスヒメを葬るに際し、土師部だけでなく石祝作《いしきつくり》も定めたことに着目し、「土師部がよき埴土や陶土のある地に置かれたのと同じで、石作部も大石の切り出し場近くに置かれたはずで」あると述べ、土師氏と石作氏が協力して古墳の建設を遂行したのではないか、というのである。

隅田川右岸の高台に、土師氏と繋がる浅草寺と、石作氏と関係するかもしれない石浜城址・石浜神社が位置することは、まさにこの地に西郷の仮説が妥当する古代王権の存在を示唆するのではないか。

東に隅田川、西に富士山、北に筑波山を望むこの地は、江戸名所図会(図4)からも、江戸期における繁栄の様子がうかがわれる。すなわち、この地は、隅田川を眼下に望む高台に位置し、古くから聖な

図5　浅草　石浜神社（さまざまな神体を合祀）（筆者撮影）

る土地として崇敬されてきた。しかし、戦災などを経て、現在ではかなり規模を縮小している。また江戸期には同じように繁盛していた近隣の神社も、石浜神社内に固めて祀られている（図5）。

ここに集められた神社は、江戸期にはそれぞれに隆盛を誇った近隣の神社である。

中村（2009）も、「隅田川の畔、石浜神社の境内にある真崎稲荷の奥宮・招来《おいで》稲荷の白狐神祠。「この穴の前で供物を用意し、神主が御出《おいで》御出《おいで》と手を打ち、神狐が出て食らえば願いが叶い、食わなければ叶わず」といわれたという」（p. 135）と書き記している。

第六章で見たように、〈猫聖地〉がしばしば稲荷社と重なり合い、また、稲荷社の奥宮が聖なる〈穴〉であり、さらにその〈穴〉が古墳の横穴式石室が露出したものと考えられる事例が多いことを考え合わせれば、この地の聖地性が改めて感じ取れる。

3 豪徳寺招き猫の〈場所〉を探検する

井伊公を招いた招き猫伝説で知られる豪徳寺（第四章参照）は、世田谷にある豪壮な寺院（図6）である。威風堂々たる佇まいにはいささか不釣り合いにも見えるが、寺務所には大小さまざまの土器の招き猫が売られており、夥しい数の招き猫が奉納されている（口絵14）。招き猫伝説の登場人物である井伊家代々の墓所もある（図7）。

図6　豪徳寺参道（筆者撮影）

図7　井伊直弼の墓（筆者撮影）

図8　世田谷城跡（筆者撮影）

この豪徳寺敷地は、世田谷城跡（図8）と重なり合っている。世田谷城は、奥州吉良氏によって築かれた平山城であり、奥州吉良氏が代々居を構えたとされる。経堂台地から南に突き出た舌状台地上に占地し、城域の三方を取り囲むように麓を烏山川が流れ天然の堀を成していた。

近くには、代田（ダイダラボッチ[5]に由来するとも考えられている）、赤堤の地名があり、舌状台地の地形であること、土器製作に適した赤土の土壌であることなどが推測できる。口絵13（右）（東京都遺跡地図情報より加工）からわかるように、これらを含む一帯からは、旧石器時代、縄文時代、弥生時代の遺跡が見つかっている。そして、これらの遺跡は、口絵13（左）（国土地理院地図を加工）に見られるように、それぞれ墳丘状の丘の上にある。

すなわち、豪徳寺－世田谷城跡の周辺も、浅草寺－石浜城址と同じような特徴をもった地域なのである。

4　自性院周辺を探索する

新宿区西落合の自性院（図9・10）は、交通量の多い通りのそばにあるが、閑静な住宅街でもある。ここには、第四章で紹介したように、次のような招き猫伝説が伝えられている。

> 文明九年（一四七七）に豊島城主豊島左衛門尉と太田道灌とが江古田ヶ原で合戦した折に、道に迷った道灌の前に一匹の黒猫が現れて自性院に導き危難を救ったため、猫の死後地蔵像を造り自性

図9　自性院の巨大猫像（筆者撮影）

図10　入り口付近の石塔（筆者撮影）

図11　自性院の境内の猫塚（筆者撮影）

院に奉納したのが猫地蔵の起りとも伝えられている。

自性院の〈招き猫〉伝説は、豪徳寺のそれとほぼ同じモチーフである。ただし、登場人物としては、太田道灌と豊島城主という、その土地と関わりの深い権力者が選ばれている。それは、この〈場所〉すなわち〈猫聖地〉が、古い時代から権力と結びついていたことを誇示しようとするためなのだろう。

自性院には、別の〈猫説話〉も伝えられている。一つは、江戸時代、息子を亡くした豪商が猫地蔵を奉納したというもの。またもう一つは、貞女として名高かった金坂八郎治の妻（覧操院孝室守心大姉）のために、牛込神楽坂の鮨屋弥平が猫面の地蔵像を石に刻んで奉納しており、猫面地蔵と呼ばれているというもの。これらの伝説とどのような関係があるのか定かではないが、境内には数基の猫塚（図11）が建てられている。

自性院の猫地蔵は秘仏となっており、毎年二月三日の節分のときだけ公開される。

口絵15（左）（国土地理院地図より加工）からもわかるように、自性院のある西落合周辺は、このあたりで神田川と合流する妙庄寺川を挟む舌状台地（目白台地）の地形となっている。そのため日当たりがよく、口絵15（右）（東京都遺跡地図情報より加工）に見られるように、旧石器時代、縄文時代からの遺跡が、哲学堂公園や目白大学構内など、数多く残っている。

自性院のあたりも、縄文時代の遺跡がある地域である。

また、関東ローム層による赤土の土壌でもある。

ここにも、浅草寺や豪徳寺と同じ〈場所〉的特徴が現れていることがわかる（口絵12・13）。

5　有馬猫騒動の〈場所〉を探索する

〈招き猫〉説話だけでなく、〈化け猫〉説話についても見てみよう。第五章で述べた「有馬猫騒動」は、講談、歌舞伎、映画などとして繰り返し上演され、よく知られている。しかし、それは根も葉もない架空の話であり、火のないところに煙を立てた虚構であると多くの論者が認めている。にもかかわらず、その化け猫を弔う「猫塚」（口絵17）は、現在もちゃんと実在し、生花が手向けられている。なんとも不思議なことである。

猫塚があるのは、東京タワーにほど近い旧有馬藩邸内で、現在は区立小学校の体育館の裏手である。「猫塚」と彫られた小さな石碑だが、実はこれはかつてあったものの一部だという。残りの部分は、恵比寿の方に別に祀られているという。なぜそんなことになったのかはわからない。しかも、「猫塚」の

図12　芝丸山古墳　芝公園内（筆者撮影）

図13　芝丸山古墳の山腹に鎮座する随身稲荷（筆者撮影）

前には、講談の有馬騒動のあらすじが、あたかも事実のように書かれている。嘘は真実として語り伝えられているのだ。二一世紀になっても。

猫塚のある小高い丘は、「オセンチ山」（口絵17）と呼ばれる。古墳との説もあったが、二〇〇九年の調査では古墳の痕跡は発見されなかったという（ただし、二〇二三年九月に同サイトを閲覧すると、「猫塚（おセンチ山）古墳」と書かれていた）。「オセンチ山」にそって続く急な坂（口絵17）は、「綱の手引き坂」と呼ばれ、区の案内柱によると、「平安時代の勇士源頼光の四天王の一人、渡辺綱にまつわる名称である。姥坂（うばざか）とも呼んだが、馬場坂の説もある」といわれる。古くから「聖なる地」と考えられてきたことの一つの証であろう。

この地も、舌状台地の突端に位置し（口絵16）、周辺には古来から崇敬を集めた神社、仏閣も多い。例えば、春日神社、御田神社、愛宕神社、芝神明社などである。坂下の低地には目黒川を上流とする古川が流れ、東京湾に注いでいる。

古川を挟んで広大な寺域を誇る、徳川家菩提寺でもある増上寺境内には、芝丸山古墳（図12）がある。東京都教育委員会の説明板による

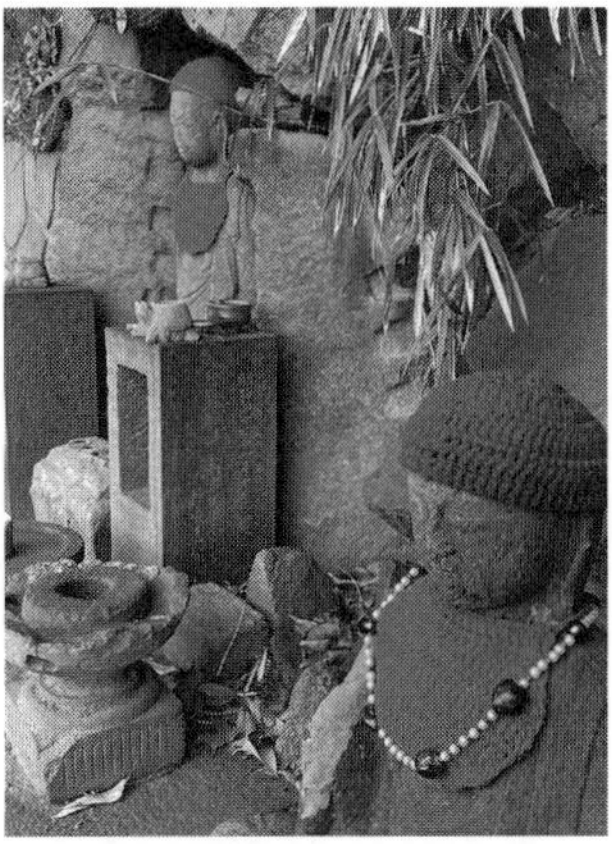

図14　紅葉谷の蛇塚（筆者撮影）

図15　蛇塚の奥にある蛇の石像（筆者撮影）

と、全長一〇六メートル前後、後円部径約六四メートルの、都内最大級の規模をもつ前方後円墳。標高約一六メートルの台地端に位置する。明治三一（一八九八）年に坪井正五郎博士によって調査された。五世紀代の築造とみられており、南武蔵有数の族長の墓だったと考えられるという。芝丸山古墳の山腹には随身稲荷（図13）が鎮座している。

増上寺の向かいにそびえ立つ東京タワーは、「紅葉山」と呼ばれる山の上に位置する。かつてはここに紅葉亭という料亭があって、遊覧客で賑わったという。その麓は、「紅葉谷」と呼ばれ、美しい滝で知られる（近年整備されて公園となった）。その崖壁に「蛇塚」と呼ばれる穴があり、数体の石仏が祀られている（図14）。その前には、いまもつねに供え物が捧げられている。「蛇塚」本体は岸壁の〈穴〉であり、中をのぞいてみるととぐろを巻いた石の蛇が置かれている（図15）。

猫塚周辺の遺跡を「東京都遺跡地図情報」で確認すると（口絵16右）、猫塚は古墳とされており、近隣には、先に述べた芝丸山古墳群、紅葉館内貝塚（縄文遺跡）、麻布台貝塚（縄文遺跡）、弥生時代遺跡などが集積していることがわかる。また、猫塚周辺の地形を見たのが口絵16（左）であるが、猫塚古墳をはじめ、これらの遺跡が、台地の端に位置していることがわかる。さらに、これら遺跡群の間の低地を流れる古川と、東京タワー横を走る国道の交差する場所の地名は「赤羽根」であり、これは、一帯が赤土であることを示している。

6　東京の〈猫聖地〉の意味すること

6・1　東京の〈猫聖地〉の共通性

東京の〈猫聖地〉がこのような場所にあるということは、〈猫聖地〉が古い時期の〈聖地〉（その時代の権力を象徴する場所）であったことを暗示している。

まとめるとここまで考察してきた多くの〈猫聖地〉の〈場所性〉には、以下の特徴が共通してあることがわかった。

- 舌状台地の端（ダイダラボッチ）、または河岸段丘の端に位置する
- 古墳跡であることが多い（あるいは、周辺に古墳が多い）。
- 古代土器が出土（赤土）している。土質は赤土で土器づくりに適している。
- 中世城址であることも多い。

これらは、過去において、その地が地域権力の拠点であり、土器づくりに従事する土師集団がいたことを暗示している。すなわち、その地は人びとにとって古代聖地（土着権力）のかすかな記憶を喚起する場所であり、またそのイコンとしての形代（何らかの象徴的事物、伝承）を産みだす場であった。その結果、時代が揺らぐとき、人びとは「社会再創出（世直し）」の夢とその地とを無意識に結びつけたのではないだろうか。

6・2　伏見稲荷大社と住吉大社

このような地形は、第四章、第六章でも述べた、伏見稲荷大社や住吉大社の地形とも合致する。口絵18はいずれも国土地理院による地図である。赤い丸で囲ってあるのが、それぞれ、伏見稲荷大社と住吉大社である。伏見稲荷大社は、神蛇にも似た山容の山（舌状台地の突端）にそって建てられ、その麓を流れる川は、天然の要塞ともなり、古代の豪族たちの治める場所でもあった。伏見稲荷大社は秦氏と安倍氏の勢力圏であったといわれ、「大社」として現在まで残っている。また住吉大社は、上町台地の西端にあり、大阪湾に向かって鎮座している。古くから人が集住し、また交通の要衝であった。こうした地は、伏見、住吉ほどではなくとも、古代豪族の根拠地であり、時代によって権力者が変化しても、新たな権力者たちの根拠地（居城）として再利用され、次第に過去の記憶は薄れていっても、何らかの〈聖なるもの〉を感じさせる場所として意識されてきたのではないだろうか。

7　まだそこにある謎――なぜ猫は「ネコ」なのか、なぜ「ネコ」は「タマ」なのか？

最後に、今後さらに深く追求したいいくつかの謎について述べておきたい。

7・1　なぜ猫は「ネコ」なのか

なぜ猫は「ネコ」なのか。いや、「ネコ」は猫なのか、と問うた方がよいかもしれない。先にも述べたように、「蛇」を「オネコサマ」と呼ぶ地域もある。この呼称が通るなら、「ネコ」は必ずしも猫でないことも考えられる。

というのも、「猫塚」というものが、全国に、意外なほど多い。「猫塚古墳」という場所名も、第六章で挙げた仙台の猫伝説の地以外にも複数ある。仙台の猫塚古墳には猫説話が付随しているが、猫とは何の関係もなさそうな「猫塚古墳」もある。

また、「猫」という言葉を含む地名も数多くある。それらの中には、猫説話を持つ地もあるが、後付けで無理やり猫説話をつけたようなものもある。「猫」のつく地名は、本来、猫説話があったから「猫」の字を含むのか、あるいはそれ以外の理由があるのか。

ここで一つのヒントになるのは、前節で見た猫聖地の場所性である。猫聖地の多くは、舌状台地周辺に所在し、台地の麓には川あるいは海があって天然の堀の役割を果たしている。古代古墳の遺跡が残っていることも多く、中世以降、勢力を持った武士一族が根城とした遺跡であることも多い。

『世界大百科事典　第二版』によれば、「根古」とは、「中世後期山城《やまじろ》の麓にあった城主の館やその周辺の屋敷地。おもに東国で用いられた語で、後に集落の地名となって根古屋、猫屋などと書かれることもある。城主が平時は麓に居住し、戦時に山城に詰めるという形は中世後期に全国的に共通していたので、根小屋の用語の使われなかった地方も含め、このようなタイプの城郭を根小屋式と形容することがある」と述べられている。このことを考慮すると、猫聖地は、「ネコ（ヤ）」という場所の名が先にあって、そこに猫説話が後付けされたと考えることもできる。

さらに、「根古」という言葉が、上記の意味から類推されて「聖なる力」を意味するようになり、「猫」という動物の名にもそれが転用されたと推測することも不可能ではないかもしれない。

7・2　なぜ猫の名前は「タマ」なのか

もう一つ、子ども向けのクイズのようだが、なぜ猫の名前は「タマ」であることが多いのか、という謎もある。

先に「玉姫稲荷」の名称について、社殿に疑問を呈した。「玉姫稲荷」が他にも存在し、伏見稲荷内にも祀られていることからすれば、「玉姫」が墨田の地の固有の伝説に由来するは考えにくい。それよりも、「玉依姫《たまよりひめ》」（『古事記』では玉依毘売《たまよりひめ》、玉依毘売命《たまよりひめ》）という名の、神武天皇の母として知られる女神と何らかの関係があると考える方が妥当ではないか。

「玉依姫」とは、字義からすれば、「神霊が依り憑く巫女」を指し、大物主神の妻である活玉依毘売《いくたまよりひめ》や、『山城国風土記』逸文に見える玉依日売と同じく、この名前を持つ者は神と通婚する巫女的神性を持つと考えられる（西宮校注 2014：136）。

そのように考えれば、「玉（依）姫」は、まさに、猫と結ばれた女たちを指すともいえるし、女たちが結ばれた猫（＝神＝霊《タマ》）を指すとも考えられる。

猫の名前が「タマ」であることが多いのは、このような神話的表徴によるとも考えられるのである。

これらの仮説を頭のはしに置きながら、次章からさらに〈猫〉の迷宮をたどってみよう。

注

1 https://www.senso-ji.jp/about/ 2022.9.25 最終閲覧

2 https://tokyo-iseki.metro.tokyo.lg.jp/map.html#main 2022.9.24 最終閲覧

3 国土地理院地図（https://maps.gsi.go.jp/）（2022.9.24 最終閲覧）を加工

4 http://www.ishihamajinja.jp/information/index.php

5 「ダイダラボッチ」（またはそれに近い名前）とは、日本各地で伝承される巨人のことで、柳田國男（1938＝1989：470）によれば、「大太郎法師」のなまったものではないかという。山や窪地のできた理由を説明するものとして語られることが多い。柳田は、「現在の京王電車線、代田橋の停留所」（同：470）にもダイダラ坊の足跡があると述べている。

第八章 〈猫聖地〉の〈地政学〉的考察
――山の道と海の道そして根の国

1 はじめに

第七章では、都市部における〈猫聖地〉の特徴を考えた。では、地方における〈猫聖地〉にも、何らかの特徴が見いだされるだろうか。そしてそこから、〈猫〉をめぐる私たちの意識の古層について、何かしら新しい発見が得られるだろうか。

本章では、まず、〈猫聖地〉の多い阿武隈川流域をたどりながら、〈猫〉たちの足跡をたどってみよう。

2　阿武隈川に沿って

2・1　災害による歴史の消失

都市部以外では、近年、人口減少が進み、猫にまつわる伝承や、猫を祀る寺社や塚なども、人びとの意識から忘れられていく。ことに大きな災害があると、古くなり、意味のわからなくなった史料や遺跡は、差し迫った復興作業の中で意識されぬまま廃棄されてしまうことも多い。二〇一一年の東日本大震災でも、旧家の蔵なども被災し、多くの歴史資料が傷つき、失われた。懸命の回復作業が続けられてはいるものの、戻らないものも多い。

二〇一九年秋は、二つの大きな災害があった。

一つは、一〇月三〇日に起きた首里城焼失で、正殿が完全に焼け落ち、全収蔵品一五二四点のうち約四〇〇点が消失し、残ったものも状態が劣化しているものが多いという。

もう一つは、一〇月一二日に日本の広い部分に大きな爪痕を残した台風19号である。

一〇月六日三時に発生した台風第19号は、非常に強い勢力を保ったまま、一二日一九時前に伊豆半島に上陸し、多くの被害を出した。台風の接近に伴い、西日本から東日本の太平洋側を中心に激しい雨を降らせた。一二日午後から深夜にかけて、群馬県、埼玉県、東京都、神奈川県、山梨県、長野県、静岡県、宮城県、福島県、茨城県、栃木県、新潟県に、岩手県に大雨特別警報が発表され、広い範囲で雷を伴った猛烈な雨や非常に激しい雨が降った。被害が大きかった県は、表1の通りである。

表1 2019年台風19号による人的・建物被害

都道府県名	人的被害			住家被害	
	死者	行方不明者	負傷者	全壊・半壊・一部損壊	浸水
宮城県	19	2	42	5542	14427
福島県	32		59	17955	3565
千葉県	12		30	2048	2796
神奈川県	9		43	1622	1495
長野県	5		144	6942	1733

出典：「令和元年台風第19号及び前線による大雨による被害及び消防機関等の対応状況（第62報）」令和元年12月5日（木）17時00分 消防庁災害対策本部（https://www.fdma.go.jp/disaster/info/items/taihuu19gou62.pdf）より筆者が抜粋・編集。

2・2 東日本大震災／台風19号と阿武隈川流域

表1からもわかるように、被害が大きかったのは、宮城から福島にいたる阿武隈川沿いの一帯である。

この地域は、東日本大震災でも大きな揺れを経験した。仙台近くの名取市が津浪で甚大な被害を受けたことは誰にとっても鮮明な記憶であろう。名取市と同じく、太平洋岸の地域の被害は大きかった。これに比べて阿武隈川に沿った内陸部では、地震の揺れによる被害は、建物の損壊が主だった。反面、内陸部ではむしろ、地理的に近い、福島原発事故の影響が大きかったという。二〇一九年三月に筆者がこの地域を訪れたとき、角田のタクシーの運転手さんはこんな風に語った。

「このあたりは、地震の被害はあまりなかったですよ。それでも旧家の建物や土蔵がひっくり返ったり、壊れたりしましたね。で、地震をきっかけに、古い建物を新しく建て直したり、土蔵を整理した家も多かったですよ。それを目当てに、京都の方から骨董屋がきたりもしてたみたいですよ。」「地震より福島原発事故の方が問題になりましたね。双葉町からそれほど遠くないということとで、放射線量を量ったりね。風評被害なんかもありました。あれ以来、このあたりでもイノシシが増えてね。猟師も減ってるから、退治するのも難しいよ。猟師なんかだと、イノシシ鍋にもできるのだろうけれど、このあたりじゃ、放射能を浴びてるかもしれないということで、食肉としての利用も禁止なんだよ。何にも打つ手はないね。」

そして二〇一九年一〇月、台風19号による豪雨は、口絵19に示すように、阿武隈川水系で多くの堤防決壊を引き起こした。これにより、多くの地域、道路が土砂に埋もれ、交通網が分断され、孤立する地域も多く発生した。なかでも宮城県伊具郡丸森町は、町内を流れる阿武隈川水系の三河川の一八か所で堤防が決壊し、死者一〇名、行方不明者一名を出した。先に述べたような歴史的史料、歴史的遺跡の消失も危惧されるのである。というのも、この地域は、現在こそ、人口減少と高齢化によって未来に向かっての不安が語られているが、先のタクシーの運転手さんの言葉からも垣間見られるように、古い大きな屋敷もそこここに残っている。かつては、栄華を誇った地域でもあるのである。

またこの一帯には、猫にまつわる寺社や猫塚が全国的にも非常に多いことでも知られている。本章では先ず、この阿武隈川流域から、〈猫聖地〉の〈地政学〉的考察を始めたい。ただし、ここでいう〈地政学〉とは、国際政治で用いられる「地政学」とは異なり、地域の自然環境と人間的要因（権力、信仰、社会関係など）とを重ね合せて考えようとする試みである。

3　〈猫聖地〉と養蚕業

3・1　〈猫聖地〉としての丸森町

先にも述べたように、阿武隈川流域には、多くの猫碑、猫塚、〈猫聖地〉が残されている。茂った草むらに隠れるように、あるいは寺社の境内にひっそりとたたずむ猫碑・猫塚（「猫」という文字や猫の姿が刻まれた石の碑）は、今にもそこから本物の猫が飛び出してきそうな気配すら感じる。

とくに、宮城県伊具郡丸森町では、八一基もの猫碑が見つかっている。その一部を口絵21に示す。（ただし、先にも述べた二〇一九年一〇月一二日の台風被害は、町の広い部分を土石流で埋めた。これにより、猫碑も行方不明になったものも多い。[1] 幸いにも東北最古とされる猫碑は発見されたが、[2] 災害が古い暮らしの記憶を消していくことには抗えない）。

口絵20に丸森町における猫碑、猫像の分布を示す。石黒（2017）によれば、猫碑は「地区別では、大内が最も多く三二基、次いで丸森の二七基、筆甫六基、金山六基、耕野二基」であり、「ほとんどは阿武隈川の南、南東部に分布し」、「川の流域では、雉子尾川・内川・五福谷川の流域沿いに多くみられる。また猫像は、「筆甫五基、丸森と金山が各一基」あるが、近隣の「福島県伊達市梁川町では六基」「角田市君萱の薬師堂に二基、蔵王町円田の個人宅で一基」見つかっているという（p. 40）。

また、丸森町内の猫神社としては、伊具郡丸森町大張大森字中平の個人宅に祀られている猫神様、伊具郡丸森町字廻倉の猫神社（「文久二年」と書かれ猫が描かれた石碑、現在は三峰神社）、伊具郡丸森町耕野の不動堂（ご神体は不動明王像。養蚕の神様とされ、招き猫が奉納されている）の三社があるという。

3・2　丸森町と養蚕

すでに第三章でもみたように、〈猫聖地〉は、一般に、養蚕業との関係によって説明されることが多い。実際、「養蚕神社」あるいは「蚕影神社」で、猫にまつわる護符が配付されていたり、石碑や石像が残されていたりすることは多い（とはいえ、「蚕神」として祀られるのは、ほとんどが女神像である。「猫」は、むしろ「鼠よけ」の呪物として用いられることが多い）。

丸森町を含む阿武隈川流域も、古くから養蚕で栄えた。阿武隈川流域で養蚕が盛んであった理由の一つとしては、阿武隈川の氾濫が桑の生育に有利であったことが挙げられるかもしれない。大迫（1965：361）は、「堤外の氾濫原では、桑は他の普通畑作物よりも洪水被害が少ないという消極的理由のほかに、沈泥によって土壌が肥沃となるために桑の生育がよく、きょうそ病が少ないといった積極的な条件もあって、桑が根強く栽培されている」と論じている。二〇一九年一〇月の台風被害（阿武隈川氾濫被害）は、まさにこの地が養蚕に適していることと表裏の関係といえる。

『丸森と養蚕』（丸森発シルクロード計画推進委員会 2008）によれば、伊達政宗が元和六（一六二〇）年に竹木条令で養蚕を奨励し、貞享三（一六八六）年に仙台藩主四代綱村が「御蚕事係」を新設し、さらに正徳年間（一七一一－一五年）に京都から織物師（小松弥右衛門）を招き、絹織物を生産するようになって、仙台藩でも養蚕が盛んになったという。一方、「福島伊達地方は、養蚕が盛んで慶長一〇年代（一六〇五－一四年）後半には村々に「桑木が有り」とすでに養蚕が行われており、梁川では正保年間（一六四四－四八年）から定期市が開かれて真綿、絹糸などが売買されてい」（p. 3）た。また「丸森町の養蚕業は、耕野の道目木屋敷小野孫十郎が」（p. 3）伊達郡の養蚕を目標として尽力し、「正徳元（一七一一）年には市の開かれている伊達地方に、伊具・亘理地方の絹糸が移出されるようにな」った（p. 3）。「絹糸や繭の多くは仲買人を通して伊達地方に売られ、京都に移出され」た（p. 5）。「幕末になって開港すると、絹糸は日本最大の輸出品となり生産が奨励されて、農民にとって現金収入の大きな源として農家の養蚕意欲が旺盛にな」った（p. 5）。

3・3　丸森町の製糸工場と養蚕業

明治に入ると、政府は養蚕、製紙工業を主要な殖産事業として位置づけ、奨励した。同上書によれば、「明治一〇年三月には、仙台市大町一丁目に養蚕試験場を設置して、旧藩士や県内蚕業篤志者を募集し、食費・旅費などの経費を支給して、飼育方法の伝習などを行」った（p. 5）。「明治一一年にはこの試験場を拡張し、更に宮城郡原町に養蚕稽古所を設置して試験場と同様の事業を行」った（p. 5）。丸森からもこれらの施設で学んだものが多く、その後の技術向上に貢献した。

明治一九（一八八六）年に、滋賀県出身の佐野理八が、それまで携わっていた福島二本松製糸場を人に譲り、金山村に弘栄館佐野製糸場を建設した。フランス製ケンネル式鉄製器械新式（一二〇釜数）を購入した、県内初の本格的な器械製糸工場であった。図1はその跡地である。現在は建物の跡形もない。日本初の富岡製糸場の建設は明治五（一八七二）年である。最盛期には従業員二五〇名余で、県南部の繭から一二トンの生糸を生産し海外に輸出していた。製糸場ではたらいた工女たちは、新潟など遠方か

図2　佐野製糸場工女の墓（筆者撮影）

図1　佐野製糸場跡地（筆者撮影）

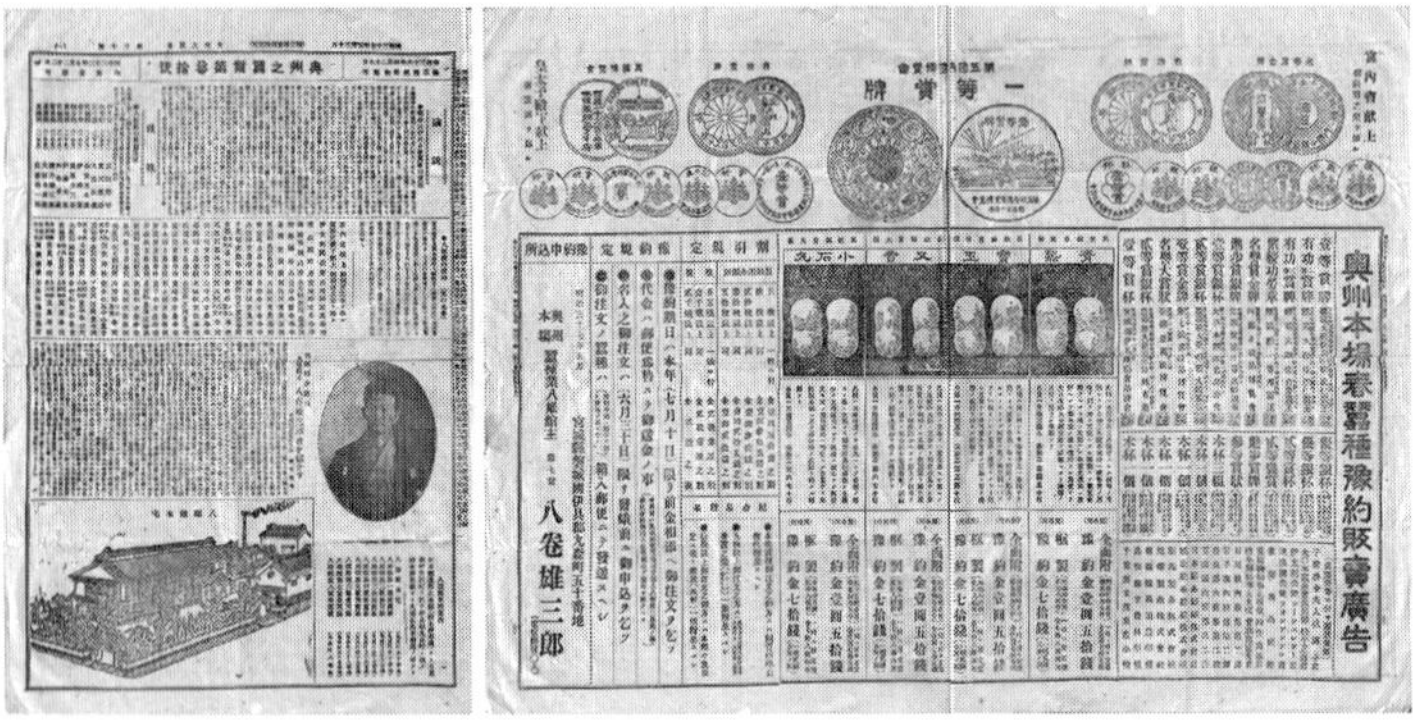

一等賞牌

奥州本場蚕種豫約販賣廣告

八巻雄三郎

図3　『奥州の蚕業　第36号』に掲載された八雄館の紹介と蚕種の広告（筆者蔵）

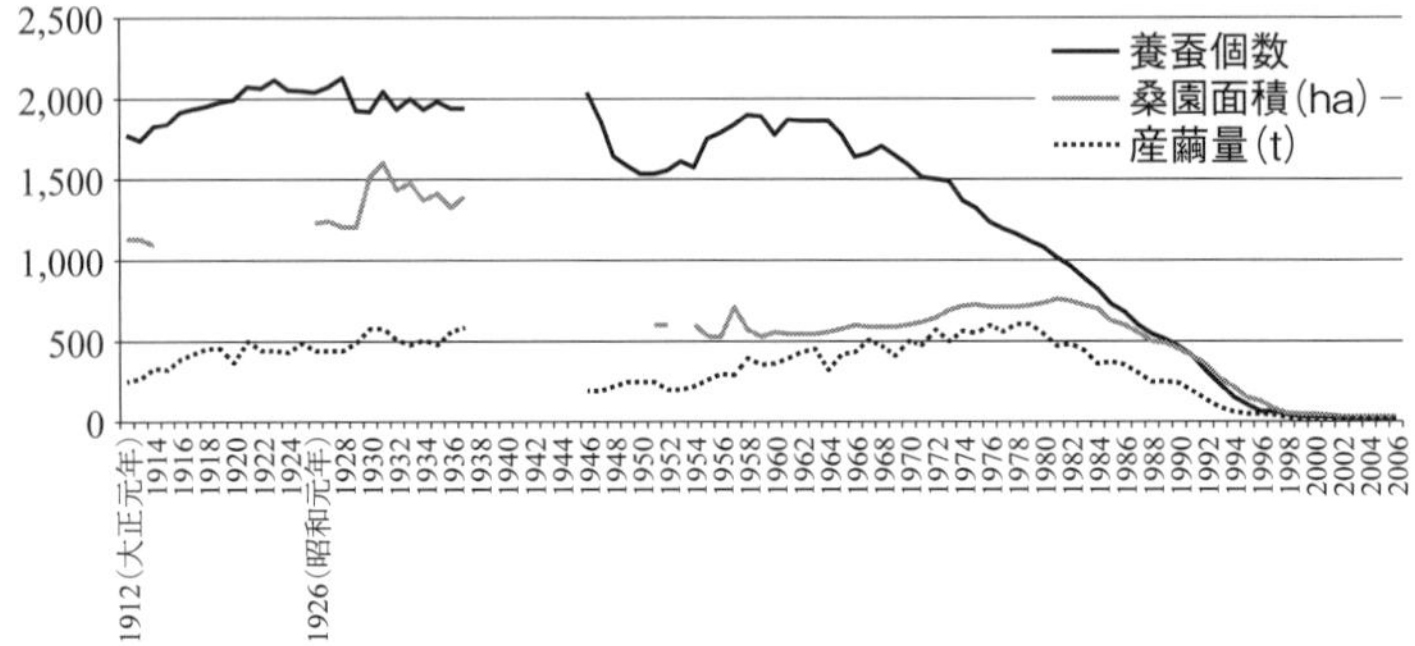

図4　丸森町養蚕業推移
（データ出典：『丸森と養蚕』pp. 49–50　筆者がグラフ化）

ら来て、この地でなくなったものも多かった。山間に工女たちの墓がひっそりと並んでいる（図2）。佐野製糸場は、その後、世界恐慌の余波により昭和一一（一九三六）年に閉鎖されたが、丸森町の養蚕業発展の大きな契機となった。

明治二五年には、「丸森村の八巻雄三郎[3]が蚕種業「八雄館」を創立し、その後勝運にも恵まれて大いに発展した。そのころから蚕種業は興隆期に入り、明治二七年の伊具地方における蚕種製造業は、鑑札所有人員三七四、製造人員一一二、製造額七七三一枚に達し、県内全体の六〇パーセントを占めた」（『丸森町史』1984：534）。『奥州の蚕業　第三六号』には、八巻の事業が、その豪壮な館の図とともに、大々的に紹介されている（図3）。

丸森町の養蚕業はその後着実に発展していく。『丸森と養蚕』は次のように記している。

> 大正期に入ると丸森の養蚕は、大正元年の養蚕農家数約一七六七戸、産繭量約二五七トンから大正一四年には養蚕農家数約二〇五一戸、産繭量約四八八トンと大幅に増加しました。
> 昭和に入ってからは、第一次世界大戦以前の蚕糸業は、世界の経済変動の影響も受けることもなく順調に発展し、大戦以後はアメリカの戦時景気の余波を受けて需要も急増しました。（『丸森と養蚕』pp. 6–7）

しかし、昭和に入る頃から、丸森町の養蚕は停滞を始める。やがて始まった戦争は、村の生活自体苛酷なものとした。戦後、養蚕業は再生の道を踏み出し、昭和三〇年代には、成熟期ともいえる隆盛を誇

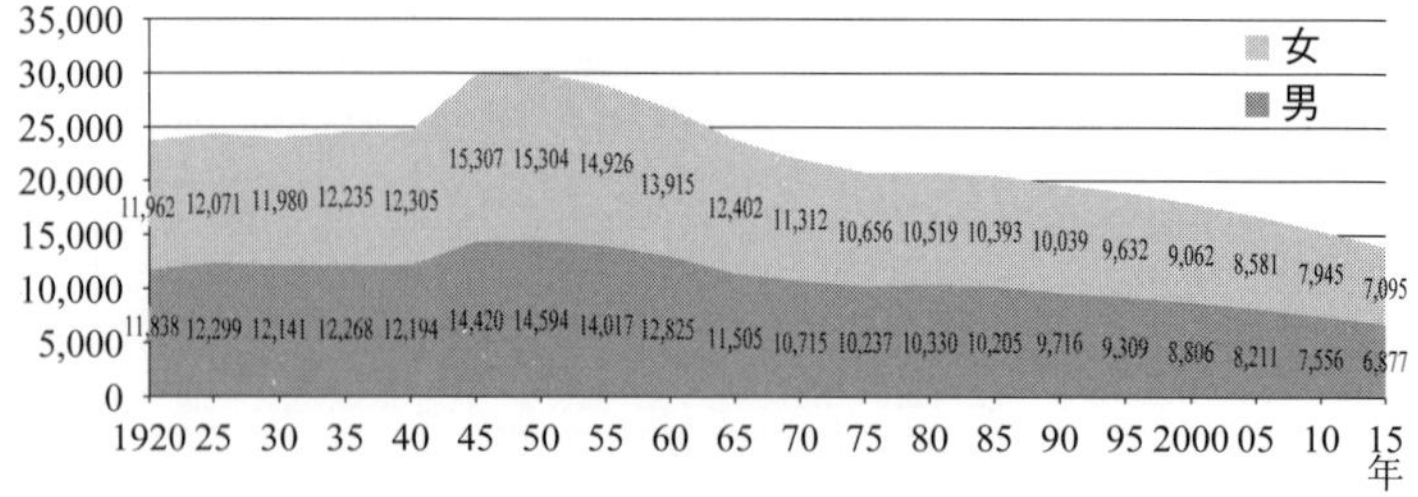

図5　丸森町人口推移（データ出典：国勢調査、筆者がグラフ化）

った。だが、昭和四〇年代に入る頃から、日本の産業構造が繊維工業を主軸としたものから、製鉄や自動車など重工業へとシフトし始めた。その結果、丸森町の養蚕業も急激な衰退を始める。図4には、その経過が如実に現れている。

産業の衰退は、町の人口とも強く関連している。図5からもわかるように、戦後のベビーブームで一時的に人口が急増するが、その後は都市部への流出もあり、減少の一途をたどっている。二〇一五年時点ですでに、大正初めに比べてほぼ半減の状態である。

3・4　阿武隈川と養蚕業

丸森町における養蚕の最盛期、製糸工場を開いた佐野理八以外にも、この町には富み栄えた家々があった。中でも、今も広大な建物が保存されている「斎理屋敷」（図6）は、当時の栄華を偲ばせる。「斎理屋敷」とは、丸森町の資料によれば、七代にわたって豪商として栄えた齋藤家の屋敷で、齋藤家の歴代当主が齋藤理助を名乗ったことから齋理と呼ばれている。敷地は六五三五平方メートルにおよび、往時の居宅一棟と蔵六棟、石造りの浴室一棟に加えて、現在は、丸森町が新築した建物二棟の合計一〇棟が立ち並んでいる。県道45号線に面した店蔵は、嘉永元（一八四八）年に建て

図6　現在の斎理屋敷正面（筆者撮影）

図7　斎理屋敷前の街道（筆者撮影）

られた建物である。

　加藤（2001）によれば、初代は文化元年（一八〇四）に呉服屋を始め、「三代目の時に、明治を迎えたが、そのころには味噌・醤油の醸造・販売、質屋、金融業も営んでいた。幕末から明治にかけては、繭や生糸、米の相場が当たり、毎年一万両ずつ財産を増やしたという。明治以降は、この地方きっての大地主にも成長した。製糸工場を建設し、電力会社を設立し、小学校建設にも尽力した」という。屋敷は現在一般に公開されているが、建築や調度の豪華さに驚かされる。また三月には雛人形の展示が行われており、子どもたちにたっぷりの愛情をそそいでいたことがうかがわれる（第三章参照）。

　今では付近に人影も少ない町（図7）に、かつてはこれほどに富み栄えた豪商がいたということには改めて驚かされる。同様に、近隣の角田市、村田町、伊達市などにも、かつての繁栄の面影をとどめる屋敷が残っている。地方の「限界集落」化が危惧される今日、改めて現代日本の深層を考える必要がある。

　斎理に富をもたらした大きな要因は、阿武隈川の水運であった。『丸森町史』には次のように記載されている。「阿武隈川は、栃木県境の福島県白河郡にその源を発し、福島県を縦断、多くの支流を集めて丸森に入り、更に下って亘理郡荒浜で太平洋に注ぐ全長三三九・三キロメートルの大河である。この大河は、交通機関の少ない時代だけに、舟で大量の荷を運ぶことができたので、最上、北上に次いで東北の運漕に大いに役立った」(p. 346)、「後に丸森舟場、金山原町、小斎亘理町などが河岸となり、藩政末には、丸森舟場が船頭たちの休み場となり、数件の宿屋・飲み屋などがあり、大変なにぎわいを見せた」(p. 350)。

そんな風景を、今となっては、思い起こすのは困難である。それでも、現在のどこかに古い時代が埋め込まれている。そのあえかな露出が「猫碑」なのかもしれない。

4　塩の道と川の道

4・1　阿武隈川の水運——阿賀野川・信濃川・千曲川との連携

阿武隈川は、養蚕業に関わる商品を運送しただけではない。斎理の事業内容からもわかるように、多種多様な産品の運輸に関わった。

特に重要なのは、米と塩である。『丸森町史』によれば、「寛文四年（一六六四）に、米沢藩の家禄が半減されたことにより、信達地方が天領となり、この地の貢米の江戸への回送が本格化されたことに伴い、ますます阿武隈川の舟運が着目されるようになった」[4](p. 347)。

ただし、舟運に先行する陸路を忘れるわけにはいかない。『丸森町史』によれば、「近世前半から開けていた主な道には、(1)柴田郡槻木（白幡橋で奥州街道と分かれる）—角田—丸森—峠（丸森）—伊達郡への道、(2)角田—金山—大内—相馬領への道の二本があった。またやや遅れて阿武隈川の水運が盛んになるにつれて、(3)角田―立山村―川張村（前田）―耕野村（沼の上―大坊木）―伊達郡への道が大いに利用されるようになった」(p. 342)。さらに、文化元（一八〇四）年、古町から現在の本町・横町に町場替えすると、商家が立ち並んで賑わう地域となった。

周辺の農家では養蚕が盛んに行われ、生糸やこれを原料とした織物が生産され、更に和紙の製造が多くなるなど、漸次産業が発達するにつれ、桑苗などの原料・資材の購入や生産物の販売など、交易の範囲も拡大されるにつれ、人の行き来も多くなった。

伊達郡からは養蚕・糸取技術の導入と共に、桑苗・蚕種など、海産物の背負子商によって木綿・古着などが運ばれ、大内を経由しての今泉浜の塩（宇多塩）、荒浜に海上輸送された瀬戸内の才田塩（江戸深川の倉庫経由）が各々金山・阿武隈川を通って移入された。

一方、産物の生糸や鮭は伊達郡へ、生糸はそこから更に京都の機業地へも向けられた。丸森・大倉・川張・耕野の和紙は、仙台や白石・梁川へ販売し、余った原料の楮は名取郡に送られている。薪は塩焼き用として阿武隈川を利用して亘理郡に運ばれたこともあった。また宇多郡の各浜から砂鉄を運び盛んに製鉄した筆甫は、年貢鉄として仙台へ駄送し、耕野のは御用鉄として米沢・二本松へも出荷し、耕野産の柿は沼の上問屋を経て売られている。（『丸森町史』1984：343–4）

図8に阿武隈川・阿賀野川・信濃川・千曲川の流域を示す（ただし、阿賀野川については、筆者の手書きなので必ずしも正確ではない）。今は落ち着いた自然に囲まれた地域は、かつては、交通の要衝として、

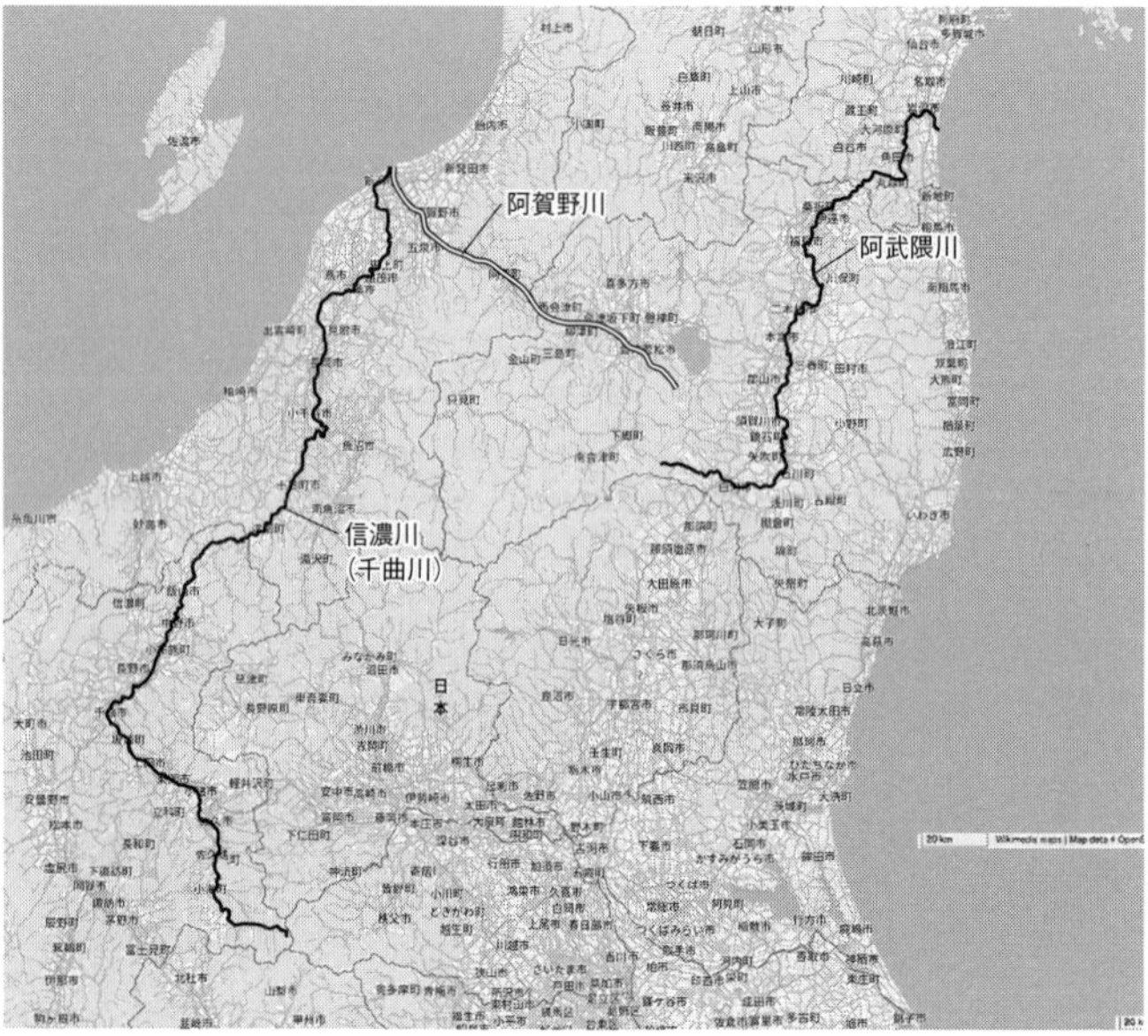

図 8　阿武隈川・阿賀野川・信濃川（千曲川）の流れ

製鉄から葉酸まで多様な生産の地として、賑わっていた様子が窺われる。そして、「道傍や村の入り口に道祖神や庚申・馬頭観音などの碑を建てた。今町内には約四〇〇〇を数える古い碑が残されている」（同書、p. 344）。猫碑もまた、こうした過去の生活を今に伝えるよすがといえる。

4・2　塩の道——鉄道開通前の物流ネットワーク

上記引用からもわかるように、丸森は、太平洋岸で生産された塩を内陸部に運ぶ結節点として重要な位置を占めていた。平島 (1975) によれば、「磐城ノ国（福島県）の内陸にある福島・郡山両盆地一帯への塩移入は、阿武隈川の舟運によっていた。阿波や赤穂の瀬戸内塩が、江戸経由できていたが、地塩として阿武隈河口の荒浜があり、相馬地方には松川浦原釜、その他、釜のつく地名のところがあちこちにあって、それらのところでは塩つくりが行われていた。地塩に準ずるものとして渡波塩も運ばれてきていた。福島盆地では、相馬塩の名が高く、塩と呼ぶかわりに「相馬」と呼べば通ったほどであった。相馬塩の一部は馬背で大沢峠越えで金山町に達し、そこから川船に積まれて阿武隈本流を荒浜から洲航してきたものと合流、丸森までは大船が行っていた。そこからは小船にかわり、梁川を経て福島に達した」(p. 130)。

塩は最も重要な産品であり、塩を運ぶ道は「塩の道」と呼ばれた。図9に塩の道を示す。「塩の道」は、塩以外のさまざまな生産品を含め、沿岸地域と内陸の盆地地域、太平洋側の地域と日本海側の地域、江戸や京都と地方都市をつなぐ役割を果たした。

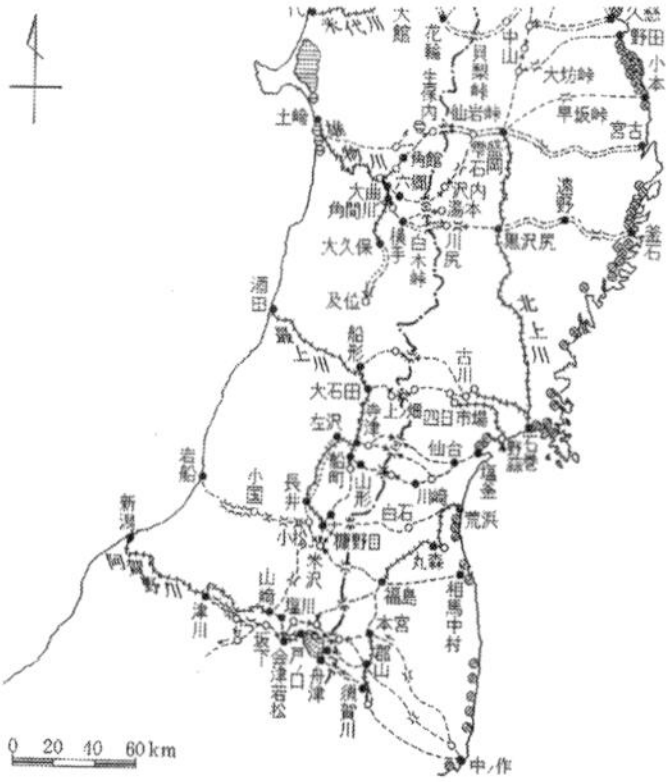

図9　奥羽山脈を越す塩の道（出典：富岡 1983：176 部分）

また、「塩の道」は、陸路だけでなく、縦横に流れる川の道と山の道をつなぐ形でそのパフォーマンスを発揮していたことも忘れてはならない。平島（同上）は、「福島。郡山・会津盆地と米沢盆地との関連は、太平洋岸から日本海側の酒田港や新潟港との間に最上川・信濃川・阿賀野川を介し、山あいの峠越えに牛馬をまじえ、交錯していたものと会津には新潟から出発して、信濃川から阿賀野川へ移り、津川河港まで洲航、そこで陸揚げし、鳥井・藤の両峠をへて坂下、あるいは喜多方へ入っていた。越後の新発田藩と会津藩は、塩とローソクを交換品にしていたが、この交換

表2　東日本の主な猫伝承

伝承地	内容
青森県東津軽郡蓬田村中沢	猫碑の北限（石黒による）
秋田県安仁町	「化け猫」伝承
岩手県陸前高田市矢作町　猫淵神社	鼠よけと養蚕の猫絵馬、猫の木像、鼠よけのお札など
岩手県一関市花泉町　旧蚕養神社	「神猫」を祀る養蚕守護の神様
岩手県一関市川崎町　銚子浪分神社	瀬織津姫伝承
岩手県二戸郡　福蔵寺　猫塚碑	「猫檀家」伝承
岩手県気仙沼市　青龍寺	「猫の報恩」伝承
岩手県水沢市　正法寺	「猫絵と鼠」伝承、「猫の鼠退治」伝承
岩手県奥州市胆沢区南都田字見分　白髭神社	東北最古の猫供養碑（石黒）
宮城県栗原市高清水字西中里　根木薬師	向かい合う猫を彫った横額（石黒）
宮城県黒川郡大和町吉田字根古　根古の森の猫神社	「鼠よけ」の猫神、猫像の倍返し
宮城県石巻市田代浜字仁斗田　美與利大明神	漁業神としての猫神、「去る猫」説話
仙台市若林区南小泉　猫塚古墳（猫塚少林神社）	「猫と美女（蛇退治）」説話
宮城県角田市小田字斗蔵　猫神社	白山神社の境内社。ご神体は猫の木像。蚕神
宮城県角田市梶賀字西一番　猫神社	「猫と美女（蛇退治）」伝承
宮城県丸森町字中平北　狐塚墓地	猫図像・「猫神」碑
宮城県丸森町金山字台町　台町古墳群61号墳の石碑群中	猫図像碑
丸森町大内字砂田　松沢山光明院	股木供養と猫碑（武田 1973：8 参照）
宮城県丸森町字中島　天神社	猫神碑
宮城県大和町吉田字根古北　猫神社	ご神体は猫碑。薑蚕の神様。素焼きの猫の小像の倍返し
福島県福島市御山　西坂稲荷神社（ねこ稲荷）	御坊狐とともに鼠退治
福島県石川郡石川町字猫啼 猫啼温泉 石都々古和気神社	豪族、安田兵衛国康の一子「玉世姫」（和泉式部）が京に上る際に、置いていかれた猫が啼き続けた
福島県郡山市逢瀬町河内字猫神	江戸時代の初め頃から「猫神」と呼ばれていた板碑がある
福島県川俣町西福沢字合国場　猫稲荷神社	当初は稲荷神社。明治4年（1871）に、地主らが養蚕守護・鼠よけの神として猫稲荷神社に変更。猫絵馬

伝承地	内容
福島県二本松市箕輪、桐ノ木内　猫稲荷神社	蚕安全の神。毎年、2月2日の祭日には、猫の絵が入ったお札が氏子へ配布される。現在は、「猫返し」飼い猫が行方不明になった際その猫の絵を社殿に貼って祈願すると見つかるとされる
福島県伊達市霊山町下小国　八雲神社	社殿の中に、岩に彫られた一対の猫像。猫の絵が入った、鼠よけのお札。「化け猫」（棺桶、赤岩）伝説 近隣には「猫」の文字を含む地名が多数存在
福島県福島市下野寺　猫魔観音	「猫の託宣」「化け猫退治」伝承
福島県福島市方木田　猫稲荷	養蚕神（鼠よけ）
福島県耶麻郡磐梯町　猫魔ヶ岳	「化け猫退治」「猫女房」「猫の王」伝承
福島県三春町	三春藩お家騒動　「棺桶猫」「猫檀家」「火車猫」
山形県高畠町　猫の宮	「猫女房（蛇退治）」
新潟県長岡市森上　南部神社	「新田触れ」の伝承　鼠よけのお札
新潟県南魚沼市浦佐　普光寺毘沙門堂	「化け猫退治」伝承
新潟県南魚沼市大崎　八海山尊神社	ねずみ除けのお札
新潟県西蒲原郡弥彦村弥彦　宝光院	「猫多羅天女」
新潟県南魚沼市雲洞　雲洞庵	「北高和尚と火車落としの袈裟」伝承
新潟県上越市大町　土橋稲荷神社	「猫又退治」伝承
新潟県阿賀野市	「猫の報恩」
佐渡	「猫の報恩」
栃木県日光市　日光東照宮　眠り猫	
栃木県日光市独鈷沢　金花猫大明神	「猫股（赤石）」伝承
群馬県吾妻郡長野原町与喜屋　猫石明神　養蚕神社	養蚕神　「猫石信仰」
群馬県高崎市鼻高町　少林山達磨寺	「猫の塑像」
上野（群馬県）の新田岩松氏	岩松家の当主たちの描く「猫絵」
茨城県結城市山川地区　猫塚	「猫退治」
埼玉県深谷市人見　昌福寺	「猫檀家」「棺桶猫」
埼玉県大里郡寄居町　少林寺	「踊る猫」「棺桶猫」「絵から抜け出る猫」
東京都立川市砂川町　蚕影神社（猫返し神社）	蚕の害獣である鼠の天敵として猫を祀る。行方知れずの猫が戻る
東京都青梅市滝ノ上町　常保寺	猫地蔵（招き猫の石像）
東京都青梅市梅郷巌山　金刀比羅神社（琴平神社）	猫神　「陶器の招き猫」
東京都新宿区　自性院	「猫檀家（太田道灌）」伝承、「愛猫塚」、

伝承地	内容
	「猫地蔵」
東京都港区　大信寺	「愛猫塚」
東京都墨田区両国　回向院	「猫の報恩」伝承、猫塚
東京都台東区浅草　土手の大哲	「猫と美女」伝承、猫像
東京都台東区浅草・今戸界隈	「猫の報恩」伝承
東京都台東区谷中　永久寺	「愛猫塚」(仮名垣魯文)
東京都世田谷区　豪徳寺	「猫檀家」伝承　招き猫
神奈川県横浜市金沢区　称名寺	「唐猫」「猫像」
神奈川県横浜市泉区中田地区　「猫の踊場」	「踊る猫」伝承
静岡県青田方郡函南町　函南猫踊り	「踊る猫」伝承
静岡県御前崎市御前崎　猫塚	「猫檀家」「鼠合戦」伝承
山梨県甲斐市竜王　慈照寺の猫塚	「猫檀家」「棺桶猫」伝承
長野県東筑摩郡坂井村修那羅山　安宮神社	「鼠合戦」伝承
長野県上田市丸子町　猫石	「猫の道案内」「猫石」伝承
長野県長野市篠ノ井塩崎　軻良根古神社	「鼠合戦」伝承
長野県上水内郡小川村　法蔵寺	「猫檀家」
岐阜県高山市　高山陣屋の猫石	「猫と美女」伝承、猫塚
岐阜県高山市江名子町　荒神社	「猫石」
富山県下新川郡朝日町沼保　佐味神社	「猫の宮」(旧称)
富山県下新川郡　猫又山	猫股伝承(実際にいた)
石川県輪島市三井町　龍昌寺(猫寺)	「猫の報恩」「愛猫塚」「遊郭」「狛猫」
福井県福井市宝永　袋羽明神	「化け猫退治」「猫塚」
福井県坂井郡三国町崎	「猫絵描き」「鼠合戦」伝承

に関して争いが生じ、一時、品物が途絶したこともあったようである。奥会津は野州(栃木県)にも接していた。」(p. 130–1)と述べている。

4・3　阿武隈川・阿賀野川・信濃川(千曲川)流域と〈猫聖地〉

陸路と水路から構成される「塩の道」にそって、阿武隈川・阿賀野川・信濃川(千曲川)流域には多くの〈猫聖地〉あるいは猫伝承が残っている。表2にその主なものを示す。このような重なりあいの理由としては、(1)「塩の道」によって説話が伝播した、(2)「塩の道」によって養蚕技術が伝播し、合わせて猫信仰も伝わった、(3)「塩の道」が開かれる地理的要因が猫伝承あるいは猫信仰の母胎となった、(4)その他、などが考えられる。

4・4　猫は養蚕神なのか？

ここで改めて、「猫は養蚕神なのか」という問いについて考えて見たい。

養蚕の技術が日本に入ってきたのはかなり古く、古代から絹の生産は行われていたと考えられている。しかし、養蚕業が農村部で農業と並ぶ産業として成立するのは、江戸中期以降と考えられる。丸森町の「隣の伊達地方は養蚕の盛んな所で、慶長十年代（一六〇五－一四）後半に、村々に「桑木が有り」（『邑鑑』）と既に養蚕が行われ、梁川では正保年間（一六四四－四八）から定期市が開かれ、真綿・絹糸などが売買されている。当地方では耕野の道目木屋敷小野孫十郎がその刺激を受け、宝永（一七〇四－〇九）から正徳年間まで、藩の真綿・絹糸の買い方を務めた」（『丸森町史』1984：334）という。

網野（1997）によれば、「中世はもとより、近世を通じて、女性は衣料部門の生産、販売・交易を担い、「男性の支配下に従属した影の存在だった」などとは決していえない独自な世界を保持していたのではないかと思われる。そしてさらに近代に入って、製糸・紡績の工場で働く労働者が基本的に女性――いわゆる「女工」であったことも、こうした歴史を背景に置いて考える必要がでてくる。いいかえればそこは女性の職場であり、男性は監督はできてもそこには入ることのできない女性の世界だったと考えられる」（p. 22）。

それもあってか、明示的に「蚕神」とされている神の表徴は、図10に示すような女性神（「金色姫」な

図10　蠶養守護神　衣襲明神真影　常陸国鹿島郡日向川村蠶霊山千手院星福寺（筆者蔵）

ど）であることが多い。口絵22（左）は新潟県長岡市の南部神社の狛猫である。また、鼠よけのお守りに猫が描かれているものも多い。口絵22（右）は、南部神社と八海山尊神社のお札である。

養蚕の神社における「猫」の位置づけは、あくまで「鼠よけ」という繋がりであるのが一般的と考えられる。とはいえつまり、では猫は蚕神の神使、あるいは土俗信仰の呪物にすぎないのかといえばそれもまたあまりに短絡的な結論であろう。

5　猫の道と地方権力——古墳と山城

5・1　猫と縄文遺跡、古墳、山城

とすれば、第七章などでも指摘した〈猫聖地〉の場所性について、「養蚕」との関係以外からアプローチすることも可能ではないか。前章で見た、川や峠道の境界性も、「養蚕」に限定されることのない、〈猫聖地〉に特徴的な地理的特性である。

しかしそれだけではない。ここでも、丸森町を起点として考えるならば、丸森町は県内でも埋蔵文化財包蔵地——すなわち歴史的遺跡が多数存在する地域なのである。表3は、宮城県の令和四年度埋蔵文化財包蔵地件数一覧であるが、丸森町が県内有数の埋蔵文化財包蔵地であることがわかる。さらに、丸

表3　宮城県の令和4年度埋蔵文化財包蔵地件数一覧（一部）

埋蔵文化財包蔵地の数				埋蔵文化財包蔵地の時代ごとの内訳								
市町村名		遺跡数	合計		旧石器	縄文	弥生	古墳	古代	中世	近世	近代
仙台市	青葉区(旧宮城町 139)	182	783		3	86	4	1	66	34	29	1
	太白区(旧秋保町 50)	328			5	131	37	89	145	115	27	
	若林区	72				3	11	28	31	39	11	
	宮城野区	113				6	5	20	44	54	12	
	泉区	91			1	50	3		21	32	11	
白石市		404			2	201	31	23	208	86	22	
角田市		192				44	5	57	56	67	11	
七ヶ宿町		80			2	70	5		8	7	1	
蔵王町		197			5	131	61	54	107	41	20	
大河原町		75				17	4	23	44	8	1	
村田町		182			7	85	51	38	56	29	8	
柴田町		96				43	10	17	51	23	3	
川崎町		87				56	10	8	29	13	10	
丸森町		171				97	21	24	37	31	4	
塩釜市		83				10	4	12	75	5	2	
名取市		184			2	38	34	96	83	26	18	
亘理町		96			1	26	19	18	73	11	2	
山元町		113				20	6	17	69	19	7	
岩沼市		68			1	18	10	30	28	20	11	
松島町		102				29	9	6	68	13	8	

出典：「宮城県の埋蔵文化財」（https://www.pref.miyagi.jp/site/maizou/miyagiisekitimeihyou.html）

森町では、埋蔵文化財の中でも、縄文期の文化財が多く発掘されていることにも注意したい。

丸森町の遺跡のリストを示したのが、表4である。これを見ると、遺跡の多い地域と〈猫聖地〉が重なり合っていることがわかる。すなわち、丸森、金山、大内、耕野、筆甫など、阿武隈川の南、南東部の、錐子尾川・内川・五福谷川の流域沿いに所在しているのである。また、これらの土地が、山地、丘陵、またその斜面であることにも留意したい。つまりこれらの土地は、古く縄文の頃から、人びとが定住した、「豊かな」土地なのである。豊かな土地には人びとが定住し、集落をつくり、地域の王が人びとを統治した。王の権力の残滓として、時代時代の遺物、古墳、城址があった。それらは時間に埋もれて生きつつも、うっすらとした集団的記憶が、強力なものは寺社の形をとり、あるいは、路傍の石碑として残ったとも考えられるのである。

表4　「宮城県遺跡地名表」（平成31年3月原資料ママ、一部抜粋、筆者加工）

遺跡名	所在地	時代
県史跡　台町古墳群	字台町・平・金山	古墳中・後・縄文・弥生
台町遺跡	金山字下片山	縄文・弥生・古代・中世・近世
丸山館跡	字矢沢・新田	中世・近世・縄文
碇遺跡	小斉字碇	縄文前
佐野西上遺跡	大内字佐野西上	縄文前
東山B遺跡	筆甫字東山	縄文前
北向遺跡	小斉字北向	縄文前・後
松遺跡	字松	縄文前・後・晩
青葉西遺跡	大内字青葉西	縄文前・後・晩
新桑代遺跡	耕野字高原	縄文前・中
水沢遺跡	字水沢	縄文前・中・弥生・古代
札立場遺跡	大内字黒佐野	縄文前・平安
四反田遺跡	字四反田	縄文前・弥生
平遺跡	大内字平	縄文前・弥生
目白遺跡	大内字黒佐野	縄文早・古墳
猪倉遺跡	耕野字猪倉	縄文早・後・古代
高田遺跡	大内字高田	縄文早・前
高田B遺跡	大内字高田	縄文早・前
旗巻遺跡	大内字旗巻	縄文早・中
高原遺跡	耕野字高原	縄文早・中・晩・古代
奈良又遺跡	大内字東福田	縄文早・中・弥生・古代
樋口遺跡	筆甫字樋口	縄文早～後
高畑遺跡	字高畑	縄文早～晩
下南山遺跡	筆甫字下南山	縄文早末～中
クキ遺跡	耕野字クキ	縄文
川向遺跡	耕野字岩	縄文
高丸遺跡	耕野字高丸	縄文
入山下遺跡	耕野字赤土	縄文
罠場B遺跡	耕野字大場平上	縄文
萩倉遺跡	耕野字萩倉	縄文
岳遺跡	耕野字嶽	縄文
羽山遺跡	字羽山	縄文
羽山B遺跡	字羽山	縄文
沼遺跡	字沼	縄文
袖五郎遺跡	字袖五郎	縄文
愛宕遺跡	大張字愛宕	縄文
大張清水遺跡	大張字清水	縄文
熊ノ入B遺跡	大内字熊ノ入	縄文
桜田遺跡	大内字桜田	縄文
馬場遺跡	大内字青葉南	縄文
相ノ山遺跡	大内字青葉南	縄文
東山A遺跡	筆甫字東山	縄文
郡見遺跡	筆甫字郡見	縄文・近世？
罠場A遺跡	耕野字大場平上	縄文・古代
卯月沢遺跡	大内字卯月沢	縄文・古代
熊ノ入遺跡	大内字熊ノ入	縄文・古代
天明山遺跡	大内字青葉南	縄文・古代
和田遺跡	筆甫字和田	縄文・古墳
西の平遺跡	大内字黒佐野	縄文・弥生
馬船遺跡	筆甫字馬船	縄文・弥生
日照田遺跡	金山字日照田	縄文中
赤土遺跡	耕野字赤土	縄文中
赤土B遺跡	耕野字赤土	縄文中
堂ノ前遺跡	耕野字簡ノ前	縄文中
大場平遺跡	耕野字嶽	縄文中
松崎遺跡	小斉字松崎	縄文中
追訴場遺跡	大張川張字追訴場	縄文中

遺跡名	所在地	時代
鳥ノ子遺跡	大内字黒佐野	縄文中
七夕遺跡	大内字七夕	縄文中
青葉南遺跡	大内字青葉南	縄文中
古田口遺跡	筆甫字古田口	縄文中
肱曲遺跡	筆甫字肱曲	縄文中
石神遺跡	筆甫字石神	縄文中
石神B遺跡	筆甫字石神	縄文中
立石遺跡	耕野字立石	縄文中・古代
川前遺跡	耕野字川前	縄文中・後
泉遺跡	字泉下	縄文中・晩
水沢B遺跡	字水沢	縄文中?
門の内遺跡	耕野字門の内	縄文中～晩
小屋根遺跡	字小屋根	縄文中～晩
小斉清水遺跡	小斉字日向・上館	縄文中～晩・弥生
滑津遺跡	耕野字滑津	縄文後
石畑遺跡	耕野字石畑	縄文後
大久保遺跡	耕野字大久保	縄文後
入大遺跡	耕野字入大	縄文後
火打石遺跡	字火打石	縄文後
早坂遺跡	早坂	縄文後
横森遺跡	大内字横森	縄文後
筆甫清水遺跡	筆甫字清水	縄文後
茗茄遺跡	耕野字茗茄	縄文後・晩
玉貫遺跡	字玉貫	縄文後・晩
大巻南遺跡	大張字大巻南	縄文後・晩
東福田遺跡	大内字東福田	縄文後・晩
雑古幡遺跡	大内字東福田	縄文後・晩
古田遺跡	筆甫字古田	縄文後・晩
岩ノ入遺跡	大内字岩ノ入	縄文後・晩・弥生
砂田遺跡	耕野字間場	縄文晩
沼ノ上遺跡	耕野字沼ノ上	縄文晩
北町場遺跡	小斉字北町場	縄文晩
黒佐野遺跡	大内字黒佐野	縄文晩
ホト窪遺跡	大内字黒佐野	縄文晩
山王遺跡	大内字山王	縄文晩
北山南遺跡	筆甫字北山前	縄文晩
三代河原遺跡	大内字三代河原	縄文晩・古代
千賀田遺跡	大内字千賀田	縄文晩・古代
塚合遺跡	字塚合	縄文晩・弥生
上ノ原遺跡	大内字上ノ原	縄文晩・弥生・古墳前
大門前遺跡	館矢間字大門手	弥生
河原囲遺跡	金山字河原	弥生
寺内作田遺跡	字寺内	弥生
羽山遺跡	小斉字羽山	弥生
下梅ヶ作遺跡	大内字下梅ヶ作	弥生
小佐田遺跡	小斉字小佐田	弥生・古代
伊手遺跡	大内字下梅ヶ作	弥生・古代
雁歌遺跡	字雁歌	弥生・古墳
岩城西遺跡	字岩城西	弥生中
七夕西遺跡	大内字七夕	古墳・古代
越田遺跡	字沼田	古墳・奈良
矢ノ目遺跡	小斉字矢ノ目・川窪	古墳～中世
越田B遺跡	字沼田	古墳～奈良
山崎古墳	字山崎	古墳後
四反田古墳	字四反田	古墳後
椽原古墳	字椽原	古墳後
深山古墳	字田町南	古墳後

遺跡名	所在地	時代
塚田古墳群	大内字下田辺	古墳後
下田辺横穴墓群	大内字下田辺	古墳後
篠崎横穴墓群	小斉字羽山	古墳後・平安
宮後古墳群	館矢間字宮後	古墳後～奈良
根切遺跡	小斉字根切・一の迫	古墳中
中原遺跡	小斉字中原	古墳中
小富士山南古墳群	金山字上片山	古墳中・後
上片山古墳群	字上片山	古墳中・後
新町古墳群	字新町	古墳中・後
前並遺跡	小斉字前並	古墳中・後・奈良
上山田遺跡	館矢間字上山田南	古代
長内遺跡	館矢間字長内	古代
船渡道遺跡	金山字新田	古代
原町遺跡	金山字北新田	古代
宮田遺跡	耕野字宮田	古代
御境遺跡	耕野字力持	古代
郷ノ目遺跡	小斉字郷ノ目	古代
鹿島神社遺跡	小斉字日向	古代
砂田遺跡	大内字砂田	古代
堂平廃寺跡	大内字西山	古代
石神遺跡	大内字石神	古代
中平遺跡	大内字中平	古代
大古町遺跡	字大古町	古代・中世
大楯館跡	館矢間字山田・小原瀬東	中世
禿山館跡	館矢間字松掛上	中世
宮ノ下城跡	館矢間松掛字宮田	中世
台町館跡	金山字下片山	中世
町史跡　金山城跡	金山字黒森	中世
小屋下館跡	耕野字小屋館	中世
小坂館跡	耕野字小屋館	中世
北山館跡	耕野字北山	中世
赤柴館跡	字火打石・栩林・北原南・大巻	中世
西山城B遺跡	字玉貫	中世
西山館跡	字山崎ほか	中世
鳥屋館跡	字除北	中世
西山城跡	字梅木平	中世
矢ノ目館跡	小斉字堂畑	中世
柴小屋館跡	小斉字北町場	中世
遠倉館跡	大張字遠倉	中世
七郎館跡	大張字館	中世
小屋館跡	大張字峠上	中世
蔵人館跡	大張字福岡	中世
前田館跡	大張川張字前田	中世
関山堂館跡	大張大蔵字堂山	中世
陣林城跡	大内字横手	中世
冥護山館跡	大内字下白井田	中世
五社壇遺跡	大内字五社壇	中世
宮平遺跡	筆甫字宮平	中世
大柵館跡	筆甫字漆坊	中世
高橋古館跡	筆甫字中島	中世
袋遺跡	金山字袋	奈良・平安
羽山横穴墓	小斉字羽山	平安
古館窯跡	小斉字古館北向	平安
長泉寺境内経塚	大内字下田辺	近世
（欠番）	（館の山館跡）	
（欠番）	（陣林館跡）	

5・2　東日本の古代遺跡と〈猫聖地〉

そこで視野を広げて、東北から中部にいたる広域の古墳分布を見たのが、図11である。一方、「塩の道」を図示したのが、図12である。

図11と図12を合わせて見ると、塩の道と古墳分布がかなりの確率で重なり合っていることがわかる。それはつまり、古墳の分布と〈猫聖地〉の分布が重なり合っていることをも意味する。

そもそも「猫塚」とは、伝承では「猫を葬った墓（碑）」といわれることが多いが、「猫（ねこ）」と形容される「塚」（墓、周囲から盛り上がった場所、丘、山）と解することもできる。「ねこ」も動物の「猫」ではなく、第七章でも指摘したように、「丘陵や台地の先端」を意味する、あるいはそこを居城とする地方権力を意味する「根古」であると解する

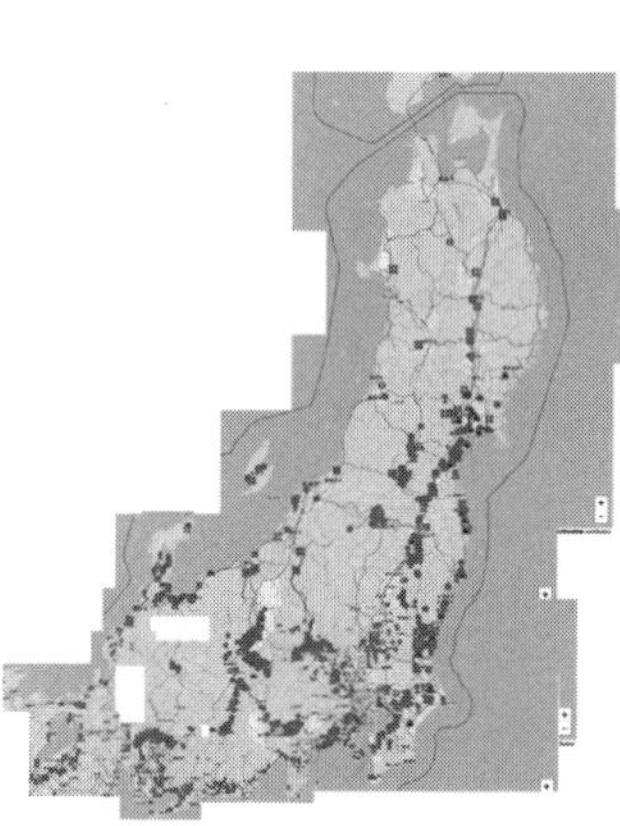

図11　古墳の分布（「古墳マップ」（https://kofun.info）のデータより筆者加工）

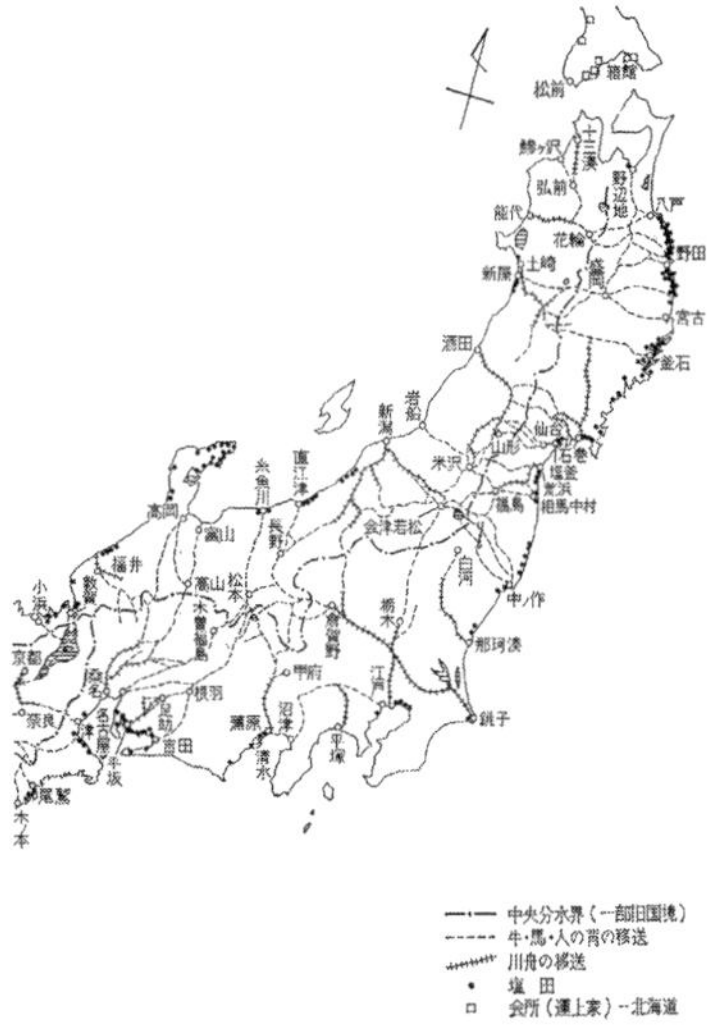

図12　塩の道（富岡 1983：vi）

表6　「猫」を含む名の古墳例

古墳名	所在地	備考
猫谷地古墳	岩手県北上市	小型円墳、平安時代
猫塚古墳	宮城県仙台市若林区南小泉	「猫と美女」伝承
猫渕横穴群	茨城県久慈郡金砂郷村	古墳時代末期7世紀頃の横穴古墳群
猫山遺跡	新潟県北蒲原郡京ヶ瀬村	弥生時代
猫橋遺跡	石川県加賀市八日市町	弥生後期前半の標識遺跡
柳田猫ノ目遺跡	石川県羽咋市柳田町	縄文～中世
猫作・栗山古墳群	千葉県成田市高岡	5世紀半ば頃
軻良根古神社	長野県上田市・千曲市	周辺に多数の古墳がある
猫塚古墳	奈良県奈良市佐紀町	前方後円墳　5世紀初頭
猫塚古墳	奈良県御所市	中期初頭（5世紀初頭）　方墳
猫塚古墳	奈良県五條市西河内	方墳　5世紀前半
猫山古墳	兵庫県尼崎市武庫之荘	古墳時代
猫山古墳	鳥取県倉吉市	4世紀
猫塚古墳	香川県高松市	双方中円墳
猫迫1号墳	福岡県田川市伊田	円墳　5世紀前半
猫石丸山古墳	大分県豊後高田市	前方後円墳　古墳時代後期
猫塚古墳	大分県北海部郡佐賀関町（大分県大分市大字神崎）	4世紀後半

ならば、「猫塚」とは、丘陵や台地の先端に位置するかつての地方権力の墓（古墳）と了解することができる。これを裏付けるように、全国には、「猫」を冠した名前の古墳が多数存在しているのである（表6）。

5・3　〈猫聖地〉の場所性

これらの考察によって、第七章で主として東京（江戸）の〈猫聖地〉について指摘した以下の特性が、全国的に適用可能であることが示された。

- 舌状台地の端（しばしばダイダラボッチ〔湖や山をつくったとされる巨人伝承〕説話が付随している）あるいは河岸段丘の端に位置する
- 古墳など古くからの遺跡であることが多い

・古代土器が出土（赤土）している
・土質は赤土で土器づくりに適している
・中世城址であることも多い

これらは、過去において、その地が地域権力の拠点であり、土師集団がいたことを暗に示している。すなわち、その地は人びとにとって古代聖地（土着権力）のかすかな記憶を喚起する場所であり、またそのイコンとしての形代をつくりだし得る場であった。

ただし、上記引用の最後に述べている「赤土」は、主として「招き猫」に関連した〈猫聖地〉についていえることである。

丸森町など、猫碑や猫像の多く残されている地は、その原材料である石材（しばしば花崗岩）が豊富な土地であり、土地によって、利用可能な資源を用いたと考えられる。ちなみに、東北から中部にかけての山間部は、堅い花崗岩の上にあり、石像、石仏、石碑などが多数残っている。丸森でも、猫碑だけでなく、「庚申碑や二十三夜塔などのおびただしい信仰碑」（『丸森町史』1984：344）がある。筆者が見た限りでも、丸森町の猫碑の多くは、単独であるというより、他の庚申碑や、蚕神碑、山神碑などと近接して祀られていた。

そこには、五来（1988=2007）が、「石の宗教」と呼ぶような原始信仰が潜んでいる。五来は、「石を宗教の対象また象徴とする場合」（p. 18）を次の四つに分けている。「第一は自然の石をそのまま手を加えずに崇拝対象とするもので、山岳宗教にはこれが多い」（p. 18）。「第二は石に加工はしないけれども、自然石を積んだり、列や円環状に配列して宗教的シンボルや墓にする」（p. 18）。「第三は石の加工である。（中略）その加工も生活用具ばかりでなく、石棒や鍬形石や御物石器のような宗教用具も造られた。石棒はもと木製の男根形の棒（コケシの原形）を立てて祖先をまつったのが石製化されたらしいが、（中略）これは中世から石地蔵に置き換えられて、村境や広場に塞の神の代わりに立っている」（p. 20）。「第四の石の宗教形態は、石面に文字や絵を彫ることである」（p. 22）。

猫碑や猫塚は、この第三、第四の形態に属すると考えられる。

6　おわりに――〈猫聖地〉と古代権力

本章で考えてきたことをまとめれば、次のようになる。

猫を祀る寺社、猫像、猫碑など、あるいは猫にまつわる伝承を持つ土地――本書でいう〈猫聖地〉――は、従来、養蚕業と結びつけて考えられてきた。しかし、猫という動物と養蚕とを結びつけているのは、むしろ、「鼠よけ」という行為を介してと考える方が正確である（このことは、第六章で論じたように、猫と強く関連する狐や蛇などの聖獣も同様である）。

一方、〈猫聖地〉にかなりの確率で共通しているのは、川を見下ろす舌状台地の突端に位置し、敵の侵入を拒む要害の地であると同時に重要な道筋や山越えの峠など交通の要衝でもある。

日当たりがよく、古くから人が定住しており、そこを統治する地方王権が存在したことが、古墳や、城址から窺われる。このような地形は、古くから「根古」「根子」「根来」（ねこ）と呼ばれてきた。

以上を総合すると、「鼠よけ」の益獣としての「猫」が、「根古」という同音語を媒介として、過去の王権の勢威／葬送地の記憶と結びつき、「死者の国（浄土／根の国）」への憧れと畏怖を喚起する〈猫聖地〉として人びとの心に残り続けているのかもしれない。

また、「根古」に対する尊崇は、石神信仰と結びついており、石⇒タマ（玉、魂、霊）の関係から、猫の名として「たま」がよく使われてきたと考えれば、第七章での考察を補完するものともいえる。

次の第九章では、この仮説をさらに掘り進めたい。

注

1　『河北新報』二〇一九年一〇月三〇日付「「猫神さまの町」ピンチ　日本一多い宮城・丸森の供養碑被災　東北最古も失う」(https://www.kahoku.co.jp/tohokunews/201910/20191030_13026.html)

2　『河北新報』二〇一九年一二月八日付「東北最古の「猫神さま」泥の中から発見　台風19号で被害の丸森」(https://www.kahoku.co.jp/tohokunews/201912/20191209_13023.html)

3　八巻家の初代八巻平右衛門は、正徳元（一七一一）年、丸森で養蚕業を始めた。（『丸森町史』1984：334）

4　舟運の発達は、陸運の窮乏を招いたとも同書は指摘している。

第九章　猫ヶ岳と根の国、猫島とニライカナイ

1　石神と蛇／狐／猫

ここまで見てきたことから、〈猫聖地〉は、「石の宗教」あるいは「石神信仰」と深く関わっていると考えることができる。

折口信夫（1971）は、日本における石の信仰について、「神を溯ってゆくと、たまになり、たまから神さまという澄みきった考えに進んでゆくから、神さまの神さまたる力をば留めておくところが、石ということになる。石を神だと考えぬまでも、神を祭るためには、石の中に、たまがはいっているものとして、たまの所在である石を祀る。また、石の中にはいっているたまを祀る。だから、われわれの国のあらゆる社や祠の神体を調べると、石であることがたくさんある」（p. 540）と述べている。

また柳田國男は、「石神問答」において、蛇と石信仰の関係だけでなく、狐信仰との関係についても、

「三狐神の誰にて三狐神は即ち御食神なりと云ふ説は『和訓栞』に見え候へ共　稲荷は常にシャグジと併存致し居り候」（柳田 1909=1990：28）と言及している。

そして本章で見てきた「猫神」もまた、しばしば石像や石碑の形で祀られている。招き猫などの塑像も、擬「石像」と見なすことも可能である。猫信仰の初期においては、願かけやその「倍返し」を媒介するものとして「たま」（石）が使われていたものが、後に猫像に替わった例もある。

2　「根の国」への眼差し

2・1　石信仰と「根の国」

さらに、「石信仰」は、巨大な石（人工の古墳、塚なども含む）、あるいは崖、そして高山に対する信仰へと繋がる。例えば丸森町でも、口絵23にみるように、愛らしい猫の姿を彫った数基の猫碑を残している駒場滝不動尊愛敬院は、峨々たる巨岩群と峻烈な滝の流れる山の奥深くの修験道の寺院である。五来（1988=2007）は、「修験道は神仙術の不老不死を理想とするように、不滅なるものを追求した。そこで不滅な存在とかんがえられた石や巌を礼拝対象とし」（p. 281）たと論じている。

また宗教学者の山折哲雄（1995）は、古代からの日本人の山岳信仰について、「山というのは死者の昇山である、それが第一番目。第二番目がさまざまな天上の神々が天下る霊場である。第三番目が山そのものが神であるという、神体山信仰ですね。出羽三山も、死者の霊が昇る山だった。天空に散在している神仏が降臨してくる霊山だった」（p. 140）と述べている。そして、「インドの浄土教が日本に入ってきたとき、当時の日本人は、（中略）浄土は山の中に存在するというふうに読みかえたんですね。この読みかえはもう平安時代から始まっています。山中に浄土が存在するということで、これを山中浄土と呼んでいる。山岳浄土といってもいい」（p. 142）と説明している。

「浄土」とは仏教用語で「死者たちの世界」を表わす。しかし、仏教伝来以前の記紀神話では「死者たちの世界」は「根の国」と呼ばれていた。そこは、神々（あるいは祖霊）の住むところであると同時に、蛇、蜂、鼠などあらゆる災いや罪、汚れの流しやられる所と考えられた。石信仰、あるいは山岳信仰は、そびえ立つ峰々の彼方に「根の国」を遠望する眼差しであったといえよう（第八章で考えた「根古」という地名も、この「根の国」と強く結びついた言葉と考えられる）。

2・2　猫と山岳信仰（石の道）

既に述べたように、「猫」（あるいは「根子」「根古」）という語を含む寺社名、地名は意外なほど多い。それとともに、表1に示すように、「猫」（あるいは「根子」「根古」）の語を含む山岳も数多く存在する。これを五来のいう第一の石の宗教形態と考えることもできる。

たとえば、福島県の猫魔ヶ岳は、芭蕉の「山は猫　ねぶりて行くや　雪の隙」の句で知られるが、その名の通り猫にまつわる伝説も伝えられている。たとえば、かつて猫又が棲みついていたためこの名がついた、猫魔ヶ岳の食料を鼠に食い荒らされて困っていた慧日寺の僧が鼠退治のため猫王を山に祀った、などである。[1] 江戸時代後期の『新編会津風土記』（一八〇三〔享和三〕年から一八〇九〔文化六〕年にかけて編纂）には猫魔嶽について「磐梯山の西にあり、高九十丈周二里計昔猫またありて人を食ひしとてこ

表1 「猫」の名を冠した主な山

山の名	所在地	備考
猫山	秋田県鹿角郡	
山猫森（1034 m）	秋田県湯沢市皆瀬	「この山中には鳥や魚を捕らえて生きている獰猛な山猫が棲息している山名」（「日本山岳ルーツ大辞典」）
猫魔ヶ岳	福島県耶麻郡磐梯町	「猫女房」伝承、「猫又退治」伝承、「猫の王」伝承、猫石伝説
猫塚山	伊達市月舘町御代田	赤岩の猫塚 「猫の報恩」伝承、「化け猫退治」伝承、効験
猫山	新潟県阿賀野市	「猫の報恩」伝承（宮尾アイス）
猫又山	富山県上市町	「猫の王」伝承
大猫山	富山県上市町	
根子岳	長野県	長野県上田市菅平高原と須坂市の境にある山
猫越岳	静岡県（伊豆山稜線）	
猫岳	乗鞍山系	岐阜県
猫岳	三重・滋賀の県境稜線	
根古峰	大阪・和歌山県の県境	
猫山（1195 m）	広島県比婆郡東城町小奴可と西城町の境	「猫股退治」伝承
阿蘇山・根子岳（別名：猫岳、七面山、天狗峰）	阿蘇郡一の宮町と宮地町の境をなす山	「根小嶽ハ猫ノ宦ニ登ル山ナリ、依テ猫岳ト云、人家ノ猫ノ年ヘヌレバトンニウスル事アリ、是則宦ニ行タリト云、又猫岳ニテ豹程ノ猫ヲ見タリ鹿程ノ猫尾ハ8尺アルナドト皆々幼童ノ戯レナルヘシ、何ゾ此山ニ猫ノ謂レナシ」（「南郷事蹟考」）（『日本歴史地名体系』による）

の名あり、北の方に猫石とて其面畳の如くなる大石あり、其下草木を生ぜず塵埃なく掃除せしが如し、猫またすめる故なりと云、四方に山遶り村落をさること遠し」との伝承が記されている。

また、「磐梯山ジオパーク」サイト[2]によると、「釣り上げた魚目当てに老女に化けた雌猫を桧原村の郷士《ごうし》が斬り殺したため、山の主たる猫王はその奥方を食い殺して樹上に吊し復讐。怒りの郷士が宝刀で妻の仇を討」った、などの伝承もある。

かつて磐梯神社では猫魔獄のお札を発行していた。

ただし、谷川（1998b）は、「「家猫」は一名をネコマと呼んだことが「和名抄」などでうかがわれる。会津磐梯山の別峰に猫魔ヶ岳があるのも猫の古語のネコマに由来するものであろう」（p. 148）と述べている。

2・3　阿蘇の猫岳

遠く離れた阿蘇の猫岳（根子岳）にも、猫の王が住む山であるとの伝承がある。小島（1999）は次のように紹介している。

　猫岳の猫の王のことは、古くは、『肥後国誌』の阿蘇郡内牧手永の項にみえる。『肥後国誌』は、享保十三（一七二八）年に成った成瀬久敬の『新編肥後国志草稿』に、明和九（一七七二）年、森本一瑞がやや増補した地誌である。その黒川村の条に、五岳の一つとして猫岳をあげ、猫岳には猫の王がすむので、郡内の猫は年々、除夜にはかならず、この山に詣でるという、と記している。坂梨村（一の宮町）の村人の伝えという。

　この猫岳の伝えは、天保十二（一八四一）年成立の伊藤常足の『太宰管内志』下巻の四「肥後志」阿蘇郡南郷の条にもみえる。ここでは、六、七十年前にある僧が書いたという『塔志随筆』を引いている。阿蘇岳の東に猫岳という山があり、この山には猫の王というものがすみ、年ごとの節分の夜には、阿蘇郷内三里あたりの猫が、みんなこの山に集まるという、とある。

また、この『塔志随筆』に続けて、土地の人の話も記している。猫岳はきわめて大きな山である。この山には数百の猫がすんでおり、ときどき、その猫を見る人がある。二、三百も連なって歩く。そのなかには、いろいろな怪異な猫がいると語ったという。猫岳には、猫の王がいるというだけではなく、たくさんの猫がすみ、猫の社会があったとする伝えになっている。(pp. 51–2)

聳えたつ険しい山の奥に、猫の王が統べる猫の国があるとは、想像するだけでわくわくする。

3　猫島と海の道

3・1　西日本の猫聖地

さて、ここまで見てきた東日本の猫聖地は、養蚕と関わりのある伝承を持つもの、また山間部に伝わるものが多いように感じられる。

これに対して西日本では、表2に示すように、養蚕とは直接関連しない猫伝承も多い。猫神と養蚕とは、あくまでも「鼠」という媒介項を介したものなのかもしれない。むしろ西日本では、仇討ちする猫以外、戦争に随伴する軍猫、商業の神、漁業の守護などとして祀られている。これらの伝承は、「山岳信仰」というよりも「海洋信仰」という方が適しているとも考えられる。

実際、西日本には、猫に関する説話を伝承していたり、猫が多く住んでいたりして「猫島」と呼ばれ

表2　西日本の主な猫寺社

猫を祀る寺社	伝承など
京都府京丹後市峰山町泉 金毘羅神社内木島（コノシマ）社	文政13年（1830年）に、山城国（現京都市）の養蚕の神、木島神社から、地元ちりめん織業者らの信仰によって勧請。地元の糸商人や養蚕家達によって、一対の狛猫が奉納。
鳥取県鳥取市湖山町　猫島 猫薬師	「猫の仇討ち」伝承 「猫の報恩」伝承　鼠よけ、失せ物に霊験
鳥取県東伯郡琴浦町別宮 転法輪寺	「猫の踊り」伝承　「猫の報恩（猫檀家）」伝承
徳島県八万町　王子神社	当王子神社御祭神　天津日子根命様は、当地の根子神として祀られ、江戸時代阿波藩蜂須賀家家老の長谷川奉公家が代々崇敬。別称「猫神さん」。「阿波の猫騒動」（猫の仇討ち）
徳島県阿南市加茂町 お松大権現	お松権現は、有馬・鍋島と共に日本三大怪猫伝の一つとして名高い。
高知県須崎市蓑越 箕越猫祠社	愛猫を祀るとの伝承。病気平癒
山口県萩市 天樹院→雲林禅寺	「鳴く猫」伝承⇒界隈は「猫町（ねこのちょう）」と呼ばれる。 雲林寺には、大小さまざまな猫の置物をはじめ、「猫みくじ」や猫の御守、猫の絵馬などがあり、「猫寺」と呼ばれている。
福岡県宮若市 西福寺（移転）猫塚公園	「猫の報恩」伝承
佐賀県杵島郡白石町 秀林寺	「佐賀の化け猫騒動」（「猫の仇討ち」伝承）菩提寺の秀林寺に「猫塚」を建て、「猫大明神」として祀った。
大分県臼杵市福良 福良天満宮内　福良赤猫社	商業上の対立を治めた商人・大塚幸兵衛を「赤猫」とよび、彼の崇敬した稲荷社に「赤猫」を祀る。商業繁栄・家内安全・幸運招来に霊験
熊本県球磨郡水上村大字岩野　生善院（通称・猫寺）	「猫の仇討ち」伝承
鹿児島県鹿児島市吉野町 仙巌園　猫神神社	文禄・慶長の役の際、第17代島津義弘公は、朝鮮に7匹の猫を連れていき、猫の目の瞳孔の開き具合で時刻を推測したといわれる。この神社には、生還した2匹の猫の霊が祀られており、6月10日の時の記念日には、時計業者の人びとがここに参集して例祭が執り行われ、また愛猫家のために猫長寿祈願と供養祭。

ている島がかなりある。愛媛県の青島、福岡県の相島、長崎県の黄島、沖縄県の奥武島など、テレビや雑誌、写真集などでもたびたび取りあげられ、「猫ブーム」の一翼をになっている。

3・2　石巻市田代島の猫伝承

「猫島」は東北にもある。丸森町からさほど遠くない、同じ宮城県の石巻市田代島（口絵24）も猫島の一つである。

石巻港から船で四〇分ほどの沖合にある「田代島」は、各地の離島と変わらず、ここも人口が激減している。とくに東日本大震災の被害もあって、二〇一五年の人口は八二人（住民基本台帳人口、三月末時点）にまで落ち込んでいる。

しかし、奇妙なことに、近年この島へ渡る船は多くの観光客で混み合っており、外国人観光客の姿も珍しくない。なぜか。この島にたくさんの猫がいるからである。

田代島には一〇〇匹以上の猫がいるといわれる。そのほとんどは「野良猫」であり、飼い主はいない。島民たちが適宜猫に食料を与えている。ただし、「地域猫」のように地域で猫たちを共同管理しているわけでもなく、猫と人間がただ同じ空間を共有し、共棲している（口絵24）。

そもそも田代島を「猫の島」と呼ぶのは最近始まったことではないらしい。一八八九（明治二二）年に纏められた『田代管見録』（小野喜惣治著）には、「茲地嘗テ野獣ヲ生セズ伝ヒ曰ク山猫アリ大サ犬ノ如ク夜間瘻出テテ怪ヲナス」と書かれている。柳田國男が大正一五年に書いたエッセイにも「前年私がこの地方を通った時、田代という島は猫の島だという話を聞いたことがある。猫がどうしてこの島に住み始めたかは、もう話してくれる者もなかったが、近い頃にも小学校の休み日の日中に、宿直室に寝転んでいた人がふいと起きて見ると、窓の外に窓いっぱいの顔をした大猫が来てうずくまっていたという」（柳田 1926=1990：450）という記述がある。柳田はさらに昭和一四年、「猫の島」というエッセイで田代島の猫伝説について論じている。「村長さんが祝宴の帰りに、夜どおし島の中をあるきまわって、すっかり土産の折詰を食べられてしまったとか、または渡し舟に立派な身なりの旅人が乗って来て、後で舟賃をしらべたら木の葉があったとかいう類の風説」[3]はともかく、「これは古くからいわれたことらしいが、田代は猫の島だから犬を入れない。犬を連れて渡ると祟りがある」という伝説に関心を寄せている（柳田 1939=1990：536）。この犬の禁忌について、『石巻の歴史　第六巻』は「ニワタリ権現の存在とこれに伴う鶏の飼育、鶏卵食用の禁忌とともに特定の動物に対する習俗が形式化されていた」（1988：580）と簡単な説明を載せている。現代では人びとは可愛さや癒やしを猫島の猫に求めている。しかし、かつての島人たちは猫を畏怖と尊崇の対象とも考えていたのである。

田代島は珍しい猫神社（口絵24）があることでも知られている。その由来についても、いくつかの説がある。[4]一つは、田代島ではかつて養蚕が行われていたことから、鼠駆除に役立つ猫が祀られたという説。二つ目は、田代島では江戸期に大謀網が盛んとなったが、その番屋周辺に餌を求めて猫が集まり、漁師たちは猫の振る舞いから天候や漁模様の予測をしていた。あるとき、網の設置のために岩を崩していると、崩れた岩にあたって猫が死んでしまった。元締めは猫を懇ろに弔い、猫神社を建てたという。

これらの言い伝えによれば、この島で、猫は養蚕の神と漁の神の二つの相貌を見せている。いずれも、猫が島の産業と深く関わり合いつつ、人間たちと島で共棲していたことをうかがわせる説話である。

田代島でいつ頃養蚕がどの程度行われていたか、筆者は十分な資料を持ち合わせていない。しかし、猫神社が、養蚕産業と結びついて、とくに青森県・岩手県・宮城県・福島県・群馬県、長野県など、おもに東日本の地域に広く分布していたことが知られている（本書第八章）。

とくに東日本大震災で大きな被害を受けた福島県信達地方は、[5]「東北地方における養蚕製糸業の先進地」（『石巻の歴史　第五巻』1996：493）であり、江戸時代中期には全国の蚕種生産高の半分以上を占めるほどの養蚕地帯であった。福島駅にほど近い信夫山には、猫神社なども残っている（本書第四章参照）。田代島と同じ宮城県では、「南部の伊具郡や刈田郡では幕末から明治初期にかけて一定程度の養蚕製糸業の展開」（同上）があったとされ、隣接する信達地方の商圏に組み込まれていた。第八章でもみたように、伊具郡丸森町には現在も多くの猫碑が残っている。[6]一方、「一八八五年（明治一八）以降第三次生糸改良運動が県の主導で展開され」（同上、p. 494）本吉郡や登米郡などの県北地方で養蚕業が活発化した。これらの郡は石巻に隣接しており、田代島でも農家の副業として養蚕が行われていたとも考えられる。

3・3　三陸漁業の繁栄——大謀網の改良と田代角エ衛門

一方、かつて田代島は三陸漁業の拠点として栄えていた。

田代島の沖合は北上する黒潮と南下する親潮がぶつかる好漁場で、沿海漁としては鮪（シビ）の大謀網（定置網漁）が盛んに行われた。「島の西側の漁場は、幕末から明治にかけて宮城県最大の大謀網漁場であった」と『石巻の歴史　第六巻』（p. 575）は述べている。また『石巻の歴史　第五巻』によれば、「田代島に本格的に大網が開発されたのは中世末（十六世紀末）らしい」（p. 578）。江戸期には村網で、一組が二〇～三〇人の組組織をつくり、部落の各戸がアゴ（網子―株主）として、完全な共同経営を行った。漁獲物は塩釜・石巻・渡波の港へ運んだ（同上）。

しかし、幕末になると、三陸の網経営は資本家的個人経営に移行していく。小松は、三陸海岸の網の経営者として知られる田代角右ェ門という人物について次のように記している。

三陸海岸の網の経営者として名高い角右ェ門は天明五（一七八五）年、南部、船越村川ノ浜で生れた。父の角左ェ門は廻船、舌網を持つ旦那衆の一人だった。長じて大槌の名門前川善兵術の娘エイをめとり、イワシ網からマグロ網経消へと転換した。彼は牡鹿半脇の鬼島（田代島?）《ママ》へ渡り、網の改良をはかり、大原の平兵術を大謀として三年目に思いどおりの網型を完成したという。その網は従来の囲い網が不定全なので底網をつけて魚を逃さぬようになったとの説がある。（小松 1974：136–7）

角右ェ門の経営する網（田代式大網）は、牡鹿半島から十五浜、雄勝、大須崎、下北半島まで展開した。その威勢は当時、「オラが旦那様　めでたい旦那嫌　お金の涌く網　ヤョ建てておく」と俗謡に唄われるほどだったという（同上）。

3・4　奥筋廻船と平塚八太夫

田代島で生まれた立志伝中の人物として、幕末に廻船経営に活躍した平塚八太夫（一八〇五－一八六六）という豪商がいる。

佐々木（1996）、斎藤（2003）によれば、八太夫は田代島仁斗田の富裕な家に生まれ、航海術を学んだ。天保六（一八三五）年には、常陸国那珂湊の廻船主で豪商の濱屋（大内）五郎右衛門家の廻船・得宝丸の沖船頭（雇われ船頭）として蝦夷地交易に従事するようになった。

図1　平塚八太夫屋敷跡（筆者撮影）

八太夫は、嘉永二（一八四九）年、濱屋から独立する。このときの大内家の譲状には得宝丸と商売元手金とを合わせて、千五百両余の資産を譲るとある。八太夫は田代浜に戻り、ここを本拠として廻船経営をおこない、数年後には函館に出店をもち、数艘の手船を運航して、蝦夷地・石巻・那珂湊・浦賀・江戸間を結ぶ交易活動に従事した。文久元（一八六一）年に八太夫は仙台藩から「蝦夷地物産方取開御用達」に任命され、蝦夷地―仙台間の物資輸送やラッコ皮の交易などにも進出し、巨万の富を築いた。

八太夫は慶応二（一八六六）年、出張先の銚子で病死した。しかし、彼の後を継いだ者たちは、明治期の地域振興に大きく貢献した。なかでも、八太夫の養子として函館出店の経営を任された平塚時蔵は、得た利益を函館のさまざまな社会事業に投資した。また、時蔵の末弟（のち養子）平塚常次郎（一八八一－一九七四）は、カムチャツカで漁業開拓を行うなか、新潟出身の堤清六と共同で堤商会（後の日露漁業株式会社）を設立した。その後、戦後初の衆議院選挙で当選し、運輸大臣も務めた。

田代角右エ門も平塚八太夫も、田代島を一つの足がかりとしつつ、幕末から明治期の日本にダイナミックな足跡を残した。田代島の猫神社も、彼らにゆかりの者が立てたのかもしれない。丸森町の斎藤理助や佐野理八と同様、日本近代は、彼らのような、地域の企業家たちによって推進されたのである。かつて栄華を極めた平塚八太夫の屋敷跡は、崩れ落ちそうながら現在も残っている（図1）。八太夫の船に乗って、猫たちもこのまっ青な海を渡ったのだろうか。

4 〈猫島〉の謎

4・1 全国に散在する猫島

先にも述べたように、田代島のような「猫島」は、日本全国に分布している。その多くは、本土から船で三〇～四〇分離れた離島で、近年人口が激減しているが、それに替わるように、猫が多く暮らしている。猫たちは人慣れしており、見知らぬ人間にも攻撃したりしない。そんな風景が、日本国内のみならず、海外からも多くの観光客を招き寄せている。

日本全国の主な「猫島」を表3に示す。

4・2　猫島と古代信仰

表3からは、昨今ブームの「猫島」が、必ずしも、たまたまその島で猫が増えてしまったというだけでなく、本書で見てきた〈猫聖地〉の特性（本書第七章、第八章参照）を、やや変形させつつも備えていることがわかる。まとめてみれば、次のようである。

- 島（海からつきだした舌状台地）である
- 古墳跡であることが多い
- 古代土器／石器を出土している
- 漁業、軍事、商業の中継地であることが多い

こうしてみれば、「猫島」とは海の「山」であり、訪れる観光客に意識されていないとはいえ、意味的に対応する空間であるといえる。古い時代、人びとは切り立った山の彼方に死者たちの住む他界（根の国）を遠望したと同様に、遠い海に浮かぶ離島の先に死者たちの国（沖縄においては「ニライカナイ」と呼ばれる死者／神の国）を幻視したかもしれない。そして、現代、猫の仕草に癒やしを求めて、「猫島」を訪ねる観光客たちも、そこに彼らの「他界＝根の国」（anotherland）を夢見ているのかもしれない。

表3　国内の主な「猫島」

島	備考
宮城県石巻市田代浜	人口60名。既述。
東京都新島村　式根島	文時代中期の遺跡が発見されている。流人を八丈島へ運ぶ船が風待ち、新島の島民が塩の精製場や漁場として利用。「化け猫退治」伝承。大王神社は鼠よけの猫を祀る。犬は飼わない。「猫の王」伝承も残る。
神奈川県藤沢市　江の島	1980年代頃から江の島では捨て猫が急増
愛知県西尾市　佐久島	紀元前3000年頃から人が住み始め、縄文・弥生式の土器片などが多く出土。
滋賀県近江八幡市沖島	淡水の島で唯一の猫島。約250人が居住する有人島で、ネコが多く生息。戦国時代から水運の要衝。
愛媛県大洲市長浜町青島	もとは無人島で、寛永年間に鰯の好漁場であるとわかり、1639年に人が移住。
香川県高松市　男木島	隣に女木島　　灯台　桃太郎　出雲系　豊玉姫
香川県三豊市　志々島	両墓制の習慣が残されており、少なくとも中世以前までには集落形成されていたと考えられる。漁業の島としても栄え、寛政11年には島内で採れたナマコ120斤を中国へ輸出した記録も。
香川県仲多度郡多度津町　佐柳島	集落は南部に本浦、北部に長崎がある。本浦・長崎集落ともに埋め墓と参り墓と呼ばれる両墓制が残っている
香川県香川郡　直島町	古来より農業には向かない地形で、喜兵衛島に痕跡を留めるような製塩業に始まり、瀬戸内の交通の要衝として漁業や交易、海賊（実際には、海難事故の多い難航路を抑えての水先案内が主であったと言われる）で生計を立てていた。
岡山県笠岡市　真鍋島	笠岡諸島に属する人口300人ほどの小さな島
岡山県笠岡市　北木島	「岡山県笠岡市にある笠岡諸島。ここに点在している島のどこを訪れてもやたらに猫が多いことに気が付きます。 最近では猫好きさんが猫を求めて島を訪れることも多いんだとか。」（http://everydaystudy.net/猫が生き写し！北木島の猫岩/）古墳時代から人が住む。
北木島の猫岩	笠岡市北木島の東端に、猫岩といって、猫の顔が浮きぼりにされている大きな岩が、海中に立っている。これは、水島灘で源平の戦があったとき、平家の大将が縁起をかついで雄の三毛猫を船に乗せていたが、戦に負けて船は沈み大将も戦死した。そこで、乗っていた猫は海中を泳いでこの岩にたどりついたが、力つきはてて息がたえた。その猫の魂が乗りうつってこの猫岩になったと伝える。（『吉備の伝説』p. 50）

島	備考
山口県柳井市　平郡（島）	一説では、木曾義仲の子「平栗丸（へぐりまる）」が島内に住み着いたのが島の名の由来。「蛇の池」、「五十谷」、「白鷺の鼻」など数々の伝承。幽霊船情報もある。
福岡県北九州市小倉北区　藍島	日本書紀の仲哀紀に「阿閇島」として登場。隣接する無人島の貝島からは6世紀のものとみられる古墳群が発見。1705年（宝永2年）から1723年（享保8年）、響灘に密貿易の船が出没したため、小倉藩が遠見番所を建てた。
福岡県北九州市小倉北区　馬島	古第三紀層から成っており貝やクジラの化石や、縄文時代前期から古墳時代の土器などが発見されている。標高34 mの台地状の形、屈曲した複雑な形の海岸線。
福岡県糟屋郡新宮町大字　相島	万葉集や続古今集にも歌われた歴史ある島で、貴重な遺跡や神社、玄界灘の荒波がつくった奇岩や絶壁がなどの景観
福岡県糸島市志摩　姫島	玄界灘。近世に黒田藩の流刑地
佐賀県唐津市　加唐島	神功皇后の伝承が残る。百済の武寧王が生誕した島としても知られている。
長崎県五島市　黄島	「旅の僧」伝承、「マリア観音」伝承 泊遺跡からは、縄文時代の土器片や黒曜石製の石器が出土し、古くから北部九州との交流があったと考えられる
大分県佐伯市蒲江　深島	北方約7 kmの屋形島との間にはサンゴ礁が発達。犬を飼ってはならぬとの言い伝え
熊本県上天草市大矢野町　湯島	有明海の離島。「天草・島原の戦い」代表者が談合を行ったことから、別名「談合島」
鹿児島県熊毛郡南種子島上中	【猫の異界譚】伝承 広田遺跡
沖縄県具志川市（うるま市）上平良川	【猫の異界譚】伝承 喜屋武グスク
沖縄県八重山郡竹富町　竹富島	島の人口は365人に対して、猫は約60匹。竹富島の遺跡で最も古いものは無土器期のカイジ浜貝塚とコンドイ浜貝塚。その年代は12世紀と推定。新里村遺跡は、新里村東遺跡が12世紀頃、新里村西遺跡が14世紀から15世紀頃と推定
沖縄県南城市玉城字奥武（島）（おうじま）	かつて死者を弔った場所であったと云われており、いずれも崇められている。猫が多い島として知られる。
沖縄県島尻郡渡嘉敷村字　渡嘉敷（島）	先史時代から人の居住があり、舟越（ヒナクシ）貝塚などの遺跡がある。琉球王朝時代に優秀な船乗りを輩出。17世紀半ばには沖縄と中国を往来する船の監視を目的に座間味島・渡名喜島・久米島とともに烽火台設置

5　沖縄と猫の神

5・1　沖縄の猫島

このように考えるとき、沖縄県南城市玉城の奥武島《おうじま》にまつわる伝承は重要である。谷川（1999）によればここはかつて死者を弔った場所であったと云われており、いずれも崇められている。かつての沖縄では、人が死ぬと海岸のすぐ沖の小さな島に船で遺体を運んで、洞窟へと安置する葬送の習慣があった。洞窟の中が黄色い光に満たされていたことから、この島を「青《オウ》の島」（黄色のことを「青」とよぶ場合があった）と呼んでいたとされ、そこから「奥武《オウ》の島」と書かれるようになった（pp. 161–2）。谷川（1999）は、同じく「青の島」の意味を潜ませた島として、奄美大島の対岸のカケロマ島（古老たちは「アロウ島」と呼んでいた）、八重山群島の新城《あらぐすく》島（「アロウスク」がなまったものと谷川は推測している）などを挙げている。

また谷川は、「宮古では、人が死んだらオウの島に行くと言っている。また、沖縄本島の東海岸にある伊計島の八月のシノグ祭では、「ネズミは奥武の島に飛び立てよ」という神謡がうたわれる。奥武は「青の島」のことである。これは虫送りの風習を述べたものである」（p. 62）と述べている。

表3でも、愛媛県の青島、福岡県の藍島、相島、長崎県黄島など、「おうしま」「あおしま」などに近い音の島名をもつ「猫島」が多いことに気づく。現代の新奇な流行現象に見える「猫島」ブームの背後には、「青の島」の記憶がひっそりとたたずんでいるのかもしれない。

5・2　青の神としての猫神

一方、柳田國男は『海南小記』に、「石垣島の方では川平と桴海の二村に、旧の八月または九月の己亥の日、よく似た儀式があってこれを「まやの神」と名づけ、マヤとトモマヤとの二神が出現する。マヤは方言に猫を意味するところから、普通は牡猫、牝猫の面を被って来るというが、舞にも詞にも猫らしい信仰は現れておらぬ。阿檀の葉の蓑を着て蒲葵で編んだ笠を深く被り、戸ごとを巡ってやはり明年の祝言を述べる」（柳田 1956=1989：399）と書いている。

また谷川建一は「沖縄本島北部の大宜味村の謝名城や喜如嘉の海神祭でうたわれる神送りの歌には、「マヤの神」の対語として「青の神」が登場する。マヤの神は真世の神とも称し、ニライカナイからの遠来神で、八重山のマユンガナシもその一つ」（谷川 1999：165）であると考察している。

さらに折口信夫は、沖縄の成年式で、青年となるべき若者たちに試練を与えるために渡ってくる怪物について、「沖縄あたりは、その怪物を猫と思うていたが、名からすると、蛇らしい。あかまた、くろまた、あおまたと対になっている。あかまたは蛇の名である」（折口 1971：280）と述べている。これらを総合すると、十分に整合的に説明されているわけではない（そもそも民間伝承では、対象は、いつも類縁性と連想性によって、代替・変容していく）が、第六章で見た、動物伝承における猫と蛇の交換（代替）可能性がここにも見られることが興味深い。

これらの聞き書きから浮かび上がってくるのは、古い共同体の世界観では、年越しや成年式など、何らかの移行の時期には、死者たちの島（国）から、死者たちが共同体へとやって来る。死者たちの島

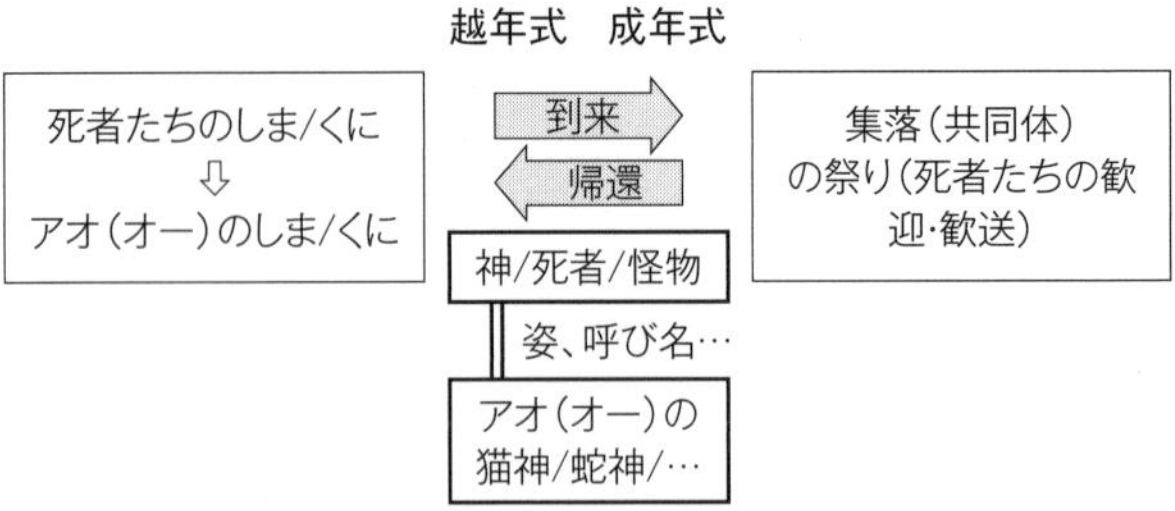

図2　古い世界観における死者たちと猫神の繋がりの図式

（国）は、しばしば「アオ」あるいは「オー」と呼ばれる。また、死者たちは、「神」あるいは「怪物」と認識されるが、その姿や呼び名は、「猫」や「蛇」のように想定され、また「アオ」を含む名で呼ばれることもある、という構造である。

この構造を図にしたのが図2である。

5・3　沖縄の聖地（ニライカナイ）伝説

さらに折口は、宮古島の聖地神話と三輪山神話との類似性に言及している。

> 宮古島の漲水《はりみず》御嶽《おたけ》と言う拝所の由来には、女に通うた蛇が、女児三人孕ませて後、自分の種姓を明かして去った。約束通り三年目に、漲水へ連れて行くと、父の大蛇が姿を見せたので、母は子を捐《す》てて逃げ出したのに、子どもは何とも思わないで、一人一人首と腰と尾に乗って、蛇とともに御嶽の中に飛び入ったとある。三輪の神女と子との神になった話に似ているばかりか、糸をかけて男の家をつきとめる型まで含んでいるのである。（折口 1975：31–2）

これに対して、倉塚（1979=1994）は、本土にも多く見られる「蛇女房」の説話を対置する。「蛇女房」とは、第六章3・4項で述べた「信田妻」（葛の葉伝説）と同様、他界の女が人間と結ばれ、子をなすが、結局正体を顕して他界へと還るというモチーフの異類婚姻譚である。このとき、遺された子どもは、母の加護により、英雄となるとされることが多い。

倉塚は、「さんぱいのヤレ　父親もとを尋ねたら　日輪様の御子なり　さんばいのヤレ　母親もとをたずねたら　京白河の大蛇なり（石見国ロ羽村田植歌）」という田植え歌を引きつつ、「蛇女房」が「田の神（さんばい）」の母であると指摘する。

琉球文化圏において、祖霊がそこから訪れ、穀物などの豊穣をもたらす他界は、「ニライ（カナイ）」と呼ばれる。ニライは一般には海の彼方にあるとイメージされるが、「海は川を媒介として山に連なり、大地の神は豊饒の源泉でもある水をも管掌している。琉球の御嶽は基本的には岩や洞窟であるといってよいと思うが、これら大地の表象からなる御嶽はニライへの通路でもあった」（倉塚 1979=1994：38）と指摘する。さらに、「ニライの語は地域により音韻変化が著しいが、多くの場合頭音にNが保たれている点は特徴的である。ニライが根（ニー）と関連する語だとした柳田国男の指摘はあたっていると思う。根は地下の世界につながる」とも述べている。

本章2・1項に述べたように、「根（根の国、根古）」という言葉は本土においても「死者たちの聖なる地」を表わす。Nのつく言葉が「聖なるもの」に関連した語群を構成していると考えることができるだろう（あえて付記すれば、猫（Neko）と鼠（Nezumi）も語頭はNである。この点についての考察は別の機会にゆずる）。

5・4　袋中上人と琉球

猫に関わる伝承には、沖縄と繋がるものがほかにもいくつか見いだせる。

マヤの神に関連して、谷川は次のように、江戸初期の僧・袋中に言及している。「江戸時代初期の浄土宗の僧袋中の「琉球神道記」によると、君真物《きんまもん》という海神は海底を宮とし、毎月出現して託宣する、とある。海神の君真物が久米島の奥武という小島に上陸した歌が『おもろさうし』巻二十一に載っているが、この歌について伊波普猷は「ニライカナイの神が、一旦、奥武（奥）を足溜りとして、本土に上陸したことは正史などにも現われている」と述べている（琉球史料叢書『琉球国由来記』解説）」（谷川 1999：166）。

袋中は、第四章3・4項にも述べたように、京都の〈猫聖地〉の一つである檀王法林寺の住職となった人物であり、沖縄の信仰と日本の〈猫聖地〉を結ぶ契機となった可能性があると筆者は考えている。

袋中上人（袋中良定、一五五二－一六三九）は、陸奥磐城郡（現在の福島県いわき市）に生まれ、幼時から才能を現わし、長じては江戸増上寺や足利学校で学んだ。二九歳のとき故郷で住持を務めるが、五一歳のとき、渡明を決意する。しかし政治情勢によりなかなか叶わず、慶長八（一六〇三）年に渡明の便船を待つため、琉球に渡る。琉球では浄土宗の布教に努め、念仏踊り（現在のエイサー踊りの起源とされる）も伝えた。しかし、結局、渡明はできず、慶長一一（一六〇六）年に帰国し、慶長一六（一六一一）年、京都の梅檀王院無上法林寺（檀王法林寺）に迎えられた。袋中上人の遍歴を示したのが、図3である。東日本から琉球まで何と長い旅だろう。

袋中上人は渡明を試みるうちに、華厳経入法界品に説かれる婆珊婆演底主夜神《ばさんばえんていしゅやじん》のお告げを受け、帰国

図4　檀王法林寺の招き猫（筆者蔵）

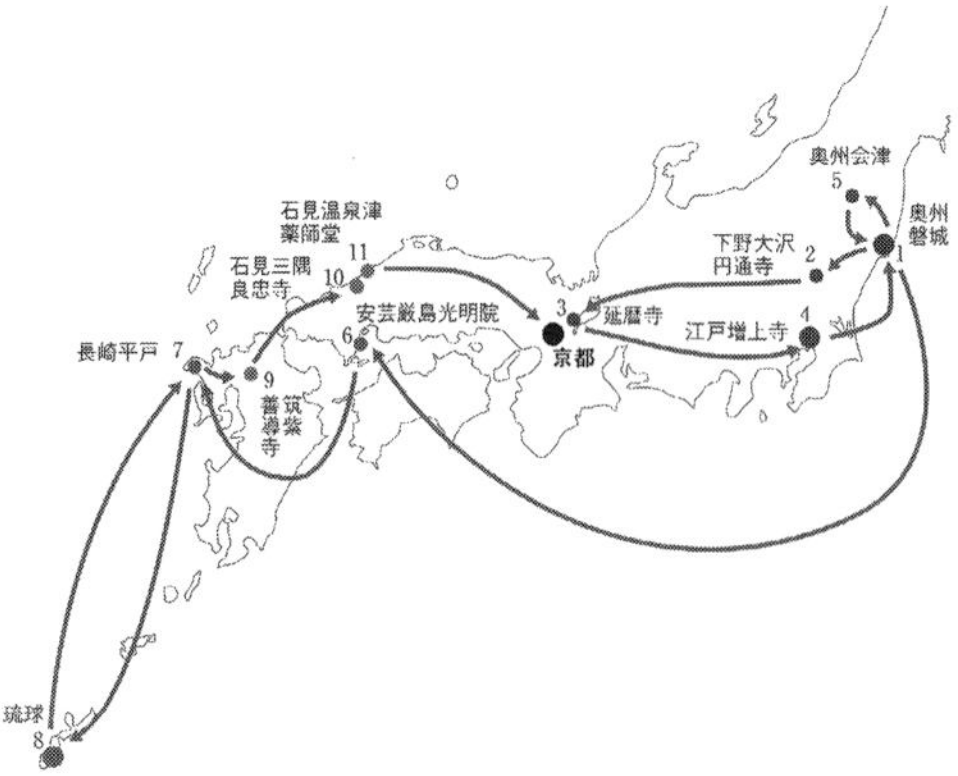

図3　袋中上人布教の遍歴（信ヶ原ほか 2011『檀王法林寺』p. 108）

後、檀王法林寺にこの主夜神を祀った。信ヶ原ら（2011：97）によれば、「この主夜神の使者が黒猫であると、檀王法林寺は伝えており、黒色の招き猫が作られ、主夜神法要で授与されている。これは最古の黒色招き猫として知られている」という。現在檀王法林寺が授与されている黒招き猫が図4である。しかし、華厳経には猫についての言及はなく、法林寺でなぜ黒猫が神使とされたのかは不明である。信ヶ原らは、「猫は古来より荒波を渡る船人たちに不思議な力があると崇められてきた。猫には暴風を察知する力があり、龍神に猫を捧げると風が治まるというような迷信から航海に出る際には、猫を必ず船に乗り込ませることが慣例となっていたようだ。また船内に積んだ宝物や書物、食料は頻繁に鼠の被害に遭うので、猫はその対策にも一役かっていたとされ、船上で猫は大いに重宝されたことから、袋中は船旅の中で猫に心を寄せるようになったのではないか」（pp. 97-8）と述べているが、それだけだろうか。沖縄のマヤの神（ニライカナイからの来訪神で、猫神とされることも多い）と袋中の主夜神信仰およびその神使としての黒

とにしたい。

猫（緑の猫）との間には、何らかの連絡があるのではないか。この点については、今後さらに考えること

5・5　イナリ神とオナリ神

さらにもう一点、考えておきたいことがある。第四章で、招き猫とイナリ神との関係について検討した。しかし、イナリ神については、謎も多い。「稲荷」という字をあて、穀物神だからという説明をする文献も多いが、必ずしも研究者たちに確証されているわけではない。

一方、沖縄には「オナリ神」という、巫女を媒介とした民間信仰が存在する。オナリ神について、沖縄学の父ともいわれる民俗学者・言語学者の伊波普猷（一八七六－一九四七）は「近い頃まで、国家最高の神宮なる聞得大君《きこあおほぎみ》以下地方の神職なる祝々《のろのろ》が、神と称せられたのはもちろんのこと（『琉球古今記』一八五－二二〇頁および『孤島苦の琉球史』一一〇－一一二頁参照）、そこでは今なお、一切の女人が、その兄弟等に、「をなり神」として崇められている。をなり神に「姉妹の生御魂」の義のあることはいうまでもない」（伊波 1938=1973：3）と説明している。また柳田らは、本土においても「オナリ」という言葉が、田植えの神事に関わる「ヒルマモチ」「さおとめ」「おとめ」などの言葉と密接な関わりを持つ言葉として使われていることを指摘している。伊波や柳田の議論をふまえつつ、倉塚は、オナリ神が、農耕儀礼の中でも最も重要な穂祭において、穂を捧げるものであると同時に捧げられるものでもある点に注目している。このようにたどっていくと、豊穣（稲作）の神である「オナリ」と同じく豊穣（稲作）の神である「イナリ（稲荷）」の間には何らかの繋がりがあるのではないかと考えられるのである。オ

ナリ神とイナリ神には、そのほかにも、岩や洞窟などを他界への通路として崇拝する点など、多くの共通点が見られる。

6　おわりに――埋め込まれた過去と現在

本章で考えてきたことをまとめれば、次のようになる。

本章では、「猫」を導きの糸として、度重なる災害に見舞われた東北の小地域が、かつては東日本から西日本まで及ぶ広大な養蚕ネットワークの一部をなしており、また、日本全国とつながる海のネットワークの重要な結節点であり、莫大な富を築いて俗謡にも唄われる網元や、現代日本にもその影響力をもつ廻船主の一族が足跡を残した地であることが見えてきた。田代島と本土とを隔て、津波などの自然災害をもたらす海は、同時に、島と本土各地を縦横に結び、豊穣な恵みをもたらす、まさに、「分離しつつ結合する境界」であった。

いいかえれば、現在は閉ざされた周縁として衰退が必然であるかのように論じられる地域も、かつて〈開かれ〉への起点として位置づけられていた。現代においても、トポロジカルな反転により、境界を越境の架け橋とすることは可能なはずである。そしてこの反転を具体的に復興策として構想するために、融通無碍に「越境する知」を実践していく必要がある。

しなやかに駆ける「猫」はひそかにその道を指し示しているのかもしれない。

注

1 https://ja.wikipedia.org/wiki/ 猫魔ヶ岳

2 http://bandaisan.xsrv.jp/C-20nekoishi.html

3 これらの風説については、三原 1930：19–28 に詳しく述べられている。

4 http://www.city.ishinomaki.lg.jp/cont/10053500/0050/3639/3639.html

5 現福島市の大部分とその周辺から成る旧信夫郡と現伊達市全域と現福島市の一部から成る旧伊達郡を合わせた地域の呼称。

6 櫻田（1937）はすでに戦前に「死んで祟る時には猫神といふ石碑を樹てる（宮城筆甫）」と記録している。ただし櫻田は養蚕との関連については触れていない。

第十章　近代日本と〈猫〉

1　猫とともに準備された日本の「近代」

第三章、第六章で見てきたように、江戸期から養蚕業が発展し、それが地方の裕福な豪農層をつくりだした。この豪農層は、地域に富と文化を蓄積し、日本近代を築く分厚い才能の層ともなったのである。この十章では、近代日本が西欧との文化接触、政治接触をおこなう中で活躍した人びとと〈猫〉との関わりを見ながら、〈猫〉文化の現代へと続く意味を考える。

図1　養蚕錦絵
左：蚕飼ひの図　桑葉をきざむの図　芳藤　安政4（1857）年
中：蚕飼ひの図　桑葉を与ふるの図　同上
右：蚕養草種おろし　桜斉房種（以上国立国会図書館デジタルコレクションより）

2　養蚕から繊維産業へ

2・1　養蚕錦絵

幕末になると、養蚕に従事する女たちの姿を美しく描き出した錦絵が多く出版されるようになる（図1）。養蚕の作業に従事するのが主として女たちであったこと、江戸期の浮世絵では、働く女たちの姿を取りあげるのは一般的であったことを考えれば、当然ともいえるが、年代が下るにつれて、その衣服は華美になっていく。特に明治期に入ると、図2のように、大名の姫君や、禁裏の高貴な女性たちであるかのように描かれたものが増えていく。また図3のように、すごろくの形で、養蚕が富貴につながる道であることを説くものも現れた。これは、生糸産業を保護育成するために女性たちを養蚕の仕事へとエンカレッジする企図があったのではないだろうか。

図2　婦人裁縫之図　楊洲周延　明治18年（1885）（筆者蔵）

図3　新版本場養蠶壽語録　明治時代（東京都立図書館蔵）

2・2　繊維産業の近代化

日本社会が「開国」し、明治体制になると、製糸業は国の殖産興業の大きな柱となった。上に述べたように、江戸期、女性たちのはたらきによって、絹生産は大きく発展していた。江戸末期、政府が製糸業で世界市場に船出しようとしたのは当然であった。

しかし、そのもくろみは欧米諸国との市場競争の中ですぐに躓くこととなった。欧米から最新の技術を導入することが喫緊の課題となった。明治五（一八七二）年、明治政府は生糸の品質改善生産向上と、技術指導者育成のため、洋式の繰糸器械を備えた官営の模範器械製糸場を設立した。それが、二〇一四年にユネスコの世界遺産にも登録された富岡製糸場である（図4・図5）。政府は各県庁を通じて富岡製糸場で製糸の新技術を学ぶ一三歳から二五歳までの「伝習工女」を募集する。明治六（一八七三）年には、全国から五五六名の伝習工女が集まった。その八割が一〇代だった。彼女たちには、富岡製糸場で習得した器械製糸の技術を地元に持ち帰り、地元に設立される民営の製糸工場で指導的立場に立つことが期待されていた。このときの伝習工女の一人である和田英が書き記した『富岡日記』（一九〇七年記述）には、当時の工女たちの様子が活き活きと描かれ

図4　富岡製糸場（筆者撮影）

図5　富岡製絲場工女勉強之圖
明治6年（群馬県立図書館
デジタルライブラリー蔵）

ている。

こうした紡績工場でも猫が飼われていたこともあったようである。京都帝国大学の野上俊夫は、「或る紡績工場に於いて偶然一匹の猫を飼った所工女たちはその為に非常に慰安を得て能率が大いに増したというような話がある」（野上 1920[1]〔髙木 2006〕）と述べている。

2・3　繊維産業の振興

努力の甲斐あって、日本の製糸産業は急速に近代工業化され（表1）。繊維製品は重要な輸出品へと発展していった（表2）。その立役者の一人が、渋沢栄一（一八四〇‐一九三一）だった。渋沢は、現在の埼玉県深谷市内の血洗島村に生まれた。この地域は、南北朝時代には新田氏と足利氏が争った地であり、「新田の猫絵」（第三章）で知られる新田岩松氏が治めた現在の群馬県太田市と川を挟んで隣接している。

島田（2011）によれば、江戸期の「血洗島を中心とした地域は水田が少なく、経営規模の小さな農家が多

表1　生糸産業の器械化（高橋 1928：117）

（第一表）生絲生産の器械化表

	器械（貫）	座繰（貫）	玉絲（貫）	生絲産額百分比例 器械（%）	座繰（%）	玉絲（%）
自明治二十二年至明治二十六年平均	[illegible]	[illegible]	[illegible]	[illegible]	[illegible]	六
自明治二十七年至明治三十一年平均	[illegible]	[illegible]	[illegible]	[illegible]	[illegible]	六
明治三十四年	[illegible]	[illegible]	[illegible]	[illegible]	[illegible]	七
明治三十九年	[illegible]	[illegible]	[illegible]	[illegible]	[illegible]	六
明治四十四年	[illegible]	[illegible]	[illegible]	[illegible]	[illegible]	六
大正三年	[illegible]	[illegible]	[illegible]	[illegible]	[illegible]	七
大正十四年	[illegible]	[illegible]	[illegible]	[illegible]	[illegible]	七

（備考）農商務省農務局〔蠶業に關する參考資料（第三次）〕及農林省統計表に由る

表2　輸出重要品としての発展持続商品（単位：千円）（高橋 1929：396）

（第六表）發展傾向の重要産業（輸出貿易に現はれた）

種別	明治二〇年（千円）	明治二五年（千円）	明治三五年（千円）	明治四〇年（千円）	大正一年（千円）	大正六年（千円）	大正一一年（千円）	大正一五年（千円）
生絲	[illegible]	[illegible]	[illegible]	[illegible]	[illegible]	[illegible]	[illegible]	[illegible]
綿織物	[illegible]	[illegible]	[illegible]	[illegible]	[illegible]	[illegible]	[illegible]	[illegible]
絹織物	[illegible]	[illegible]	[illegible]	[illegible]	[illegible]	[illegible]	[illegible]	[illegible]
メリヤス製品	[illegible]	[illegible]	[illegible]	[illegible]	[illegible]	[illegible]	[illegible]	[illegible]
帽子	[illegible]	[illegible]	[illegible]	[illegible]	[illegible]	[illegible]	[illegible]	[illegible]
硝子及同製品	[illegible]	[illegible]	[illegible]	[illegible]	[illegible]	[illegible]	[illegible]	[illegible]
石炭	[illegible]	[illegible]	[illegible]	[illegible]	[illegible]	[illegible]	[illegible]	[illegible]
玩具	—	—	[illegible]	[illegible]	[illegible]	[illegible]	[illegible]	[illegible]
鐵製品	[illegible]	[illegible]	[illegible]	[illegible]	[illegible]	[illegible]	[illegible]	[illegible]
薄荷脳	[illegible]	[illegible]	[illegible]	[illegible]	[illegible]	[illegible]	[illegible]	[illegible]
精糖	—	—	[illegible]	[illegible]	[illegible]	[illegible]	[illegible]	[illegible]
セメント	—	—	[illegible]	[illegible]	[illegible]	[illegible]	[illegible]	[illegible]
麦酒	—	—	[illegible]	[illegible]	[illegible]	[illegible]	[illegible]	[illegible]
以上小計	[illegible]	[illegible]	[illegible]	[illegible]	[illegible]	[illegible]	[illegible]	[illegible]
輸出合計	[illegible]	[illegible]	[illegible]	[illegible]	[illegible]	[illegible]	[illegible]	[illegible]
輸出合計を一〇〇として小計の割合	[illegible]	[illegible]	[illegible]	[illegible]	[illegible]	[illegible]	[illegible]	[illegible]

いものの、比較的安定した支配構造と交通の便に恵まれ、発展の条件を備えた地域」で、「そのような状況を背景に、村内においては江戸中期以降に特定の家による土地や財の集積が進み、その一方で土地保有が一町未満の貧農が大多数を占めるという格差の拡大が進行した（井上潤[2]）。幕末に村の秩序に変化をもたらした主役の一家が急速に成長して村内の中心に躍り出た。その家が渋沢栄一の生家であった」(p. 4)。

渋沢家はまさに、第三章で述べた「在村養蚕技術」の発展をになった「家」の一つだったのである。渋沢家は農家ではあったが、流通に関わる商家の性格ももっていた。そのため、渋沢は合理主義的な考え方も備えていた。

渋沢は長じて幕臣となり、徳川昭武

に随行してパリ万博、ヨーロッパ各国の視察を行った。明治に入ると、大蔵省に入省するが、まもなく実業界に転じ、第一国立銀行頭取など、膨大な数の企業の設立、経営に携わった。

富岡製糸場の設立にあたっては、渋沢は富岡系市場設置主任に任じられ、従兄弟の尾高惇忠らとともに、尽力した。富岡製糸場の初代場長は尾高惇忠である。近世から近代へ、養蚕業は、地下を流れる水脈のように強い連続性をもって「日本」を近代国家へと導いたのである。

3 文化輸出と猫

幕末から、日本の生糸製品は海外に向けて大量に輸出された。そのとき、包み紙として、しばしば「猫絵」が使われた。現在埼玉県にはこの絵は五点程しか存在しないが、その消失した理由は、第三章2・1項でも見たように、幕末から明治にかけて蚕種の輸出の際、日本の蚕種製造家が蚕種の鼠よけにこの絵を添付して輸出したためで、フランス、イタリーではその理由がわからず、日本人は動物愛護家であるという評判を得たというエピソードがある。そのために、海外では、「日本人は大変な猫好きらしい」との風説があったという（日向野ほか 1973：244-5）。

同様に、日本では安っぽい大衆商品として扱われていた浮世絵も、包み紙やパッキングとして使われ、それが海外の画商の目にとまったのが、浮世絵がヨーロッパで大ブームを起こすきっかけとなったという（異説あり）。

浮世絵や万博などによって引き起こされた芸術運動であるジャポニズムは、周知のように、ゴッホ、

図6　笛を吹く少年　マネ　1866年（オルセー美術館蔵）

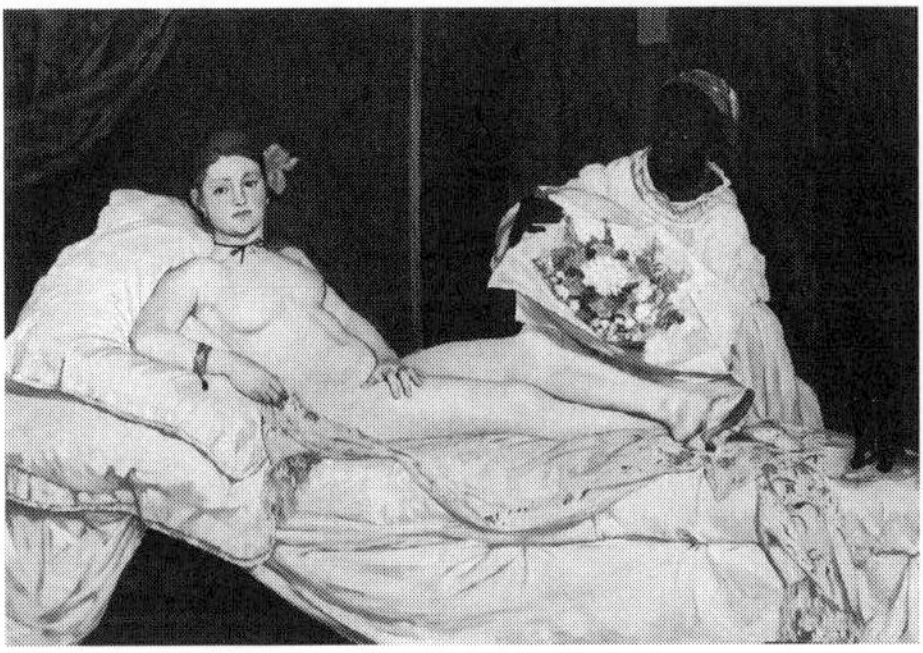
図7　オランピア　マネ　1863年（オルセー美術館蔵）

ゴーギャン、ルノワール、マネなど印象派の人びとに多くの影響を与えた。そして彼らの絵にもまた数々の猫が姿を残している。

たとえば、エドゥアール・マネの傑作の一つである「笛を吹く少年」（図6）は、平面的な背景、人物を浮き立たせる太い輪郭線、大胆な色使いなど、浮世絵の影響を受けたのではないかと考えられている。図7もマネの「オランピア」という作品だが、ここでも、平面的に塗りつぶされた背景、くっきりと人物を浮かび上がらせる輪郭線など、西欧古典絵画とは異なる画法が採用されている。この作品が影響を受けたとされるティツィアーノの「ウルビーノのヴィーナス」（一五三八）（図8）と比較すれば、描き方の違いはよくわかるだろう。

しかし、マネの「オランピア」は、さらに世俗性が前面に出ている。そもそもタイトルの「オランピア」は当時「娼婦」を暗示する言葉であり、実在の高級娼婦をリアルに描いたのである。しかも、「ウルビーノ」では後景に引いているメイドが女性と並列に並び、「ウルビーノ」では忠節を暗示する犬が控えているのに対し、「オランピア」では性的なものを暗示する黒猫が闇に忍びつつ目を光らしている（図12）のである。アカデミーの権威に挑戦するかのような娼婦の強い眼差しは、サロン（官展）に落選することにはなったかもしれないが、落選者展に展示されて、大きな話題を呼んだのだった。

「オランピア」の挑発性を高めているのは、明らかに妖しげな目の黒猫であることは間違いない。同時に、猫をエロティシズムの象徴として描くのは、浮世絵でよく使われてきた表現でもあった。図9は、美人画で知られる鈴木春信（第二章参照）の作品だが、睦み合う男女と「猫の恋」とを対比させている。マネも、ジャポニズムの中で、浮世絵から猫の象徴性を取り入れたかもしれない。

図8　ウルビーノのヴィーナス　ティツィアーノ　1538年

図9　『風流艶色真似ゑもん』　鈴木春信画　1770年

浮世絵に大きな影響を

図 11　猫のある静物　ゴーギャン　1899 年（ニイ・カールスベルグ・グリプトテク美術館蔵）

図 10　ドービニーの庭　ゴッホ　1890 年（バーゼル市立美術館蔵）

図 14　『黒猫』　ポスター　スタンラン

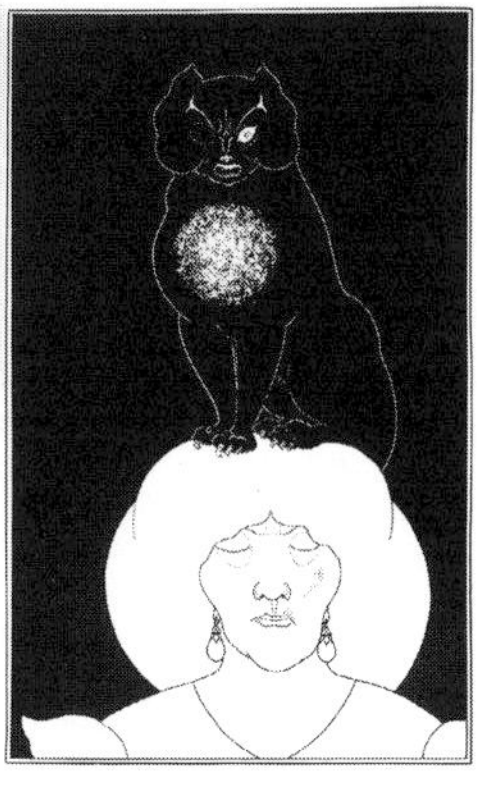

図 13　『黒猫』　エドガー・アラン・ポー　挿絵　ビアズリー

図 12　図 7 部分　オランピアの黒猫

受けた画家として、ゴッホやゴーギャンもよく知られている。彼らの絵にも猫はしばしば登場する（図10・図11）。またゴーギャンの「死霊が見ている」（一八九二年）、「ネヴァモア」（一八九七年）などは、マネの「オランピア」を下敷きにしていると見える。「猫」の位置にいるのは「死霊」である。さらにこれらと同じ主題である「われわれはどこから来たのか　われわれは何者か　われわれはどこへ行くのか」（一八九七－一八九八年）の中央に猫が描かれている点にも注目したい（詳しくは遠藤 2023）。

やがて、「ジャポニズム」は（世界情勢の変動とも相まって）あからさまなかたちでは表現されなくなる。しかし、アール・ヌーヴォー、アール・デコなどのその後の芸術運動にも、ジャポニズムは大きく関わっているといわれる。とくに、ロートレックやミュシャ、ビアズリー（図13）、スタンラン（図14）などにその傾向が顕著である。彼らもまた、猫を重要なモチーフとして描いた（西欧アートシーンにおけるその後の展開については遠藤 2023）。

4　近代化の過程に現れる猫たち――日本と欧米の葛藤

4・1　明治期の〈猫〉

江戸末期、欧米列強によるグローバル化の波のなかで、日本社会は「近代化」という変容を迫られることとなった。それは大きな荒波であったが、何とか転換を成し遂げられたのは、一方では、いち早く世界の輸出国となった繊維産業の基盤がすでに形成されていたからであり、他方では、「ジャポニズム」とよばれ世界的に流行した江戸期の文化産業の魅力でもあった。そして何より、「子ども」の教育に重きを置く「在村文化」の力が、日本近代化に大きな力を発揮する企業家たち（例えば、先に挙げた渋沢栄一など）と近代中間層を準備したといえよう。そして、変化する社会と格闘しつつ、新たな文化を生み出した芸術家たちも、在村の中間層を出自とするものが多かった。

このプロセスに、「猫」たちは装いを変えつつ、陰に陽に姿を見せる。そこでは、「近代欧風文化」の影響と既存の日本文化の流れとが、混淆し、また葛藤するさまが現れている。

4・2　夏目漱石と〈猫〉

たとえば、夏目漱石の『吾輩は猫である』（一九〇五－六、俳誌『ホトトギス』に掲載）は、「吾輩は猫である。名前はまだ無い。どこで生れたかとんと見当がつかぬ。」という印象的な書き出しで始まる。猫の冷めた視点から同時代の人びとの生活を諧謔的に語る。プルーストやジョイスら〝意識の流れ派〟の源流とも評される「トリストラム・シャンディ」[3]をはじめ、ドイツの幻想作家E・T・A・ホフマンの長編小説『牡猫ムルの人生観』[4]などの影響を指摘する研究者もいる。ただし『吾輩は猫である』の文章はむしろ江戸期の戯作調であり、地口なども多用されている。二章でもいくつかの例を挙げているように、江戸期猫を主人公とした、あるいは猫を語り手とした読み物はいくつも存在していた。一風変わったものとしては、猫が剣術の極意を語る『猫の妙術』（一七二七）という談議本もあった。佚斎樗山が著したものである。明治に入っても戯作者・新聞記者として活躍した仮名垣魯文は、『百猫画譜』などの猫本を出版している。

『吾輩は猫である』の装丁（図15）は、ヨーロッパ的な猫の表現と、中国的な猫、日本の家猫の表現

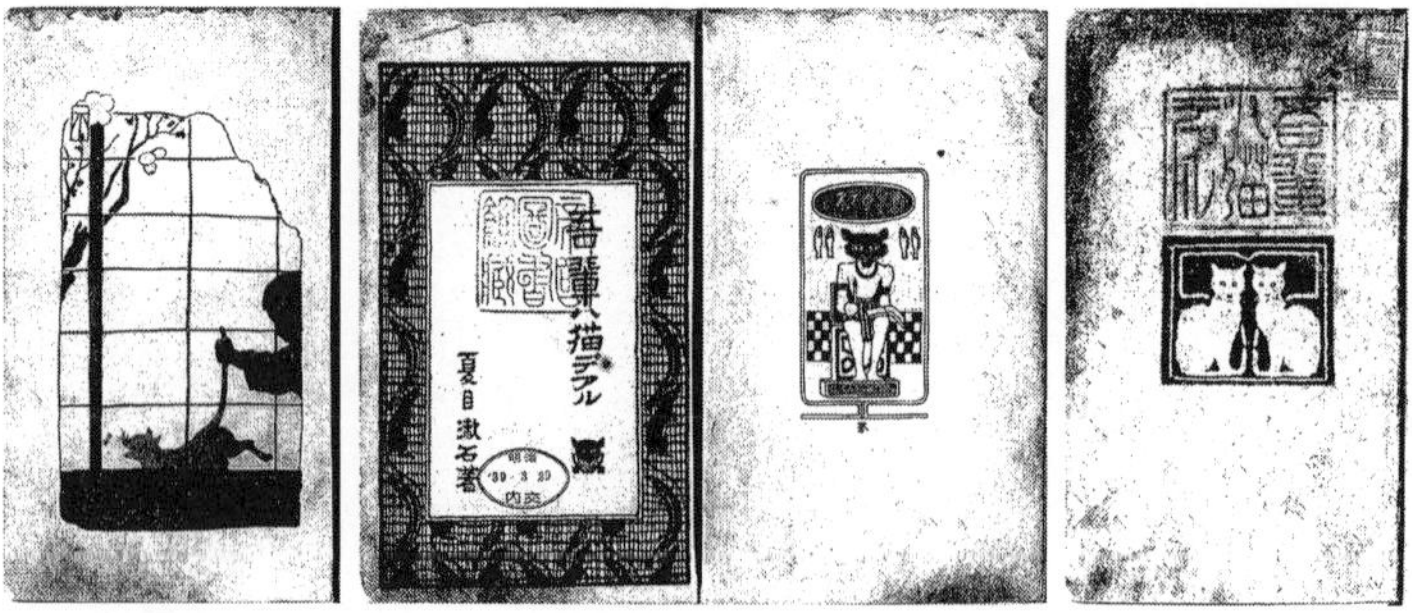

図15　『吾輩ハ猫デアル』上　夏目漱石　大倉書店　明治38-40（1905-7）年（国立国会図書館デジタルコレクションより）

とが混在している。この混淆こそが、当時の「近代化」における異国からの知的刺激と、それに対する葛藤と自負の表現であったともいえる。

　また、夏目漱石は、エドガー・アラン・ポーをいち早く読んでいたという。漱石は、「猫」を契機として日本の近代化と格闘したといえるだろう（詳しくは遠藤 2019a）。

4・3　竹久夢二と黒船屋の猫

　大正ロマンを代表する画家であり詩人でもある竹久夢二（一八八四－一九三四）は、岡山の代々の酒造家に生まれた。彼もまた、さまざまな猫の絵で知られている（図16～図18・口絵26）。とくに「黒船屋」（一九一九）は甘えかかる黒猫を抱く華奢で薄幸そうな女性の姿態が淡い官能と哀愁とがない交ぜになった魅力を放っている。この絵は、キース・ヴァン・ドンゲン[5]の「猫を抱く女」（一九〇八、ミルウォーキー美術館）（図19）にインスパイアされたものともいわれている。ただ、既に述べたように、江戸期の浮世絵には、猫と女を描いたものが無数にある。例えば図20に示した国芳の「山海愛度図会　ヲヽいたい」もそうである。「黒船屋」に歌麿（口絵4・図

図 16　「猫出世」挿画　竹久夢二（『世界童話集』下 p. 108　山崎光子・松村武雄訳　昭和 4（1929）年　国立国会図書館デジタルコレクションより）

図 17　女十題　第六（黒猫）　竹久夢二　1937-8 年（国立国会図書館デジタルコレクションより）

図 18　黒船屋　竹久夢二　1919 年

図 19　猫を抱く女　キース・ヴァン・ドンゲン　1908 年

図 20　山海愛度図会　ヲゝいたい　国芳　嘉永 5（1852）年（国立国会図書館デジタルコレクションより）

図 21　青楼六家選扇屋花扇　歌麿

21）の影響を指摘する研究者もいる。ヴァン・ドンゲンが属したフォーヴィズム運動は、ゴーギャンやゴッホ、新印象派、セザンヌらの影響を受けているが、彼らが浮世絵に強く惹かれていたことも事実である。伊藤信博（2009）によれば、パリ国立図書館東洋写本室には、一八～一九世紀に日本から購入された多くの絵や文献が存在する。異文化接触は相互に影響を与え合っているのである（遠藤 2023）。

4・4　河村目呂二と猫

猫好きといえば、河村目呂二（一八八六－一九五九）という彫刻家がいた。揖斐郡宮地村願成寺（現・池田町）の裕福な農家の次男として生まれ、猫好きの祖母に特に愛されて育ったという。古美術研究家の料治熊太（1975）によれば、「独往の芸術家で、世間の毀誉褒貶など意に介しない人だった」（p. 100）という。

音楽と竹久夢二の描く女性像に憧れて、「メロディ」の「メロ」と「夢二」の「二」を合わせて、「目呂二」と名乗り、夢二風の女性の土人形を「目呂二人形」として売り出すと、大人気となった。ただ、夢二の女性に比べて、目呂二の女性像は、健康的で生活感が感じられる。

猫の蒐集家としても知られ、山田賢二（1991）によれば、「生きている猫は申すに及ばず、凡そ猫と名の付く彫物、絵画、玩具、新聞の切り抜き、写真、マッチのラベルから広告の類に至まで、集めに集めてその数三万点といわれていた」（p. 4）。

また、招き猫の創作でも知られ、芸者の姿をした「縁福猫（芸者招き）」や、コインと鍵をもった洋風の「MONEY-KEY 猫（ジャズ招き）」などが人気を博した。

昭和二年、目呂二コレクションを元に一〇〇体の猫玩具を「趣味の猫百種」としてミニサイズで複製頒布する事業を始めた。口絵27は、その四番である。伝統的招き猫を原型としながら、ハイカラで遊び心に満ちた目呂二猫の特徴がわかるだろう。

一九三三年、目呂二は、住職と親しかったことから、東京西落合の自性院に、一メートルを超す巨大な「猫供養塔」の銅像を製作して奉納した。同時に、それまで集めたねこコレクションをすべて自性院に寄進してしまった。残念ながらコレクションは戦災で焼失し、猫の供養塔も、昭和一七年の金属類回収令で供出されてしまった。現在たっている猫像は、檀家の石材店が寄進したものだという（自性院については、第四章、第七章も参照）。

戦争中、目呂二は軽井沢に疎開し、そこで人生を終えた。かれの人生は、戦争前夜、昭和初期の日本社会の賑わいを端的に象徴しているように感じられる。

4・5　北原白秋と猫

図22　猫の挿画　北原白秋『抒情小曲集』（p. 165　国立国会図書館デジタルコレクションより）

野口雨情らとともに日本近代の児童文学や同様の世界を切り開き、抒情詩人としていまも愛好される詩人に北原白秋（一八八五－一九四二）がいる。彼もまた、福岡県柳川市の裕福な酒造家に生まれた。彼の『おもひで‥抒情小曲集』（一九一一）にも、猫をテーマにしたものがいくつも見られる（図22）。

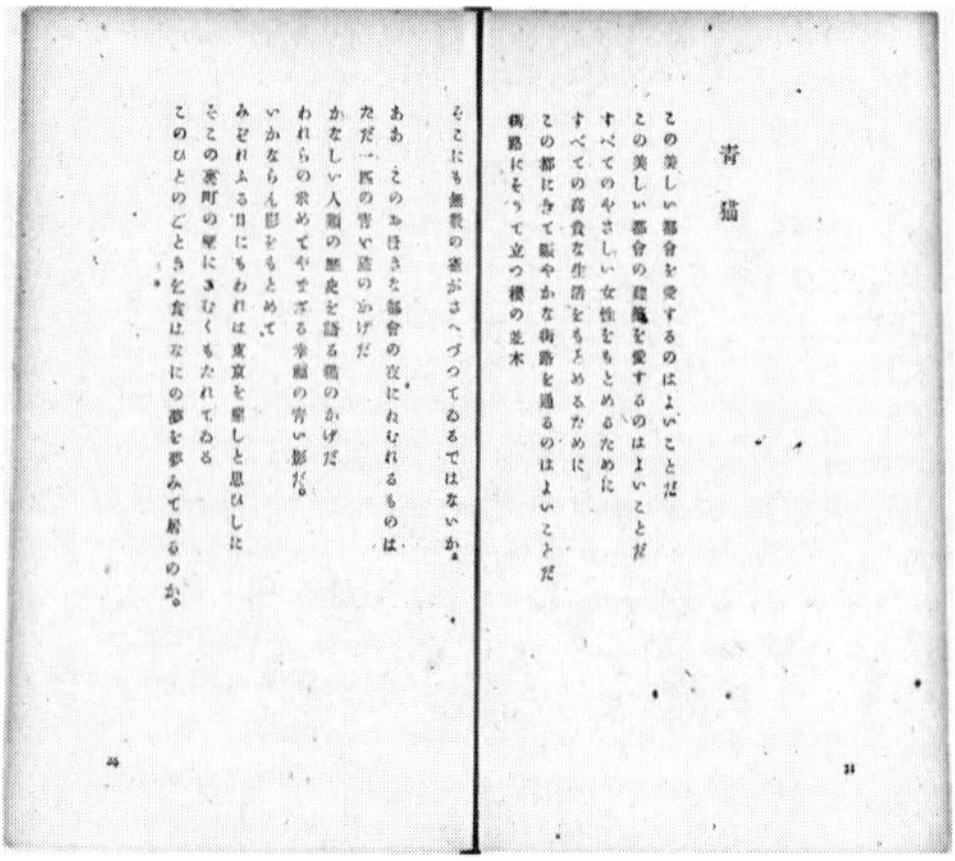

青猫

この美しい都會を愛するのはよいことだ
この美しい都會の建築を愛するのはよいことだ
すべてのやさしい女性をもとめるために
すべての高貴な生活をもとめるために
この都にきて賑やかな街路を通るのはよいことだ
街路にそうて立つ櫻の並木
そこにも無數の雀がさへづつてゐるではないか。

ああ　このおほきな都會の夜にねむれるものは
ただ一匹の青い猫のかげだ
かなしい人類の歴史を語る猫のかげだ
われらの求めてやまざる幸福の青い影だ。
いかならん影をもとめて
みぞれふる日にもわれは東京を戀しと思ひしに
そこの裏町の壁にさむくもたれてゐる
このひとのごとき乞食はなにの夢を夢みて居るのか。

34　　35

図 24　「青猫」（詩集『青猫』新潮社　1923 年刊〕（『萩原朔太郎詩集 II』小学館　1945-6 年　p. 34-5　国立国会図書館デジタルコレクションより）

図 23　青猫之圖　萩原朔太郎『青猫』挿図

4・6　萩原朔太郎と猫

白秋の詩にインスパイアされて詩作を始めたと自ら述懐している詩人・萩原朔太郎（一八八六－一九四二）は、前橋市の開業医の息子として生まれた。詩集『青猫』（一九二三）、小説『猫町』（一九三五）などで知られる。

彼は、大正時代に近代詩の新しい地平を拓き「日本近代詩の父」と称される。「ふらんすへ行きたしと思へどもふらんすはあまりに遠し」（「旅上」『純情小曲集』〔一九二五〕）などの詩句からも、西欧近代や都市文化への憧憬がうかがわれる。一方、同郷の詩人、萩原恭次郎[6]は、同じ『純情小曲集』の跋に「生活的の苦は、藝術的の怒りとなって現はれた」と論じている。また代表作の一つである『青猫』（図23・図24）の内容も、よく玩味してみれば、「雀」「夢を夢見て」といった詩句のイメージは、鎌倉・室町期以来、日本で「猫」とともに描かれてきた「雀」「胡蝶の夢」を思い起こさせる（一章参照）。

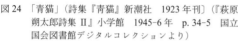

4・7　宮澤賢治と猫

宮澤賢治（一八九六－一九三三）は、岩手の素封家の長男として生まれた。具体的に猫が現れるわけではないにもかかわらず、独特の恐怖を感じさせる童話「注文の多い料理店」は、「日本」という範囲を超えた汎宇宙的な感覚に満ちた作品である。賢治の世界観と西欧近代との関わりについては、遠藤（2013）を参照していただきたいが、挿画（図25）にも現れているヨーロッパ的な状況設定にもかかわらず、筆者はその物語の中に、『徒然草』の「猫また」のプロットが見え隠れしているように感じる。詳細は別稿に譲るが、この作品もまた、猫を媒介として、西欧近代と日本近世が反響し合うものといえるのである。

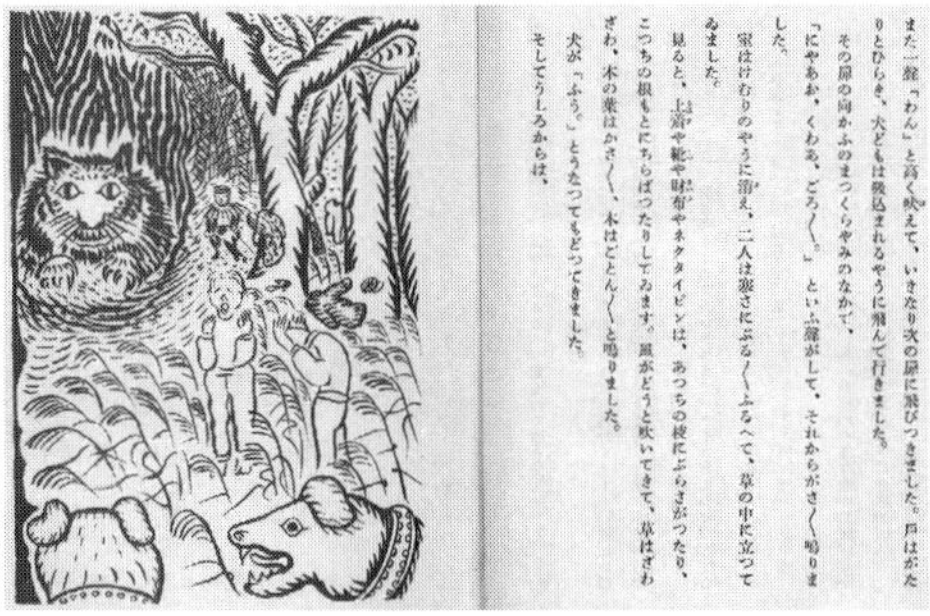

図25　「注文の多い料理店」　宮澤賢治（『グスコーブドリの伝記』羽田書店　1941年　pp. 100–1　国立国会図書館デジタルコレクションより）

宮澤賢治には、このほかにも「どんぐりと山猫」[7]「猫の事務所」[8]などがある。かいつまんで紹介しよう。

「どんぐりと山猫」

山猫の裁判所から間違いだらけの葉書が届いた。一郎少年は書かれているとおり、森の奥の裁判所に出頭する。そこではどんぐりたちの裁判が行われていたが、一郎少年の知恵で落着する。少年はおみやげをもらって帰宅するが、その後山

猫からの葉書が届くことはなかった

「猫の事務所」

軽便鉄道の停車場のちかくに、猫の第六事務所があった。ここは主に、猫の歴史と地理をしらべるところだった。事務長は黒猫で、一番書記は白猫、二番書記は虎猫、三番書記は三毛猫、四番書記はかま猫だった。かま猫とは、夜竈に入って眠るために、煤だらけになってしまう猫のことだった。そのため、かま猫は他の猫に嫌われ、意地悪されていた。可愛がってくれていた事務長も、書記たちに騙され、かま猫を無視するようになった。それを見ていた金の獅子が怒って、事務所は解散になった。

いずれの「猫」も、一般的な意味で「可愛い」とはいえないが、カフカの小説のような超現実性とともに、どこか底深い存在論的な愛しさを感じさせる（宮澤賢治については遠藤 2013 も参照）。

4・8　大正〜昭和初期の〈猫〉作家たちと社会変動

本節で見てきたように、大正〜昭和初期の時代、〈猫〉たちはさまざまなかたちで描かれた。猫の禅画で知られる仙厓（第二章参照）も、昭和初期に大ブームを引き起こし、多くの作品が各地で発見・研究されたという（中山 2003）。現在見ることのできる仙厓作品は、出光美術館、永青文庫の収蔵品が多いが、これらは、この時期、それぞれ、出光佐三（一八八五－一九八一、出光興産の創業者）、細川護立（一八八三－一九七〇、旧熊本藩主細川家一六代当主）によって集められたものが中心となっている。〈猫〉たちはいつも自由で、勝手気ままに動き回り、社会の空気に忖度などしない。個々人の想いとは別の次元で時代が大きく変わろうとし、社会的制約が厳しくなるとき、人びとは〈猫〉を思うのかもしれない。

5　再び現れた「化け猫」——映画の時代に

5・1　明治の化け猫

図 26 『実録絵本　佐賀怪猫伝』 金壽堂 明治 19 年（国文学研究資料館蔵）

第五章で見たように、明治維新の動乱の中で、歌舞伎、講談、黄表紙、浮世絵を舞台に化け猫物語が大人気を博した。それらのほとんどは、実在の地名や人名を語りながらも、ストーリー自体はほとんど根も葉もない都市伝説だった。しかし、地名や人名を使われた人びとは特にそれを不満と思わない場合も多く、むしろそれを煽るような例も見られたのが、今日から見ると面白いところである（第五章、第七章参照）。現代にも通じる「アテンション・エコノミー」（SNSなどでアクセス数の増加が利益と直結する経済）ということだろうか。

明治一九年に出版された『佐賀怪猫伝』（図26）でも、「実録」

を名乗っている。

5・2　化け猫映画登場

さて、明治も中頃になると、大衆メディアにも大きな変化が起こってくる。映画の登場である。映画は、一八九三年にエジソンによって発明された。その三年後、一八九六年一一月に神戸で「写真舞踊」として公開された。さらに一八九七年二月には、フランスのリュミエール兄弟が一八九五年に開発した映画機械であるシネマトグラフが大阪で公開された。同年三月には、シネマトグラフを改良したヴァイタスコープが東京で公開された。一八九八年、東京の小西六兵衛店に勤める浅野四郎が、『化け地蔵』『死人の蘇生』という短編映画を撮った。浅野は翌年、新橋の料亭で三人の芸者の踊る姿を撮った。

その後、映画は着実に大衆娯楽として発展し、一九三〇年代には、それまでの無声映画からトーキーへと移行していった。日本映画の最初の黄金期は一九二〇年代後半から三〇年代であったと四方田（2014：13）は指摘している。

そうしたなかで、映画会社間の競争も激しかった。新興キネマは、一九三一年八月二八日、帝国キネマ演芸を組織変更する形で設立されたが、「一時相当の人材を擁したにもかかわらず、ついに他社映画のレベルを突破することを得ず、不得要領な第二級作品を目標とせざるを得なかった」（田中 1976：317）映画会社だった。とくに、一九三七年に東宝映画が参入すると、新興キネマは大きな打撃を受けた。そんな新興キネマが興行的にヒットさせたのが、鈴木澄子（図27）主演の映画『佐賀怪猫伝』（一九三

図 27　鈴木澄子（年代不詳　筆者蔵）

図 28　『怪猫謎の三味線』の化猫シーン　1938 年

七）（図28）だった。タイトルどおり、佐賀の化け猫騒動を映画化したものである。

それ以前から怪談映画は数々制作されていた。そもそも映画とは、非現実を現実化する媒体であり、幽霊やSF、手品などは、初期映画のメジャーなテーマでもあった。日本で最初に撮られた映画が「化け地蔵」であったこともその表れである。ちなみに、世界初のSF映画『月世界旅行』（メリエス監督）がつくられたのが一九〇二年、エジソン・スタジオが「フランケンシュタイン」（ドーリー監督）を製作したのが一九一〇年、その後のSF映画に大きな影響を与えた傑作『メトロポリス』（ラング監督）が一九二七年、有名なボリス・カーロフ主演の『フランケンシュタイン』（ホエール監督）は一九三一年の作品である。

そうしてみると、化け猫映画の人間⇒猫⇒幽霊という二段構えの非現実プロセスは、まさに映画にうってつけの題材であるともいえる。

ヒットに気をよくした新興キネマは、次々と鈴木澄子

表3　主な化け猫映画

公開年月	タイトル	映画会社	監督	主演
1937.2	佐賀怪猫伝	新興キネマ	木藤茂	鈴木澄子・大友柳太郎
1937.10	有馬猫	新興キネマ	木藤茂	鈴木澄子
1938.5	怪猫五十三次	新興キネマ	押本七之輔	鈴木澄子・大谷日出夫
1938.11	怪談謎の三味線	新興キネマ	牛原虚彦	鈴木澄子
1938.12	怪猫赤壁大明神	新興キネマ	森一生	鈴木澄子・市川男女之助
1940.2	山吹猫	新興キネマ	藤原忠	鈴木澄子・南条新太郎
1949	怪談鍋島の猫（鍋島怪猫伝）	新東宝	渡辺邦男	大河内伝次郎・（木暮実千代）
1953	怪談佐賀屋敷	大映京都	荒井良平	板東好太郎・入江たか子
1953	怪猫有馬御殿	大映京都	荒井良平	入江たか子・板東好太郎
1954	怪猫岡崎騒動	大映京都	加戸敏	入江たか子・板東好太郎
1954	怪猫逢魔が辻	大映京都	加戸敏	入江たか子・板東好太郎
1956	怪猫五十三次	大映京都	加戸敏	勝新太郎・入江たか子
1957	怪猫夜泣き沼	大映京都	田坂勝彦	勝新太郎・入江たか子
1958.6	怪猫からくり天井	東映	深田金之助	月形龍之介・大川惠子・鈴木澄子

主演の化け猫映画を公開した。表3に主な化け猫映画をリストにした。短い製作期間で続々と化け猫映画が製作されたことがわかる。

一方で、政府の映画国策遂行をサポートする大日本映画協会が設立され、その後の日中事変、第二次世界大戦へと向かうプロセスで、映画も大きな役割を担ったのだった。新興キネマも、一九四二年、戦時統合によって、日活の製作部門である大都映画と合併し、大日本映画製作株式会社（大映、現在の角川映画）となった。

5・3　戦後の化け猫映画

日本映画の第二の黄金期は一九五〇年代から六〇年代であったと四方田（2014：13）は指摘している。そんななかで、再び化け猫映画ブームが到来した。主演を務めたのは、戦前、子爵東坊城家の令嬢から女優になったことで話題を呼び、清純なヒロインとして大人気を博していた入江たか子（一九一一－一九九五）だった。

当時の状況を、入江は自著（1957）で次のように語っている。

> 大体八月の夏枯れはどこの映画会社もも見切をつけ、お金のかからない軽い娯楽篇でごまかすのが常のようだが、昭和廿九年はデパートが捨て身の販売合戦をやり、一般会社はやりくり経営の結果が不渡小切手の乱発、どこもここもデフレで苦しんでいた時である。映画界も夏枯れでアキらめていたところ、大映がこの化け猫でバカ当りしたもので、商売仇の松竹、東宝、東映、新東宝さんたちも「全く判らないものだ」とあ然とされたという。昔から「映画は水もの」といわれているが、その昔新興キネマが不況のどん底時代に鈴木澄子さんの怪猫映画をつくったところ、物の見事に大当りで忽ち社運を挽回したというのであるが、「怪猫岡崎騒動」は夏枯れの浅草電気館が七日間で、二六〔ママ〕、九五〇〇人の観客を動員したということだ。（p. 222）

予想外の人気ぶりで、表3からもわかるように、大映は次々と入江たか子主演の化け猫映画を世に送り出した。新聞は「往年の大スタア入江たか子は、猫映画の化け猫役で見事カムバック」（入江 1957：222）とかき立てた。

ただしそれは必ずしも入江たか子という女優にとって喜ばしいこととはいえなかった。戦前は華族女優としてもてはやされた彼女だったが、戦後は不遇をかこっていた。そこへ一九五三年、大映から『怪猫佐賀屋敷』の話が来た。「私の周囲でいろいろ言う人もあり、自分でもいろいろ考えたが、その日の

図29　入江たか子の化猫映画ポスター

暮しにも追われる身で役のより好みなどして、あとかわりの役が又仲々来なかったらどうしたらいいか、それに何でも一生懸命やれば、その熱意はファンの人々にもわかって貰えるものと私は一途に化け猫に打込んだ」（同 p. 217）と彼女は書いている。そのせいか、映画は大ヒット、シリーズ化されたが、化け猫の血糊のためにヒ素中毒となったり、化け猫女優と蔑まれたりする一方で、ギャラは上がらず、化猫映画ブームが峠を越すと、再び映画界から遠ざけられた、と彼女は述懐している。

図29は、入江たか子が主演した化け猫映画のポスターだが、背後に忍び寄る猫、前面に猫が化けた女、主演者などの姿があるのは、かつての化け猫芝居の役者絵とほぼ同じ構図であることが興味深い（第五章参照）。

大映化猫映画第三作の監督を務めた加戸敏は、「怪談と猫と映畫――いかにして観客をコワがらせるか」というエッセイで、「何故人間の恩を受けた猫が、化けて出なければならないか、という境遇を設定しておかねばならぬ事で、観客自身でも映画を見て、これだけ生前に不当な圧迫や苦しみ或は悲しみといったものを受ければ、口惜しさの余り化けて出ざるを得ないだろうという同感を抱くようにしておかねばならない」（加戸 1954）と述べている。

　戦争によって生活の空間が徹底的に破壊され、多くの人たちが家族や恋人や友人たちを理不尽に奪われた。「これだけ生前に不当な圧迫や苦しみ或は悲しみといったものを受ければ、口惜しさの余り化けて出ざるを得ない」と感じていたのは、もしかしたら、当時の人びとすべてだったかもしれない。「化け猫」は、彼らの代わりに化けて出るトリックスターなのである。

図 30　入江たか子『映画女優』（1957）の表表紙

図 31　同書の内表紙

　しかし、トリックスターは、生け贄でもある。戦後の化け猫映画（表3）で、入江たか子が出演した作品が最も評判を呼んだのは、おそらく彼女が戦後の「転落」を最もよく象徴していたからだろう。先にも書いたように、入江はそもそも「華族令嬢」から「女優」へと「転落」した存在だった。それでも戦前は「お嬢様スター」として活躍していたが、戦後は、本人も書いているように、役も回ってこず、ようやくオファーされたのは「化け猫」役しかなかった。彼女の著書の表表紙（図30）と内表紙（図31）の落差があらわである。

　そんな彼女自身の「人生」を、観客たちは自分たちの口惜しさと重ね合わせつつ、同時に「入江たか子」を消費することで、解消していたのかもしれない。

もっとも、入江自身はそのような自分に向けられる視線を熟知しつつ、それをあえて武器として用いることを選んだのかもしれない。彼女の『映画女優』からは、そのようなしたたかさも感じられる。彼女はやはり美しくタフな〈怪猫〉だったのだろう。

5・4　化け猫からゴジラへ

入江は、これら化け猫映画の大ヒットが契機となって、「新東宝が「妖棋伝」[9]でロウ面の怪人を出せば、東宝はついに「ゴジラ」という空想怪物映画をとり興収の最高記録をつくるに到った（1957：223）」。一九五四年七月五日付『読売新聞』夕刊にも「ゲテもの映画界をまかり通る」という見出しで、入江たか子の〝怪猫もの〟の続行や「〝原始怪物、東京へ上陸〟」（ゴジラ）の製作を報じている。

『ゴジラ』は、東宝が一九五四年に公開した特撮怪獣映画で、そのポスター（図32）によれば、ゴジラは「水爆大怪獣」であり、「凄絶驚異　死の放射能を発する世紀の怪獣　ゴジラ」とされている。『ゴジラ』は、そのキャッチコピーにも現れているように、一九五四年三月に行われたビキニ環礁での水爆実験で第五福竜丸が被曝したことが、一つの契機になったといわれている。一方、映画評論家の樋口尚文によれば、監督の本多猪四郎が「作りたかったのは戦後の暗い気分をアナーキーに壊しまくってくれる和製『キングコング』のような大怪獣映画」（樋口 2011）だったという。

『ゴジラ』製作に関するこの二つの契機は、少なくとも「化け猫」（あるいは「招き猫」）という文化的伝統においては、必ずしも矛盾しない。それは「被害者」は「加害者」になり得るという訴えであり、

図 32　映画『ゴジラ』のポスター　1954 年

図 33　淀川に現れた豊年魚（錦絵「雷光の図説・淀川の大魚」 1866 年　国立歴史民俗博物館蔵）

同時に、「災禍は世直しの契機となる」という期待である。

幕府崩壊が迫る慶応二（一八六六）年、淀川に奇怪な魚が現れ、人びとはこれを「豊年魚」と呼んだという。その姿が、図33である。まさにゴジラである（ポーズまで似ている）。二〇一六年、『ゴジラ』二九作目に当たる『シン・ゴジラ』が公開され、大ヒットした。そのゴジラもまた、豊年魚的何かであった。

私たちのなかには、あくまでも「古代～江戸の想像力」が生き続けているのかもしれない。

6　その後の〈猫〉たち

6・1　現代を駆ける〈猫〉たち

その後も、〈猫〉たちはさまざまに世界を駆け続けている。

一九六七年から『週刊少年マガジン』でレギュラー連載となり、一九六八年からアニメ化もされた『ゲゲゲの鬼太郎』（水木しげる）に登場する「猫娘」は、サブキャラながら多くのファンを獲得した。

一九六九年に藤子・F・不二夫はネコ型ロボット・ドラえもんを生み出した。その人気は、作者が亡くなった後も衰えることがない。

一九七四年にサンリオが開発した猫のキャラクターである「ハローキティ」は、レディ・ガガなど海外のアーティストにも愛され、「カワイイ」の世界的代名詞ともなっている（遠藤 2021 など参照）。

一九七八年から一九八七年まで『LaLa』（白泉社）に不定期連載された『綿の国星』（大島弓子）は、「私は自分を人間だと思っているので、この姿で登場します」というチビ猫の視点から日々の生活を描いた作品で、高い評価を受けた。チビ猫のあまりの愛らしさから、一九八〇年代に入っての「猫耳」ブームが始まったともいわれる[10]。

一九八〇年代には、特攻服を着て「なめんなよ」とすごむ「なめ猫」も人気を集めた。

二〇〇〇年代は和歌山電鐵貴志川線貴志駅のたま駅長がブームを引き起こした。

興味深いのは、一口に「〈猫〉ブーム」といっても、登場する猫キャラクターたちは実に多種多様で、可愛いだけじゃない。ひねくれていたり、達観していたり、意地悪だったり……、まさにその多様さが「〈猫〉ブーム」を推しているのである。

そのせいもあってか、ここに挙げた個別の〈猫〉ブームは、実は終わることなく、社会のなかに蓄積している。しかも世界中でである。それぞれが変化しつつ、ある種の文化遺産のように、繰り返し思い出され、新たなブームを創り出すのである。

6・2　ネット上の不機嫌な猫たち

そして二〇一〇年頃から、本書序でも述べたように、大きな猫ブームが訪れており、YouTube、Instagram、TikTokなどには、愛らしくも不思議な猫動画があふれている。

考えてみると、ネットと猫は相性がいいのかもしれない。ネットの初期の頃から、さまざまなネット猫たちがアイドル化した。たとえば、二〇〇〇年代に流行したLOLキャット（LOLとは、「大笑い」を意味する略語）と呼ばれるのは、人間みたいな振る舞いをしている猫の画像におかしな説明文をつけた投稿で、思わず笑ってしまう。たくさんのLOLキャットが投稿され、広く拡散され、共有された。

二〇一〇年代には「グランピー（気難しい）・キャット」とか、「リルバブ」が人気アイドルとなった。グランピー・キャットは、アリゾナで飼われていたメス猫で、ひどく不機嫌そうな表情がネットユーザーを夢中にさせた。「リルバブ」も飼い猫で、「永遠の子猫」とも呼ばれる幼顔が人びとを魅了した。アイドル猫たちの画像や動画はネット上で大量に拡散されるだけでなく、商品化されもした。

日本では、まるという猫が世界的にも有名になった。まるは、興味を持つと猪突猛進、段ボールにダッシュで突っ込んだり、大きすぎる箱によじ登って飛び込んだり、小さすぎる箱に何とか身体を収めようと苦闘したり、……可愛すぎる。

もっとも日本でのネット猫のパイオニアは、「モナー」だろう。モナーは、誰が最初に創りだしたのかもわからない文字絵の猫で、「おまえモナー」と突っ込みを入れてくる。旧2ちゃんねるのマスコットキャラクターである。ネットユーザーたちは、モナーを自由にアレンジしたり、物語化したりして楽しんだ。

猫に限らず、ネットでは、広く拡散し、みんなに愛され、語られたり、二次創作されたりするものがしばしば現れる。そんな現象を「ミーム」と呼んだりする。ミームが興味深いのは、愛好の対象そのモノを個々人が所有するのではなく、みんながその面白さを共有することが楽しさを生む、という点である。だから、共有する人が増えれば増えるほど、面白さ、楽しさも増える。だから、未完成なもの、みんながそれぞれに自分の思いを託せるミームが、爆発的な流行となったりもするのである。猫がネットで人気を呼ぶのは、不機嫌にも見えるその無表情さのせいかもしれない。

こうして、文化としての〈猫〉は、人間たちの歴史とパラレルな〈猫〉たちの歴史とが交差するところから創造され、積もっていく雪のように、私たちの世界の古層を形成してきたし、これからも形成していくのである。たぶんそれは日本では、第一章で紹介した「猫の土偶」（口絵1）あるいはそれ以前から始まっているのだろう。

注

1　野上俊夫「能率増進の心理学的研究（一〜九）」大阪時事新報、一九二〇年一月一日－一五日（高木裕宜「5S活動の生成と展開」『経営論集』第一六巻第一号、二〇〇六年、一二七－一四三頁における引用による）。

2　島田による引用。井上潤（一九五九－）は、現在渋沢栄一記念館館長。

3　The Life and Opinions of Tristram Shandy, Gentleman。イギリスの小説家ローレンス・スターンの未完の小説（一七五九－一七六七）。夏目漱石は、「トリストラム、シヤンデー」という紹介文を『江湖文学』（江湖

文学社）第四号（一八九七（明治三〇）年）に掲載している。（夏目金之助『漱石全集　第十三巻』岩波書店、一九九五（平成七）年）所収）。電子版：http://www1.gifu-u.ac.jp/~masaru/soseki/shandy0.htm

4 Lebensansichten des Katers Murr 1819-1821

5 一八七一－一九六八、フォーヴィズム。エコール・ド・パリの画家の一人。

6 一八九九－一九三八、現在の前橋市の農家に生まれる。近隣には養蚕農家が多く、貧しい農民たちへの共感が詩作に繋がっている。朔太郎と縁戚関係はないが、一〇代の頃から、朔太郎と交友関係を持った。

7 一九二四年刊行の短編集『注文の多い料理店』に収録。

8 尾形亀之助編集の雑誌『月曜』の大正一五（一九二六）年三月号に掲載。

9 角田喜久男原作、橋本忍・鏡二郎脚色、並木鏡太郎監督の新東宝時代劇。キャストは、大谷友右衛門、堀雄二、藤田進、山田五十鈴、嵯峨美智子など。蝋面をかぶった白蝋鬼と将棋のコマの謎をめぐる大岡政談。一九五四年八月公開。

10 季刊エス 2007/06/15 発売号（19号）、三三頁。『リボンの騎士』（手塚治虫）のヘケートなどに起源をもつとする説もある。宮澤賢治の童話『水仙月の四日』にも猫耳の登場人物「雪婆んご」が登場する。さらに遡れば、江戸期の「化け猫」芝居のキャラクターも猫耳である。

結び

なぜ猫は……

なぜ猫はこんなにも人の心をざわつかせるのだろう？

そんな疑問が、そもそも「〈猫〉の社会学」を考える動機だった。

子どもの頃、いつも身近に猫がいた。私は猫をとても可愛がっているつもりだった。でも猫は、すぐ側にいても、どこか別の世界にいるようで、謎だらけの存在だった。

猫は、動物のくせに（差別語です。ごめんなさい）、自分を人間と対等、あるいは人間より上の存在と考えているように見える。（夏目漱石が『吾輩は猫である』を書き、大島弓子が『綿の国星』を描いたのも、そのせいにちがいない。）

だからなのか、猫に鏡を見せると、鏡の中の自分の姿に、とても驚き、威嚇したり、鏡の裏側に回ろうとしてみたり、すっかり意気消沈してしまったりする。

猫は夜中にふらりと出て行ってしまう。最近はあまり見かけなくなったけれど、夜中、公園などを通ると、たくさんの猫が集まっているのを見ることがある。「猫の集会」とよんだり、その中心にいる猫を「猫の王」と呼んだりする（二〇一八年に沖縄に行ったときに、久しぶりに遭遇した）。でも見かけても知らんぷりしなくてはいけないんだと、誰かに聞いた。

猫は、ふと出て行ったきり二度と戻らないこともよくある。どうしていなくなってしまったのか、ぜんぜんわからない。そんな別れはあまりに辛い。（だから私は猫を飼わなくなってしまった）。

反対に、猫を棄てようとしても、それはとても難しい。いくら遠くに棄てても、いくら知らない土地に棄てても、まったく不思議なことに、猫は帰ってくる。村上春樹『猫を棄てる』には、その感じがよく表現されている。また、最近、「猫の棄て方」に関する注意事項が徳川幕府の公文書の中にも書かれているのを見て笑ってしまった。

かと思うと、知らない場所であった知らない猫が、道の奥に私を招き入れようとしているのかしら、と感じた経験も一度や二度ではない。

ここに書いたのは、私の個人的な経験だけれど、猫にかかわったことのある人ならきっと「そうそう、そういうことってある」と感じる「あるある」話だろう。

そう思って改めて振り返れば、本書で見てきたさまざまな猫説話は、実際よくある猫の習性を、ファンタジックに語ったものともいえる。

序でも言ったように、〈猫〉は現実にそこにいる〈精霊〉なのだ。

災禍の時代

二〇二〇年冬、新型コロナウィルスがじわじわと世界に滲みだしていった。最初それは、どこか遠い地域を襲った流行病と思われた。不安には感じられたが、多くの日本人にとって、それほどリアリティのある恐怖ではなかった。だが、新型コロナウイルスはアジアのみならず、ヨーロッパ、アメリカへと感染を拡大し、三年たった今も、「収束」とはいえない状態にある。

コロナ禍によってやや忘れられた感のある東日本大震災も、私たちの社会に隠れていた問題を明るみにだした。その一つが、動物との共生の問題である。福島原発事故の周辺地域では、住人たちが強制的に移住させられ、飼われていた動物たちの多くは現地に放置された。時間がたった現在、残された動物たちは野生化し、住民の帰還を妨げる要因ともなっている。それだけではなく、野生動物が増え、離れた地域にも出没して、農作物にも被害が出るようになった。さらに現在、人口縮小の流れのなかで、野生動物の人間社会への侵入は、都会でも問題化している。自然－社会空間における人間と動物の関係が今改めて問われようとしているのである。

〈他者〉としての動物、自然

かつて、人間たちにとって、〈自然〉あるいは異種の動物とは与えられた全体の運命であり、生きのびるべき試練であった。それらは人間に対して圧倒的に強く、恐怖に満ちた存在であっただろう。人類史が人間史として始まる前の時代に生きた動物たちの体内からは、動物たちの食糧としての人間の痕跡が見つかっているという。

しかし、時代が下るにつれて、この絶対的〈他者〉関係に変化が現れてくる。人間たちは自分より力の強い動物たちを獲物として狩る技術を手に入れた。もちろん自分たちが生きのびるための食糧としてである。

さらに大きな変化が、動物の家畜化である。人間たちはある種の動物たちを、自分たちの道具として利用することを覚えたのである。道具とは、マクルーハン流にいうならば、人間の拡張である。動物たちは、人間にとって、自己の延長線上に位置づけられることになる。しかしそれは虚妄である。人間はあくまで動物を使役するために側に置き、あるいは殺して食糧とするために生かしているにすぎない。

この残酷な対立関係をなだめ、制御の可能性を探るために、人間たちは、さまざまな物語を創りだしてきた。動物を巡るさまざまな神話、伝説、昔話、文学が、歴史の黎明から現在に至るまで、生みだされてきた。

〈自分のようなもの〉としての動物、自然

現代世界において、動物は、ペットとして、あるいは動物園や動物動画で楽しまれるような「カワイイキャラクター」として、人間たちのすぐ側で共生しているようにも見える。しかし、そこにはいくつもの問題がさりげなく潜在している。

そもそも、そのような「共棲」の状態は、動物の側から見たとき、どのようなものなのだろう？

しかも、一見、友好的な人間‐動物関係は、本当に「友好的」なのか。人間‐動物間に潜む潜在的な不安定性は、たとえば、近年頻発している大規模自然災害時に多くの飼育動物や野生動物が犠牲になっており、その結果、絶滅を危惧される動物種もある。それだけでなく、自然災害による食糧の不足によって、野生動物の住む領域と人間の居住空間の境界が曖昧化し、被害が出ている。このたびの新型コロナウイルスの感染爆発についても、野生動物と人間との不用意な接触が引き起こしたものとの説もある。猫のような身近な愛玩動物に関しても、多頭飼育や虐待、地域猫の管理、猫による野生動物の捕獲など、さまざまな問題が指摘されており、地球環境全体と「動物の権利」との相克の問題をわれわれに突きつけている。

〈猫〉という特殊な存在

このように人間と〈動物〉〈自然〉との関係はかなり緊張に満ちたものなのだが、〈猫〉についてはそれが緩やかであるように思える。なぜなら、猫は役立たず（鼠を獲るといっても、かなり趣味的としか思えない）だし、あまり食用に適さない（猫を食べる文化は世界でもきわめて少ない）。それでも人間たちは猫と一緒に生活したがる。〈猫〉は人間にとって、とても特殊な存在――ひたすら想いを捧げる対象なのだ。

だからこそ〈猫〉は、本書でみてきたように、隠された欲望を瞬時に解放する女三の宮の白猫ともなり、〈招き猫〉ともなり、〈化け猫〉ともなる。現在の不安を映し出す影ともなり、浮き世を笑い飛ばすトリックスターともなる。そして深い深い過去の記憶を象徴するアイコンともなるのである。

状況を「異化」する猫たち

たとえばコロナ禍が始まって間もない頃、こんなことがあった。オンライン会議中、パソコン画面に突然、猫のしっぽが現れて、パタンパタンと振れたので、びっくりした。いつも真面目なA先生の愛猫がPCを占拠したらしい。

二〇二〇年七月末、西村経済再生担当大臣は、新型コロナ対策の一環として、「テレワーク七割の推進を」求めた。いまや、企業や学校のオンライン化の流れは激流のようだ。とはいえ、やはりまだまだオンラインでのコミュニケーションはぎこちない。機器の操作を間違える。途中で回線が切れる。声が聞き取りにくい。相手の表情が読み取れない。などなど。つい緊張して肩に力が入る。

そんななかに突如現れた猫のしっぽ。真面目な仕事の場だから、みな素知らぬ顔だけれど、それでも何となく会話が滑らかになった。なぜだろう？

あまりにも勝手気ままでその場の空気なんて読まない猫が、肩肘張った場に闖入することで起きる効果は、ドイツの劇作家ブレヒトが提唱した「異化効果」の一種ともいえる。「異化効果」とは「日常見慣れたものにちょっと手を加えることで未知の異様なものに見せる効果」である。それによって先入観から解放され、新しい世界の見方を手に入れることができるとブレヒトは主張した。猫のしっぽは、PC画面の向こう側の「生活」を垣間見せることで、オンラインコミュニケーションにも人間のぬくもりを感じさせたのだ。

境界（あわい）としての〈猫〉

ただし、〈猫〉が聖なるものであるといい、〈精霊〉であるといっても、それは人間にとってそのように感じられるにすぎず、現実の猫は、人間の思いなどにほとんど忖度することなく（彼らの利益にかかわらない限り）、彼らの〈生〉を生きているにすぎない。その意味で、〈猫〉はまさに、人間にとって〈他者〉のままに留まっていながら、人間との〈関係〉も維持しているという、境界（あわい）的役割を果たすのである。この役割によって、私たち人間は、〈猫〉を媒介として、人間というあり方を相対化し、自分自身の〈生命の根源〉にまで遡る契機とすることができるのだろう。

もしかしたら、二一世紀、（必ずしも日本に限らず）〈猫〉という存在が、人びとの関心——恋心と言ってもいいほどの——をひくのは、そのせいかもしれない。

本書では、日本社会において〈猫〉がいかに語られてきたか（描かれてきたか、思念されてきたか）を辿るというアプローチをとった。本書が現代とこれからの社会の可能性を考える一つのきっかけとなれば幸いである。

あとがき

猫について考え始めてからもうずいぶん時が経った。

その頃、「猫についての社会学的研究」なんて、どんな研究領域でまともに認めてもらえるかわからなかった。

実はその前から、「カワイイ文化」の研究に取り組んでいた。なぜいま人びとは「カワイイ」に惹きつけられるのか。「カワイイ」とはいったいつまりどのような感覚なのか。「カワイイ」は社会のなかでどのように位置づけられるのか。「カワイイ」については社会学分野だけでなく、工学系の研究者の方々が興味を持って下さって、情報処理学会誌の特集に寄稿させていただいたり、感性工学の国際学会に一緒に参加させていただいたりもした。そんな中で、「カワイイ」の代表ともいえる「猫」の存在がどんどん大きくなっていったのである。

なにしろ「猫」は謎だらけなのだ。当時は、社会学はもちろん、さまざまな研究分野で、猫についての学問的探究はほとんど手つかずの状況だった。人は猫をこよなく愛するけれど、いや愛するからこそ、分析の対象とは見ないのかもしれない。猫についての愛の言葉やファンタジー、噂話や都市伝説のようなものはたくさんあるけれど、事実を実証的に調べたものは少なかった。

しかし、手探りで研究し始めると、「カワイイ」研究と同様、あたかも個人的な趣味のように思われがちな「猫について考える」ことが、まさにいま「世界の行方」について考えることと重なり合うことに気づいた。それは終章にも書いたとおりである。

いま、私だけでなく、多くの人びとがそのことに気づき始めているようだ。単に猫ブームというだけでなく、猫についての研究がさまざまな領域で急速に進んでいる。おかげで、猫について考えるべきことはどんどん膨らんでいく。本書にはおさまらなかったたくさんの〈猫〉たちが、みゃーみゃーと催促している。

現在、わたしは、「猫の社会学」の研究領域を、図に示すようなかたちで構想している。本書では、この右半分の領域を扱った。今後は、右半分の領域についてさらに考察を深めながら、左半分の領域についても世に問うていきたいと考えている。

最後にこの場を借りて、本書の完成にさまざまなかたちで協力してくれた家族に感謝したい。

また、本書に使わせていただいた資料や画像の調査・掲載に協力

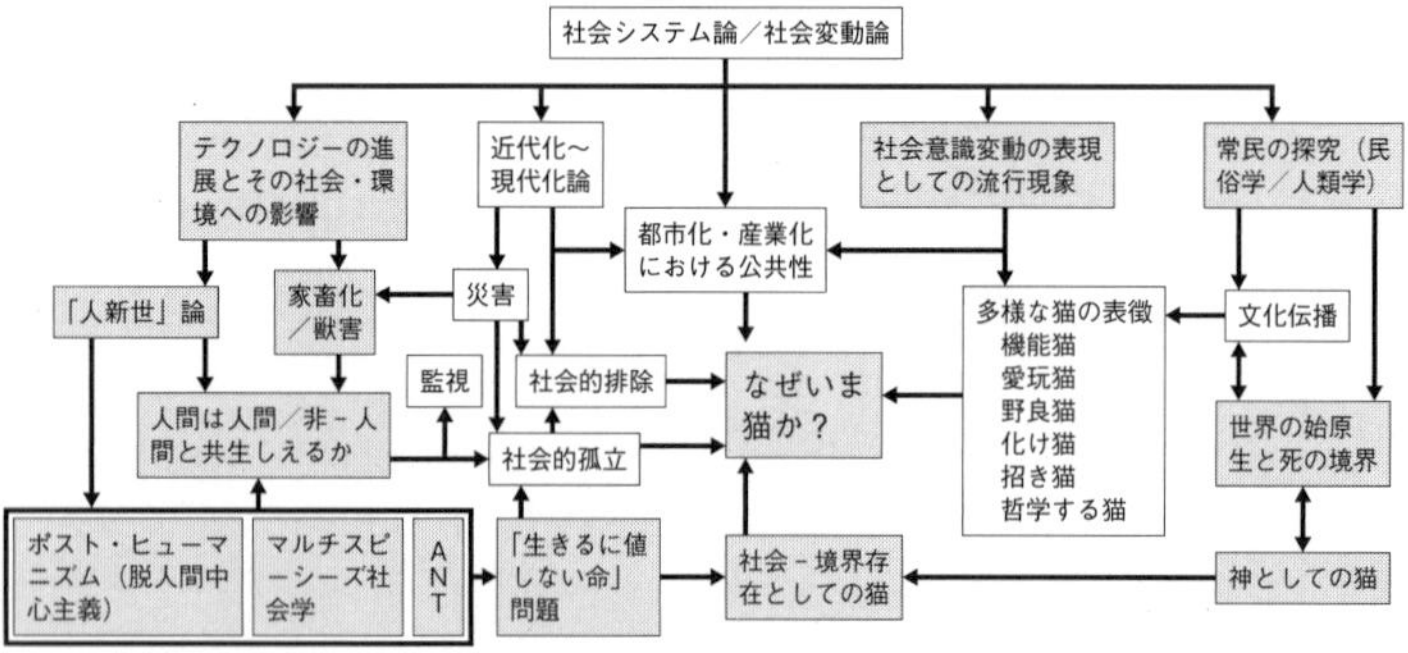

図　〈猫〉の社会学の全体構想

して下さった関係者の皆様にもあつく御礼申しあげます。

そして何より、本書の編集を担当して下さった勁草書房編集部の伊従文さんは、素晴らしい熱意をもって、きめ細かな校閲、大量の挿図や口絵のとりまとめなど、編集作業に取り組んで下さった。この本がよい本になったとするならば、それは伊従さんのおかげである。深く感謝します。

なお、本書は、令和四年度学習院大学研究成果刊行助成金を受けて刊行された。ここに記して感謝します。

二〇二二年一一月

遠藤　薫

［カバー　画］
歌川国利　《しんぱんねこ尽》　明治初期

［表紙・本扉　画］
歌川国芳　《猫の百面相》　1840年代

藤沢市蔵（招き猫亭コレクション）　画像提供：藤沢市アートスペース

索　引

あ　行

か　行

さ・た　行

な　行

は　行

ま・や・わ　行

参考文献

阿部奈南・進藤秀樹・垣崎仁志，2001，「月ヶ瀬村の伝説と世間話」，日本昔話学会編，『本格昔話と植物　昔話——研究と資料——』29号，pp. 166-184.

会津藩地誌局 編，1893-1901，『新編会津風土記』第1-10，万翠堂.

網野善彦，1997，「日本中世の桑と養蚕」『歴史と民俗：神奈川大学日本常民文化研究所論集』14，pp. 7-29.

穴八幡神社遺跡調査団，1993，『穴八幡神社遺跡』新宿区教育委員会.

安藤優一郎，2013，『世田谷代官が見た幕末の江戸——日記が語るもう一つの維新』角川マガジンズ.

馬場文耕（馬文耕）1757，『近世江都著聞集』.

Cachin, Francoise,（藤田治彦 監修，2008，『マネ——近代絵画の誕生（「知の再発見」双書）』創元社）.

鳥翠台北茎，1807，『奇談北国巡杖記』山形屋傳右衛門.

伊達郡霊山町郷土史研究会，1982，『霊山・根古屋遺跡』福島県伊達郡霊山町郷土史研究会.

土井卓治，1976，『吉備の伝説』第一法規.

Driscon, Carlos A., Clutton, Juliet-Brock, et al., 2009, “The Taming of the Cat,” *Scientific American*, June 2009.（日経サイエンス編集部訳，2015，「1万年前に来た猫」『犬と猫のサイエンス』，日経サイエンス社）.

遠藤薫，1996，「「おまじない」の神様」『企業診断』1996年5月号，104-5.

遠藤薫，2008，「近世・近代〈日本〉における〈時計〉受容のプロセス——グローバリゼーションの二重らせん」，『学習院大学法学会雑誌』44巻1号，pp. 313-358.

遠藤薫，2009，『聖なる消費とグローバリゼーション』勁草書房.

遠藤薫，2010a，『日本近世における聖なる熱狂と社会変動』勁草書房.

遠藤薫，2010b，「グローバリゼーションの二重らせん——ヨーロッパ・長崎・江戸・日本各地を結ぶ文化的情報経路」，『2010年日本社会情報学会（JASI＆JSIS）合同研究大会研究発表論文集』pp. 18-23.

遠藤薫，2013，『廃墟で歌う天使——ベンヤミン『複製技術時代の芸術作品』を読み直す』現代書館.

遠藤薫，2015，「招き猫とは何か——近世都市伝説と始原神，およびその現代

的意味」(文化資源学会研究発表大会 2015 報告, 2015.7.11).
遠藤薫, 2016a,「現代人にとって「いのち」とは何か——生命倫理に関する意識調査結果から」『学習院法務研究』第 10 号 (2016 年 1 月), pp. 187-195.
遠藤薫, 2016b,「「なぜいま, カワイイ」が人びとを引きつけるのか?」『横幹〈知の統合〉シリーズカワイイ文化とテクノロジーの隠れた関係』, 東京電機大学出版局.
遠藤薫, 2016c,「カワイイ文化とテクノロジー——江戸期の猫ブームを例として」感性工学会「かわいい人工物」研究部会・〈知の統合〉シリーズ発刊記念公開シンポジウム (2016.5.21 芝浦工業大学).
遠藤薫, 2017,「近世における都市 - 農村・日本 - 世界の文化的交差——〈近代〉を準備した江戸の猫ブーム」『学習院大学法学会雑誌』53 巻 1 号 (2017 年 9 月号), pp. 41-82.
遠藤薫, 2018a,「幕末から維新期における社会変動と大衆の無意識——招き猫と化け猫騒動」『学習院大学法学会雑誌』54-1 号.
遠藤薫, 2018b,「猫の島から東日本大震災を考える——越境する・社会、をとらえる、越境する・知」『学術の動向』2018 年 4 月号.
遠藤薫, 2018c,「猫をかぶった猫たちへ」『Wendy-Net』(https://www.wendy-net.com/nw/essay/353.html).
遠藤薫, 2019a,『日本近代における〈国家意識〉形成の諸問題とアジア』勁草書房.
遠藤薫, 2019b,「目白と猫と太田道灌——野生との共生は可能か」坂本孝治郎編『エッセイコレクション 2018』.
遠藤薫, 2019c,「境界としての猫」『第 92 回日本社会学会大会』テーマセッション資料.
遠藤薫, 2019d,「猫神の迷宮——始原伝説と動物信仰の交錯と循環」『学習院大学法学会雑誌』55 巻 1 号.
遠藤薫, 2021,「カワイイの世界」(https://ej.alc.co.jp/archive/category/カワイイの世界)
遠藤薫, 2022,「日本社会における文化基層としての死生観とその変化——2015 年/2022 年意識調査結果から」『学習院大学法学会雑誌』58 巻 1 号.
遠藤薫, 2023 (予),「境界としての猫——ポストヒューマンの時代に「猫と生きる」とはいかなることか」『学習院大学法学会雑誌』58 巻 2 号.
江藤千恵子, 2007,「大島弓子」『季刊エス』2007 年 7 月号, p. 33-37.
藤井享子, 2010,「江戸前期小袖の猫文様について」河添房江編『王朝文学と服飾・容飾 (平安文学と隣接諸学 9)』, 竹林舍.

藤井乙男，1921，『江戸文学研究』内外出版.
藤沢衛彦 編，1917，『日本伝説叢書．信濃の巻』日本伝説叢書刊行会.
藤沢衛彦，1928，「怪猫劇の祖源」『歌舞伎研究』歌舞伎出版部，1928 年 3 月号，pp. 27–45.
藤澤紫，2017，「春信と錦絵黄金時代の幕開け」『別冊太陽 253 鈴木春信 決定版（別冊太陽 日本のこころ 253）』平凡社，pp. 22–31.
藤原実資，1915，『小右記　1』日本史籍保存会.
藤原重雄，2014，『史料としての猫絵』山川出版社.
福島県立博物館，1998，『天の絹絲——ヒトと虫の民俗誌』福島県立博物館.
福島市史編纂委員会，1973，『福島市史　第 3 巻　近世Ⅱ』福島市教育委員会.
伏見稲荷大社編，1968，『伏見大社稲荷略記』伏見大社社務所.
源三郎 画，1690=1915，『人倫訓蒙図彙』第 1–7 巻，珍書刊行会.
五来重，1988=2007，『石の宗教』講談社学術文庫.
長谷川善和ほか，2011「日本における後期更新世〜前期完新世産のオオヤマネコ *Lynx* について」『群馬県立自然史博物館研究報告』15，pp. 43–80.
橋口五葉，1917–8，『浮世風俗やまと錦絵　江戸初期時代』日本風俗図絵刊行会
日向野徳久ほか，1973，『関東の民間信仰』明玄書房.
樋口尚文，2011，『グッドモーニング，ゴジラ——監督本多猪四郎と撮影所の時代』国書刊行会.
日野巌，1979，『動物妖怪譚』有明書房.
平岩米吉，1992，『猫の歴史と奇話（新装版）』築地書館.
平瀬徹斎 編，1797，『日本山海名物図会』第 4 巻，塩屋卯兵衛（出版）.
平島裕正，1975，『塩の道』講談社現代新書.
市古貞次校注，1958，『御伽草子』（日本古典文學大系 38）岩波書店.
市古貞次，1980，『中世小説の研究』東京大学出版会.
市古貞次，1981，『中世小説とその周辺』東京大学出版会.
井出道貞，1887，『信濃奇勝録』孫通.
伊波普猷，1938=1973，『をなり神の島　Ⅰ』平凡社.
池田美紀子，2013，『夏目漱石——眼は識る東西の字』国書刊行会.
今橋理子，2004，『江戸の動物画——近世美術と文化の考古学』東京大学出版会.
今村与志雄，1986，「猫談義——今と昔」東方書店.
猪苗代町史編纂委員会，1979，『猪苗代町史』猪苗代町史出版委員会.
井上和雄 編，1931，『浮世絵師伝』渡辺版画店.
井上頼寿，1933，『京都民俗志』岡書院.
乾猷平，1928，『蕪村妖怪絵巻解説——附・化物づくし』北田紫水文庫.

参考文献

入江たか子，1957，『映画女優』学風書院.
石黒伸一朗 編，2017，『丸森町の猫碑めぐり』丸森町文化財友の会.
石黒伸一郎，2019.8，「東北地方の猫神社と猫供養」村田町歴史みらい館 企画展「猫にお願い」関連講演会資料.
石川正臣，1984，「飯田の伝説　飯田の烏」『伊那』32 巻 1 号（通巻 668 号）伊那史学会，pp. 13–15.
石巻市史編さん委員会 編，1988，『石巻の歴史　第六巻』石巻市.
石巻市史編さん委員会 編，1996，『石巻の歴史　第五巻』石巻市.
礒清，1927，『日本民俗叢書　民俗怪異篇』磯部甲陽堂.
伊藤克枝，2006，「蚕織錦絵にみられる猫」『浮世絵芸術』152 巻，pp. 43–9.
伊藤清郎，1997，『霊山と信仰の世界――奥羽の民衆と信仰』吉川弘文館.
伊藤信博，2009，「パリ国立図書館東洋写本室資料古書目録を通じた異文化交流の諸相」『言語文化論集』30 巻 2 号，pp. 67–96.
岩崎卓爾 編，1920，『ひるぎの一葉』，浜崎荘市.
雀庵長房 著／室松岩雄 編，1910，『さへづり草　むしの夢』一致堂書店.
塵哉翁「浅草の猫」（嘉永 5（1852）年の記事）『巷街贅説』（文政 12 年～安政 3 年（1829–1856））.
鹿児島大学鹿児島環境学研究会，2019，『奄美のノネコ――猫への問いかけ』南方新社.
鴨長明・吉田兼好・孤雲懐奘 著／神田秀夫・永積安明・安良岡康作 校注，1995，『方丈記・徒然草・正法眼蔵随聞記・歎異抄』（新編　日本古典文学全集 44），小学館.
干宝 著／竹田晃 訳，2000，『捜神記』平凡社ライブラリー.
加戸敏，1954，「演出おぼえ書　怪談と猫と映畫――いかにして観客をコワがらせるか」『特ダネ編集室 12–1』大映京都撮影所宣伝課（ディアゴスティーニ，2016『大映特撮映画 DVD コレクション 49』再録）.
加藤貞仁，2001，『東北おもしろ博物館』無明舎出版.
葛飾北斎，1878，『北斎漫画　第 14 編』片野東四郎.
川田 桂，2010，「沖縄宮古島ウヤガン信仰研究序説」『人間環境学研究』第 8 巻 2 号.
河村目呂二，1974，『目呂二抄』アポロン社.
河村目呂二ライブラリィ，2010，『ねこの先生　河村目呂二』風呂猫.
河添房江，2008，『光源氏が愛した王朝ブランド品』角川学芸出版.
経済雑誌社 校，1904–7，『徳川実紀』第 1 編，経済雑誌社.
菊池貴一郎，1905，『江戸府内絵本風俗往来』中編・下編，東陽堂.
木村荘八，1961，『註釈　小唄控』文雅堂書店.

喜田貞吉，1935，『福神研究』日本学術普及会.
北田紫水文庫 編，1928，『蕪村妖怪絵巻』北田紫水文庫蔵版（真鶴市糸井文庫蔵）.
喜多村筠庭，1830=1932，『嬉遊笑覧下』成光館出版部.
北尾重政 画，1773=1931，『江都二色』米山堂.
小林光一郎，2008，「「踊り歌う猫の話」に歌が組み込まれた背景――「猫じゃ猫じゃ」の歌を事例に」『非文字資料研究の可能性――若手研究者成果論文集』pp. 233–249，神奈川大学 21 世紀 COE プログラム.
児玉竜一，2019，「「新富座妖怪引幕」，大英博物館に出品」『WASEDA ONLINE』（https://yab.yomiuri.co.jp/adv/wol/culture/190515.php）
小泉八雲，1894=1975，『日本瞥見記上』恒文社.
小島瓔禮 編，1973，『中和田郷土誌』横浜市立中和田小学校.
小島瓔禮，1999，『猫の王――猫はなぜ突然姿を消すのか』小学館.
小松宗夫，1974，『海鳴りの記――三陸漁業のあゆみ』宮城県北部鰹鮪漁業協同組合.
近藤喜博，1978，『稲荷信仰』塙書房.
公益財団法人東京都スポーツ文化事業団東京都埋蔵文化財センター 編，2017，『東京都文化財センター調査報告 314：御殿前遺跡第 2 分冊』公益財団法人東京都スポーツ文化事業団東京都埋蔵文化財センター.
熊本県教育会球磨郡支会 編，1916，『球磨郡郷土誌』熊本県教育会球磨郡支会.
熊本日日新聞 編著，『猫島ありのまま――上天草湯島』熊本日日新聞社.
倉野憲司校注，1963，『古事記』岩波文庫.
倉塚曄子，1979=1994，『巫女の文化』平凡社.
京都大学附属図書館，1999，『お伽草子――物語の玉手箱　京都大学附属図書館創立百周年記念公開展示会』京都大学附属図書館（http://hdl.handle.net/2433/148396）.
Levi-Strauss, Claude, 1991, *Histoire de Lynx*, First published by PLON, Paris.（渡辺公三監訳，2016，『大山猫の物語』みすず書房）.
萬造寺龍，1936，『旅の伝説玩具』旅行界発行所.
萬象亭『反古籠』（国書刊行会 編，1908–9『続燕石十種』第 1）国書刊行会）pp. 483–494.
丸井佳寿子ほか，1997，『福島県の歴史』山川出版社.
丸森町，2019，『広報まるもり』（2019 年 12 月発行）丸森町.
丸森町史編纂委員会，1980，『丸森町史　史料編』丸森町.
丸森町史編纂委員会，1984，『丸森町史』丸森町.
丸森発シルクロード計画推進委員会，2008，『丸森と養蚕――養蚕と共に栄え

たシルクの町』.
正木ゆみ, 1993,「宇治座の浄瑠璃と江戸歌舞伎との交流――初代中村七三郎との関連を中心に」『近代文藝』58 巻, pp. 15–34.
松浦静山 著／中村幸彦・中野三敏 校訂, 1979,『甲子夜話 1-6』平凡社.
真弓常忠, 2003,『住吉信仰――いのちの根源, 海の神』朱鷺書房.
三原良吉, 1930,「網地島の山猫」日本放送協会東北支部編『東北の土俗』三元社.
三田村鳶魚（玄龍）, 1927,『江戸雑話』春陽堂.
三浦正雄, 2011,「黙阿弥の怪談と怪異, 明治維新以後の変遷（日本近現代怪談文学史 5）」『埼玉学園大学紀要　人間学部篇』11 巻, pp. 310–293.
三浦正雄, 2014,「黙阿弥の怪談と怪異, 明治維新以後の変遷（続）（日本近現代怪談文学史 9）」『埼玉学園大学紀要　人間学部篇』14 巻, pp. 227–242.
宮川政運, 文久 2 年〔1862〕,『宮川舎漫筆』三笠堂.
宮本常一, 1979=1985,『塩の道』講談社.
宮田登 編, 1998,『七福神信仰事典』戎光祥出版.
宮田登, 2006,『はやり神と民衆宗教』吉川弘文館.
宮田登・塚本学 編, 1994,『民間信仰と民衆宗教』吉川弘文館.
宮武外骨 編, 1921=1997,『売春婦異名集』大空社.
水原義人, 2015,『宮守風土記』遠野文化研究センター.
門間クラ, 2015,『信夫山ざっとむかし』民報マイブック.
Morin, Edgar, 1969, 1970, *La Rumeur d'Orléans*, Editions du Seuil, Paris.（杉山光信訳, 1973,『オルレアンのうわさ』みすず書房）.
村川友彦, 2004,『蚕と絹の民俗』歴史春秋社.
名古屋市博物館 編, 2015,『「いつだって猫展」図録』「いつだって猫展」実行委員会.
内新好, 1788,『一目土堤』（出版社不明）（国立国会図書館蔵）.
中井閑民, 1860,『蚕種銘鑑』（出版者不明）.
仲松弥秀, 1990,『神と村』梟社.
中村陽, 2009,『稲荷大神――お稲荷さんの起源と信仰のすべて』戎光祥出版.
中野栄三 編著, 1963,『性風俗事典』雄山閣出版.
中山喜一郎, 2003,『仙厓の○△□――無法の禅画を楽しむ法』弦書房.
中山喜一郎, 2016=2022,「永青文庫の仙厓コレクション 「野雪隠」から「ぼうぶら」まで」『季刊永青文庫』2022 年初夏号.
根岸鎮衛 著／長谷川強校注, 1991a,『耳嚢（上）』岩波書店.
根岸鎮衛 著／長谷川強校注, 1991b,『耳嚢（中）』岩波書店.

根岸鎮衛 著／長谷川強校注，1991c，『耳嚢（下）』岩波書店.
根岸光男，2006，『生類憐みの世界』同成社.
西宮一民 校注，2014，『古事記（新潮日本古典集成〈新装版〉）』新潮社.
野村純一，2011，『昔話の来た道•アジアの口承文芸（野村純一著作集第 5 巻）』清文堂出版.
野村純一，2002，「「老鼠娶親」と「逼鼠蚕猫」」『國學院雜誌』103 巻 11 号，pp. 42–60.
小川剛生，2017，『兼好法師——徒然草に記されなかった真実』中公新書.
追塩千尋，2019，「中世人の動物観——『古今著聞集』巻二十「魚蟲禽獣」を素材に」『年報新人文学』(16)，pp. 8–39.
奥村正二，1973，『小判・生糸・和鉄——続江戸時代技術史』岩波新書.
小野喜惣治 著／阿部勇雄 編著，1889，『田代管見錄』阿部勇雄.
小野俊太郎，2014，『ゴジラの精神史』，彩流社.
小野武雄，1983，『江戸の遊戯風俗図誌』展望社.
大木卓，1975，『増補　猫の民俗学』田畑書店.
大野芳材，2005，「シャルダン『食前の祈り』（ルーヴル美術館）と家族の図」『青山学院女子短期大学総合文化研究所年報』13 巻，pp. 33–51.
大迫輝通，1965，「養蚕業地域の構造に関する比較研究——乗鞍山麗と西濃輪中」人文地理学会編『人文地理』17 巻 4 号，356：379.
大島弓子，1985，『綿の国星（大島弓子選集第 9 巻）』朝日ソノラマ.
折口信夫，1971，「石の信仰とさえの神と」『折口信夫全集ノート編』第七巻，中央公論社.
折口信夫，1924=1975，「信太妻の話」『古代研究 II　民俗学篇 2』角川文庫.
料治熊太，1975，「真人・河村目呂二」『季刊　銀花』第 21 号，文化出版局.
西郷信綱，1999=2008，『古代人と死——大地・葬り・魂・王権』平凡社.
崔仁鶴，1977，『朝鮮伝説集』日本放送出版協会.
斎藤月岑 著／金子光晴 校訂，1968a，『増訂武江年表 1』東洋文庫.
斎藤月岑 著／金子光晴 校訂，1968b，『増訂武江年表 2』東洋文庫.
斎藤良輔 編，1997a，『郷土玩具辞典』東京堂出版.
斎藤良輔 編，1997b，『日本人形玩具辞典（新装普及版）』東京堂出版.
斎藤善之，2003，「東廻り航路と奥筋廻船」藤田覚・編『近代の胎動』吉川弘文館，pp. 87–121.
坂本太郎ほか 校注，1994，『日本書紀　(一)』岩波文庫.
櫻田勝徳，1937，「神佛に祀られたもの」柳田國男 編『山村生活の研究』民間伝承の会，pp. 426–443.
山東京伝，1804，『近世奇跡考』大坂屋茂吉.

佐々木淳，1996，「近世東廻り航路の買積船と港湾都市」，村上直編『幕藩制社会の地域的展開』雄山閣，pp. 464–489.
佐々木潤之介（編），1983，『技術の社会史 2』有斐閣.
佐々木喜善，1928，「ふしぎな縁女の話　一」『東奥異聞』閑話叢書，坂本書店.
佐藤潔，1935，『玩具と縁起』人文書院.
佐藤昌明，2018，『飯舘を掘る――天明の飢饉と福島原発』現代書館.
Saunders, Nicholas J., 1991, *The Cult of Cat*. Thames and Hudson Ltd., London.（渡辺政隆訳，1992，『ネコの宗教――動物崇拝の原像』平凡社）.
清少納言著／萩谷朴 校注，2017，『枕草子（上）』（新潮日本古典集成）新潮社.
仙台市歴史民俗資料館，1981，『仙台市荒浜の民俗』仙台市歴史民俗資料館.
鮮斎永濯，1881，『子供遊び画帖』博聞社.
渋沢栄一，1927，『論語と算盤』忠誠堂.
信ヶ原雅文ほか，2011，『檀王法林寺：袋中上人――琉球と京都の架け橋』淡交社.
四方正義，1990，「沖縄県における養蚕の起源について」『沖縄農業』，25（1・2），pp. 13–18.
島田昌和，2011，『渋沢栄一――社会企業家の先駆者』岩波新書.
新地町史編纂委員会 編，1993，『新地町史自然民俗編』新地町教育委員会.
新宿区教育委員会，1982，『ガイドブック新宿区の文化財（4）』新宿区教育委員会.
新宿区生涯学習財団，2003，『東京都新宿区水野原遺跡（第 2 分冊）』新宿区生涯学習財団.
晉郭璞傳，明代，『山海經 18 巻』（国立国会図書館蔵）.
曽田めぐみ，2013，「歌川国芳筆「源頼光公舘土蜘作妖怪図」再考――妖怪の図像源泉と五雲亭貞秀作品との関わりをめぐって」美術史学会例会報告要旨（http://www.bijutsushi.jp/pdf-files/reikai-youshi/2013_09_21_nishi_02_soda.pdf）.
杉仁，2001，『近世の地域と在村文化――技術と商品と風雅の交流』吉川弘文館.
鈴木大拙 著／北川桃雄 訳，1964，『禅と日本文化』，岩波新書.
鈴木大拙 著／北川桃雄 訳，2000，『無心ということ』，大東出版社.
鈴木棠三，1991=2003，『江戸巷談　藤岡屋ばなし』筑摩書房.
橘成季 著／西尾光一・小林保治 校注，1986，『古今著聞集　下（新潮日本古典集成）』新潮社.
袋中良定 著／明治聖徳記念学会研究所 編，1943，『琉球神道記』明世堂書店.
高橋郁丸，2010，『新潟の妖怪』考古堂.
高橋順二 編，1994，『日本絵双六集成』柏美術出版.

高橋亀吉，1928，『日本資本主義發達史』日本評論社.
高橋亀吉，1929，『明治大正産業発達史』改造社.
高木裕宣，2006，「5S 活動の生成と展開」『経営論集』第 16 巻第 1 号，pp. 127–143.
高久久，1995，『歌舞伎動物記――十二支尽歌舞伎色種』近代文藝社.
高野斑山・大竹紫葉 編，1915，『俚謡集拾遺』六合館.
武田直衛，1933，『七郷村史』宮城郡七郷村教育会.
武田知岳，1973，『修験道に関連する年中行事――宮城県伊具郡丸森町』（あしなか第百参拾六輯　山村民俗の会).
棚橋正博，2014，「解題」『山東京傳全集第十巻』ぺりかん社.
田中純一郎，1976，『日本映画発達史（2）　無声からトーキーへ』中公文庫.
田中啓爾，1957，『塩および魚の移入路――鉄道開通前の内陸交通』古今書院.
田中貴子，2014，『猫の古典文学誌　鈴の音が聞こえる』講談社.
谷川健一，1984，『魔の系譜』講談社学術文庫.
谷川健一，1986，『神・人間・動物――伝承を生きる世界』講談社学術文庫.
谷川健一，1997，『日本の地名』岩波新書.
谷川健一，1998a，『日本民俗文化資料集成第二十巻蛇（ハブ）の民俗』三一書房.
谷川健一，1998b，『続・日本の地名』岩波新書.
谷川健一，1999，『日本の神々』岩波新書.
徳原聡行，1987，「袋羽明神とホロハ塚」茨城民俗学会『茨城の民俗』第 26 号，pp. 46–8.
富岡儀八，1983，『塩の道を探る』岩波新書.
利根啓三郎，1973，「関東農村における寺子屋の一性格とその歴史的背景」『教育学研究』40 巻 3 号，pp. 231–24.
豊島与志雄，1933，「立枯れ」『改造』1933 年 7 月号.
坪内逍遙・渥美清太郎 編，1922，『歌舞伎脚本傑作集』第 6 巻，春陽堂.
つげ義春，2020，『新版 貧困旅行記』新潮文庫.
鶴屋南北 作／河竹繁俊 校訂，1956，『東海道四谷怪談』岩波書店.
筒井功，2015，『「青」の民俗学――地名と葬制』河出書房新社.
上田穣，2003，「歴史家の見た御伽草子『猫のさうし』と禁制」『奈良県立大学研究季報』，14(2・3)，pp. 9–18.
上田正昭 編，1988，『住吉と宗像の神――海神の軌跡』筑摩書房.
上田正昭，2013，『渡来の古代史――国のかたちをつくったのは誰か』角川選書.
歌川広重ほか，1932，『江戸の今昔』湯島写真場.
渡辺京二，2005，『逝きし世の面影』平凡社.

ウェーバー，マックス 著／大塚久雄・生松敬三 編訳，1972，『宗教社会学論選』みすず書房.
矢田挿雲，1921，『江戸から東京へ　第 2 編』金桜堂書店.
山田賢二，1991，『目呂二哀愁』緑の笛.
山口睦，2016，「県境を越えたもの，越えなかったもの：宮城県丸森町筆甫地区における放射線対策」『東北文化研究室紀要』57 巻，pp. 23–39（http://hdl.handle.net/10097/00121489）.
山路興造，2008，『江戸の庶民信仰——年中参詣・行事暦・流行神』青幻舎.
山中共古 著／中野三敏 校訂，1987a，『砂払（上）』岩波文庫.
山中共古 著／中野三敏 校訂，1987b，『砂払（下）』岩波文庫.
山折哲雄，1995，『日本人と浄土』講談社学術文庫.
柳田國男，1909=1990，『石神問答』『柳田國男全集 15』ちくま文庫.
柳田國男，1910=1989，『遠野物語』『柳田國男全集 4』ちくま文庫.
柳田國男，1928=1989，『雪国の春』『柳田國男全集 2』ちくま文庫.
柳田國男，1926=1990「松島の狐」（「東京朝日新聞」大正十五年八月）『柳田國男全集 24』ちくま文庫.
柳田國男，1927=1990，『妹の力』『柳田國男全集 11』ちくま文庫.
柳田國男，1938=1989，『妖怪談義』『柳田國男全集 6』ちくま文庫.
柳田國男，1939=1990，「猫の島」『柳田國男全集 24』ちくま文庫.
柳田國男，1941，「おもちゃの起り」『こども風土記』（朝日新聞連載）.
柳田國男，1952=1989，『海上の道』『柳田國男全集 1』ちくま文庫.
柳田國男，1956=1989，『海南小記』『柳田國男全集 1』ちくま文庫.
八岩まどか，2005，『猫神様の散歩道』青弓社.
横浜市編，1931–3，『横浜市史稿　産業編』.
横浜市金沢区総務部地域振興課，2005–6=2020，『金沢の民話』横浜市（https://www.city.yokohama.lg.jp/kanazawa/shokai/rekishi/ikizuku/mirai/words.html（最終閲覧 2022.9.21））.
横井時冬，1894，『工芸鏡巻二』六合館.
横山泰子，2000，「芝居と俗信・怪猫物の世界——『獨道中五十三驛』試論」小松和彦 編『妖怪』河出書房新社.
四方田犬彦，2014，『日本映画史 110 年』集英社新書.
吉野裕子，1979，1999，『蛇——日本の蛇信仰』講談社学術文庫.
吉野裕子，1980，『狐——陰陽五行と稲荷信仰』法政大学出版局.
（財）大日本蚕糸会蚕業技術研究所 編，2010，『養蚕』（財）大日本蚕糸会蚕業技術研究所.

挿図出典

＊掲載のないものは挿図キャプションに所蔵・撮影者を記載

第一章

図 1　https://commons.wikimedia.org/wiki/File:Lynx_lynx_1_(Martin_Mecnarowski).jpg より

図 2　『ライデン国立古代博物館所蔵 古代エジプト展』(愛知県美術館・Bunkamura ザ・ミュージアム他，2020)，p. 54

図 3　https://commons.wikimedia.org/wiki/File:Iriomote_cat_Stuffed_specimen.jpg より

図 7　『別冊太陽 日本のこころ 288　鳥獣戯画決定版』(2021，平凡社)，p. 48

図 8　『根津美術館蔵品選　書画編』(2001，根津美術館)，p. 71

第二章

図 2・3　『大津絵の世界』(大津市歴史博物館，2006)，p. 39，p. 76

図 4　『妖怪百物語絵巻』(湯本豪一，2003，国書刊行会)

図 5　『妖怪図巻』(京極夏彦他，2000，国書刊行会)

図 6・7　『鳥山石燕　画図百鬼夜行全画集』(2005，角川ソフィア文庫)，p. 17，p. 33

図 8　https://www.metmuseum.org/art/collection/search/54809?sortBy=Relevance&

図 10　https://catalog.lib.kyushu-u.ac.jp/opac_detail_md/?lang=0&amode=MD820&bibid=4495605 より

図 11　『シカゴ ウェストンコレクション肉筆浮世絵』(2015，小学館スクウェア)，pp. 152-153

図 19　『別冊太陽 日本のこころ 253　鈴木春信決定版』(2021，平凡社)，p. 113

図 20・27　『福を招く！　猫じゃ猫じゃ展』(2014，那珂川町馬頭広重美術館)，p. 32, p. 73

図 21　https://www.britishmuseum.org/collection/image/524852001 より

第三章

図 3　『中国蘇州年画展』(1984，国際交流基金)，作品番号 43

図 6　https://commons.wikimedia.org/wiki/File:Jan_Steen_%E2%80%93_Het_Sint-Nicolaasfeest_(2).jpg より

図 7　https://commons.wikimedia.org/wiki/File:Antoine_or_Louis_Le_Nain_-_Peasant_family_in_an_interior_-_Louvre.jpg より

図 8　https://commons.wikimedia.org/wiki/File:Jean_Sim%C3%A9on_Chardin_-_

The_Laundress_-_WGA04761.jpg より
図 12・13 『「供養絵額」残された家族の願い』（2001，遠野市立博物館），p. 59, p. 60
図 16 『別冊太陽 日本のこころ 253 鈴木春信決定版』，p. 122
第四章
図 3 https://commons.wikimedia.org/wiki/File:Kuniyoshi_Utagawa,_The_seven_goods_of_good_fortune.jpg より
図 8 『福を招く！ 猫じゃ猫じゃ展』，p. 155
第五章
図 3 『いつだって猫展』（名古屋市博物館 編，2021，「いつだって猫展」実行委員会），展示番号 88
図 6 『俺たちの国芳 わたしの国貞』（2016，日本テレビ放送網），作品番号 17
図 7・8 『にゃんとも猫だらけ あそぶ浮世絵ねこづくし』（2016，平木浮世絵財団），p. 151，p. 164
図 13 『猫まみれ 招き猫亭コレクション』（招き猫亭，2011，求龍堂），p. 37
図 14 『めでる国芳ブック ねこ』（金子信久，2015，大福書林）
第十章
図 6 『もっと知りたいマネ』（高橋明也，2010，東京美術），p. 28
図 7 https://upload.wikimedia.org/wikipedia/commons/6/6a/Manet%2C_Edouard_-_Olympia%2C_1863.jpg より
図 8 https://commons.wikimedia.org/wiki/File:Titian_Venus_of_Urbino.jpg より
図 9 『別冊太陽 日本のこころ 253 鈴木春信決定版』，p. 65
図 10 https://commons.wikimedia.org/wiki/File:VanGogh_Daubigny.jpg より
図 11 https://commons.wikimedia.org/wiki/File:Paul_Gauguin_014.jpg より
図 13 『ビアズリー怪奇幻想名作集』（冨田章，2014，東京美術），p. 134
図 14 https://commons.wikimedia.org/wiki/File:Steinlein-chatnoir.jpg より
図 18 『別冊太陽 日本のこころ 221 竹久夢二の世界』（2014，平凡社），p. 22
図 19 『ミルウォーキー美術館所蔵 20 世紀美術の巨匠たち』（1994，同展カタログ委員会），p. 32（作品番号 28）
図 21 『浮世絵名作選集 歌麿 II』（楢崎宗重 著，日本浮世絵協会 編，1968，山田書院）
図 29 『大映特撮映画 DVD コレクション』25 巻，47 巻，49 巻（2015–2016，DeAGOZTINI），附属資料
図 30 『にほんの幻獣図譜 大江戸不思議生物出現録』（湯本豪一，2016，東京美術），p. 80

著者略歴

学習院大学法学部教授。東京大学教養学部卒業、東京工業大学大学院理工学研究科修了，博士（学術）。主な編著書に，『ソーシャルメディアと公共性――リスク社会のソーシャル・キャピタル』（東京大学出版会，2018 年），『日本近代における〈国家意識〉形成の諸問題とアジア――政治思想と大衆文化』（勁草書房，2019 年），『戦中・戦後日本の〈国家意識〉とアジア――常民の視座から』（勁草書房，2021 年）ほか多数。

〈猫〉の社会学

猫から見る日本の近世～現代

2023 年 2 月 20 日　第 1 版第 1 刷発行

著　者　遠《えん》藤《どう》　薫《かおる》

発行者　井　村　寿　人

発行所　株式会社　勁《けい》草《そう》書　房

112-0005 東京都文京区水道2-1-1　振替　00150-2-175253
（編集）電話 03-3815-5277／FAX 03-3814-6968
（営業）電話 03-3814-6861／FAX 03-3814-6854
本文組版 プログレス・理想社・松岳社

ISBN978-4-326-65440-6　　Printed in Japan

＊落丁本・乱丁本はお取替いたします。
ご感想・お問い合わせは小社ホームページから
お願いいたします。

https://www.keisoshobo.co.jp